U0185705

清華

开发者书库

Cocos2d-x Game Developing
Learning the Programming with Lua

Cocos2d-x游戏开发

手把手教你Lua语言的编程方法

刘克男◎编著
Liu Kenan

清華大学出版社
北京

内容简介

本书系统论述了使用 Lua 语言进行 Cocos2d-x 游戏开发的方法与实践，从 Lua 语言基础开始，全面介绍了 Cocos2d-x Lua 的基础知识、进阶应用和高级编程技术，并以一款"消除"游戏开发实战贯穿书中的知识点。全书采用理论结合实践的最佳编程学习方式，每个章节都提供了丰富的配套实例。本书第 1～3 章为基础知识，是使用 Cocos2d-x Lua 开发游戏的最小知识集合；第 4 章运用前 3 章的知识完成"消除"游戏《Fruit Fest》的核心设计；第 5 章详细介绍了 Cocos Studio 的使用、内存管理、音乐与音效、骨骼动画等游戏开发进阶知识；第 6 章运用第 5 章的知识，实现《Fruit Fest》的音乐、特效和数据存储等功能；第 7 章包含了网络编程、OpenGL ES 入门和摄像机等高阶游戏开发技术；第 8 章详细介绍了 Cocos2d-x Lua 在移动端的打包与发布流程。

本书适合作为 Cocos2d-x Lua 游戏开发初学者的入门指南，也可作为 Cocos2d-x Lua 游戏前端开发工程师的参考用书。

本书封面贴有清华大学出版社防伪标签，无标签者不得销售。
版权所有，侵权必究。侵权举报电话：010-62782989　13701121933

图书在版编目(CIP)数据

Cocos2d-x 游戏开发：手把手教你 Lua 语言的编程方法/刘克男编著. —北京：清华大学出版社，2020.1
(清华开发者书库)
ISBN 978-7-302-53670-3

Ⅰ. ①C…　Ⅱ. ①刘…　Ⅲ. ①移动电话机－游戏程序－程序设计 ②便携式计算机－游戏程序－程序设计　Ⅳ. ①TP317.6

中国版本图书馆 CIP 数据核字(2019)第 187348 号

责任编辑：盛东亮　钟志芳
封面设计：李召霞
责任校对：徐俊伟
责任印制：沈　露

出版发行：清华大学出版社
网　　址：http://www.tup.com.cn，http://www.wqbook.com
地　　址：北京清华大学学研大厦 A 座　　**邮　　编**：100084
社 总 机：010-62770175　　**邮　　购**：010-62786544
投稿与读者服务：010-62776969，c-service@tup.tsinghua.edu.cn
质量反馈：010-62772015，zhiliang@tup.tsinghua.edu.cn
课件下载：http://www.tup.com.cn，010-83470236
印 装 者：三河市金元印装有限公司
经　　销：全国新华书店
开　　本：186mm×240mm　　**印　张**：19　　**字　　数**：472 千字
版　　次：2020 年 1 月第 1 版　　**印　　次**：2020 年 1 月第 1 次印刷
定　　价：79.00 元

产品编号：085314-01

前言

PREFACE

本书分 8 章，知识由浅入深、步步推进，建议按照顺序阅读。

第 1 章：介绍 Cocos2d-Lua 背景，Cocos2d 各版本之间的关系。

第 2 章：Lua 快速入门。已有 Lua 编程基础的读者，可跳过这一部分。

第 3 章：Cocos2d-Lua 基础。本章是开发游戏必须掌握的知识结构。

第 4 章：《Fruit Fest》消除游戏第 1 部分，实现了游戏的核心玩法。本章应用 Cocos2d-Lua 基础知识，展示了游戏开发的主要流程。

第 5 章：Cocos2d-Lua 进阶。涵盖 UI 控件、瓦片地图、内存管理以及数据存储等内容。

第 6 章：《Fruit Fest》消除游戏第 2 部分，为游戏添加了音乐与粒子特效。

第 7 章：Cocos2d-Lua 高级。虽然其中的网络通信和物理引擎不是每个游戏都会用到，但它们是引擎必不可少的一部分。自定义事件为游戏系统架构提供基础支撑；而 Lua Binding 要求熟练掌握 C 语言开发，它们都是为高级工程师准备的。

第 8 章：打包与发布。之所以把该部分放在最后，是因为 Cocos2d-Lua 提供的 Player 模拟器已足够应对游戏的前期开发，通过 Player 测试游戏将为开发者节省大量时间。

适用版本

本书基于 Quick-Cocos2d-x-Community 3.7.6 版本撰写，Quick 社区版 3.7 在 3.6 的基础上进行了大幅度的优化和裁剪，特别是 UI 接口上变动较大。读者可以在 http://cocos2d-lua.org/download/index.md 下载到最新的社区版引擎。

注：本书不适用于 Quick-Cocos2d-x-Community 3.7 之前的版本。

书中实例

本书以理论结合实践，各章节均配备了测试用例。其中第 4 章和第 6 章以《Fruit Fest》展示了完整游戏的开发流程，每一节都介绍一个独立的功能并配备实例代码，让初学者充分体验到游戏开发的细节。

读者可以从本书的主页(http://cocos2d-lua.org/book/index.md)免费获取所有与章节配套的最新实例代码。

读者对象

本书作为 Cocos2d-Lua 的权威书籍，知识面从 Lua 语言基础开始，全面覆盖 Cocos2d-Lua 基础、进阶和高级编程，并指导读者逐步完成一款消除游戏的开发。

对于 Cocos2d 新手，本书可以作为手机游戏开发的入门书籍。

对于有经验的手机游戏开发者，本书依然是进行 Cocos2d-Lua 开发必不可少的参考手册，大量的实例代码可以帮助读者节省宝贵的时间。

对于院校师生而言，本书的编排完全按照学习顺序系统展开，是教材的不二之选。

由于笔者水平有限，书中内容难免会有不足之处，欢迎读者批评指正。

作　者

2019 年 6 月

本书配套学习资源

本书配套提供了10集实战视频课程，并提供了本书的源代码，扫描以下二维码即可观看视频或下载源代码。

目录

CONTENTS

第 1 章

Cocos2d-Lua

1.1 Cocos2d 简介

Cocos2d-x 是一个跨平台开源游戏引擎，用它可以构建基于图形交互的跨平台游戏和应用。Cocos2d 作为 Cocos2d-x 及其他分支的鼻祖，有其特别的历史故事。

1.1.1 Cocos2d 的起源

2005 年在阿根廷的 Los Cocos 镇上，一个叫 Ricardo 的开发者(后来 Cocos2d-iPhone 的作者)和一群朋友计划每个星期使用一种编程语言完成一个小游戏。在开发这些小游戏的过程中，他们发现做一个游戏引擎可以节省不少开发时间。2008 年借鉴之前做小游戏的经验，他们发现使用 Python 作为开发语言使用的时间最少，所以用 Python 开发了第一个版本引擎，并用 Ricardo 的家乡地名命名该引擎为 Los Cocos。一个月后(2008 年 3 月)，团队发布了 0.1 版并将引擎更名为 Cocos2d。

在 Cocos2d 发布不久后，苹果公司正式发布 AppStore 以及相关 SDK。此后，大量使用 Objective-C 开发的 iOS 应用和游戏流行起来。这一年，Ricardo 使用 Objective-C 重写了 Cocos2d 引擎，并发布了 Cocos2d-iPhone 的第一个版本。

1.1.2 Cocos2d-x 的诞生

最开始 Cocos2d 没有跨平台的版本，推动 Cocos2d-x 诞生的重要因素在于 Android 系统的普及和国内对跨平台(iOS 和 Android)游戏开发的强烈需求。Android 系统的开放性，使得国内催生了一大批 Android 智能手机，这时急需一款简单易用的跨平台游戏引擎解决游戏内容提供商的疾苦。Cocos2d-x 的作者王哲看到了这个机遇，发邮件给 Ricardo 表达了想衍生一款跨平台的 Cocos2d 引擎的想法，这个想法出乎意料地得到了 Ricardo 的大力支持并提供了很多技术支援，于是 Cocos2d-x 在王哲及其团队的努力下诞生了。

Cocos2d-x 1.x 和 2.x 与 Cocos2d-iPhone 的 1.x 和 2.x 设计上没有区别，Cocos2d-x 用 C++把 Cocos2d-iPhone 重写了一遍，并加入一些有用的跨平台库和接口，很多用法都很像 Objective-C 风格，一些初学 Cocos2d-x 的用户可能会觉得不适应。这时的 Cocos2d-x 发展上还跟不上Cocos2d-iPhone，然而在2013年的苹果公司开发者大会上，这一切有了变化。苹果公司公布了自家的SpriteKit游戏框架，设计概念完全抄袭Cocos2d-iPhone，这种赤裸裸的剽窃激怒了Ricardo。Ricardo当即在社区宣布将停止Cocos2d-iPhone的开发。随后，Ricardo从Zynga公司跳槽到触控公司，正式转入Cocos2d-x的开发，于是全新的Cocos2d-x 3.x出现。

伴随着Cocos2d的成长，很多分支版本随之崛起，包括Cocos2d-x。这些分支版本如图1-1所示。不同的分支支持不同的编程语言和平台，如表1-1所示。

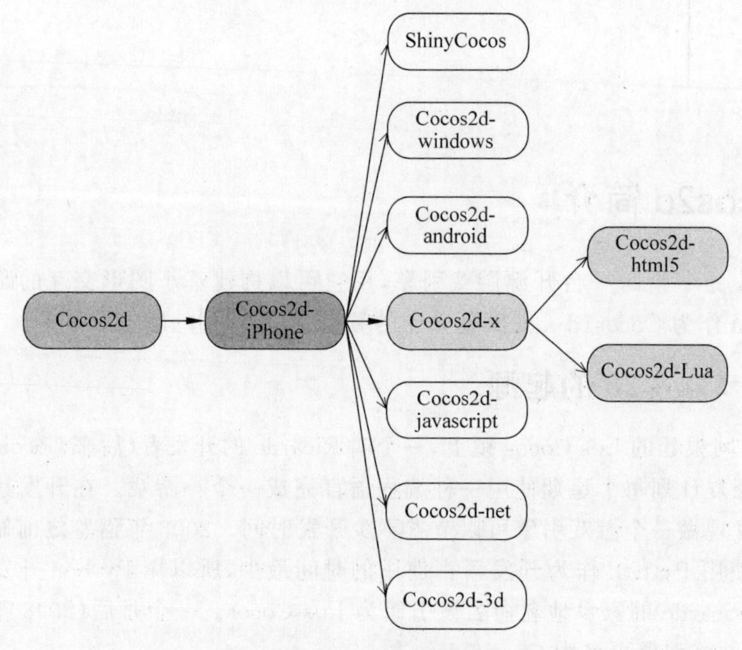

图1-1 Cocos家族

表1-1 不同分支对应的编程语言和平台

分支引擎	编程语言	平台
Cocos2d	Python	桌面操作系统
Cocos2d-iPhone	Objective-C、JavaScript	iOS
Cocos2d-swift	Swift	iOS
Cocos2d-x	C++、Lua、JavaScript	移动平台、桌面平台、浏览器
Cocos2d-html5	JavaScript	支持HTML5的浏览器
ShinyCocos	Ruby	iOS
Cocos2d-windows	C++	Windows XP/7
Cocos2d-android	Java	Android
Cocos2d-javascript	JavaScript	支持HTML5的浏览器
Cocos2d-net	C#	Mono-supported-Mono-Novell公司开发的跨平台.NET运行环境
Cocos2d-3d	Objective-C	iOS
Cocos2d-Lua	Lua	Android、iOS、桌面平台

1.1.3 Cocos2d-Lua 的发展

2012 年，由于 Cocos2d-x 中使用的 C++ 对开发人员要求较高，所以网龙科技公司利用 tolua++，将 Cocos2d-x 的 C++ 接口转为 Lua 接口（这层 C++ 与 Lua 之间的胶水代码叫 Lua Binding）。开发者可以使用 Lua 这种简单易懂的脚本语言编写游戏，从而极大地提高了开发效率。

2012 年上半年，廖宇雷所在公司开始使用 Cocos2d-x＋Lua 开发游戏。但是发现当时 Cocos2d-x 对 Lua 的支持还存在相当多不完善的地方，所以他重写了整个 Lua Binding 代码，解决了内存泄露和只能使用全局函数做回调等问题。

在 Cocos2d-x 2.0 发布后，Lua Binding 又进行了不少改进和完善。截至 Cocos2d-x 2.1.4，整个 Lua Binding 可以说相当稳定。所以，《我是 MT》（月流水 3000 万元）、《大掌门》（月流水 4000 万元）这些赚钱像印钱的游戏纷纷采用 Cocos2d-x ＋ Lua 的解决方案。

自从 2012 年后，Cocos2d-x 团队开始把重心放在 JavaScript 脚本方案上。于是廖宇雷继续改进 Lua 代码并以 Quick-Cocos2d-x 为代号分流了一个新的开源引擎。2013 年年底，Quick-Cocos2d-x 以一款千万级游戏《唐门世界》证明了引擎的实力。最终 Quick-Cocos2d-x 被 Cocos2d-x 并入主线，成为新的引擎版本 Cocos2d-Lua。而廖宇雷也成为这个版本的核心开发者。2015 年，Cocos2d-x 团队再次偏移开发重心到以 JavaScript 为主的 Cocos Creator 工具上，Quick-Cocos2d-x 的后续版本由社区志愿者维护，并建设 http://cocos2d-lua.org/网站，作为 Quick-Cocos2dx-Community 的社区网站。

Cocos2d-Lua 的发展始终贯彻了三个目标：

（1）降低学习曲线。

（2）提高易用性。

（3）创建一个精简但更容易扩展的架构。

1.2 版本简介

1.2.1 Cocos2d-x 版本简介（C++）

1. Cocos2d-x 1.x

这个版本沿袭了 Cocos2d-iPhone 1.x 版本的架构与风格接口。引擎的很多模块使用了 iOS 中的功能模块，不同的是这些模块都是由 C++ 模拟实现的。此外，创建 Xcode 工程需要安装 Cocos2d-x 的项目模板。底层图形引擎使用的是 OpenGL ES 1.0。

2. Cocos2d-x 2.x

随着 iPhone 对 OpenGL ES 2.0 的支持，Cocos2d-iPhone 发布了 2.x 版本，以支持 OpenGL ES 2.0，并且开始支持 Lua 和 JavaScript 脚本开发游戏。

Cocos2d-x 紧随其后发布 2.x 版本，但是它已不再只是局限于简单的 Cocos2d-iPhone

的 C++ 版本，因为它有更大的市场目标——Android。为了创建跨平台的项目，在没有脚本创建项目之前，使用 Xcode 模板的方式，只能先生成一个 iOS 或 Mac 的项目，大多开发者首先在 Mac 上开发(因为调试方便)，然后再建一个 Android 工程移植过去。为了解决这个难题，Cocos2d-x 在 2.1 版本中引入了脚本创建项目，可以一次性创建多个跨平台的项目，用户按照文件规范在相应的目录放源代码或资源，后期就可以很轻松地编译跨平台的游戏。

为了适应 Android 错综复杂的分辨率，Cocos2d-x 在 2.0.4 版本开始设计自己的分辨率适配方案，有别于 Cocos2d-iPhone 2.x 仅为 iPhone 优化的设计，Cocos2d-x 提出的设计分辨率概念能更好地适应各种分辨率，这个方案在 Cocos2d-x 2.1.3 版本得以成熟稳定。

Cocos2d-x 在 2.x 版本中还直接集成了很多跨平台第三方库，如 WebSocket 和 HttpRequest 等，为 Cocos2d-x 的跨平台战略打下了坚实的基础。Cocos2d-x 2.x 的 Lua 和 JavaScript 支持也由社区推动起来，为游戏内更新提供了有力支持。

3. Cocos2d-x 3.x

Cocos2d-x 3.x 是由 Ricardo 加入触控科技公司后主导开发的全新版本，引擎接口完全去掉了 Objective-C 的影子，大量使用 C++11 的新特性并着重提升性能，而且慢慢开始向 3D 引擎转型。最新的《捕鱼达人 3》就使用了 Cocos2d-x 的 3D 技术。该技术在图形渲染上做了改进，独立的渲染线程能更好地利用 CPU，提升游戏帧率。高度整合的物理引擎，降低了上手难度。全新的 GUI 系统也让人充满了期待。

1.2.2 Cocos2d-Lua 版本简介

Cocos2d-Lua 2.x 底层引擎采用 Cocos2d-x 2.x，提供了非常便于使用的 Player 模拟器，能够不更改 C++代码在模拟器上运行 Cocos2d-Lua 的游戏，而且通过 Quick 的 Player 可以方便地创建和管理项目。在 Cocos2d-x 的基础上添加了大量的第三方库，如 JSON 和 XML 等的支持，并且加入了强大的 MVC 架构支持。

Cocos2d-Lua 3.x 底层引擎采用 Cocos2d-x 3.x，并最大程度地兼容 Cocos2d-Lua 2.x 的游戏。Quick 的 Player 更新到了 3.x 版本，可方便地在 PC 上进行多分辨率测试。

配套资源说明

配套程序代码：本书以理论结合实践，各章节均配备了测试用例。贯穿全书的 Fruit Fest 水果消除游戏，分为 7 个工程包，循序渐进地展示整个游戏的开发过程。

配套视频教程：包括环境搭建、骨骼动画、瓦片地图、打包与发布等知识点的演示与解析，可以帮助读者形象生动地理解本书涉及的知识点。

上述学习资源可以到百度云盘下载：

https://pan.baidu.com/s/14OlP6Ys0qHnUnB9BZedphg（提取码：j46b）

第 2 章

Lua 编程

2.1 Lua 在 Windows 下的运行环境搭建

在进入 Cocos2d-Lua 游戏开发之前，需要先掌握 Lua 这门脚本语言。首先搭建 Lua 在 Windows 中的开发调试环境，推荐安装 Lua for Windows 工具。

Lua for Windows 是一整套 Lua 开发环境，包括 Lua 解释器、Lua 参考手册、Lua 范例、Lua 库和文档及 SciTE 多用途编辑器。

可以看到 Lua for Windows 整合了在 Windows 上学习和开发 Lua 所需要的所有内容，这也是推荐它的原因。

Lua for Windows 官方网站为 http://code.google.com/p/luaforwindows/，可从这里直接下载已发布的 exe 安装包：http://luaforwindows.googlecode.com/files/LuaForWindows_v5.1.4-46.exe。

注：此处选用 5.1 版本是为了对应 Cocos2d-Lua 中集成的 Lua 解析器版本。

2.1.1 安装

双击 LuaForWindows_v5.1.4-46.exe 文件开始安装，注意在 Select Additional Tasks 界面，勾选如图 2-1 所示的选项，安装完毕，会在桌面上增加两个快捷图标 Lua 和 SciTE，如图 2-2 所示。

2.1.2 运行

1. Console 模式

双击桌面上的 Lua 图标，出现如图 2-3 所示的 Windows 控制台窗口，输入代码 print("hello world")，按 Enter 键执行代码。

注：Lua 中 io.write("Hello world")也能实现标准输出，与 print 的区别是它不提供换行符。

2. IDE 模式

双击桌面上的 SciTE 图标，出现如图 2-4 所示的程序界面。

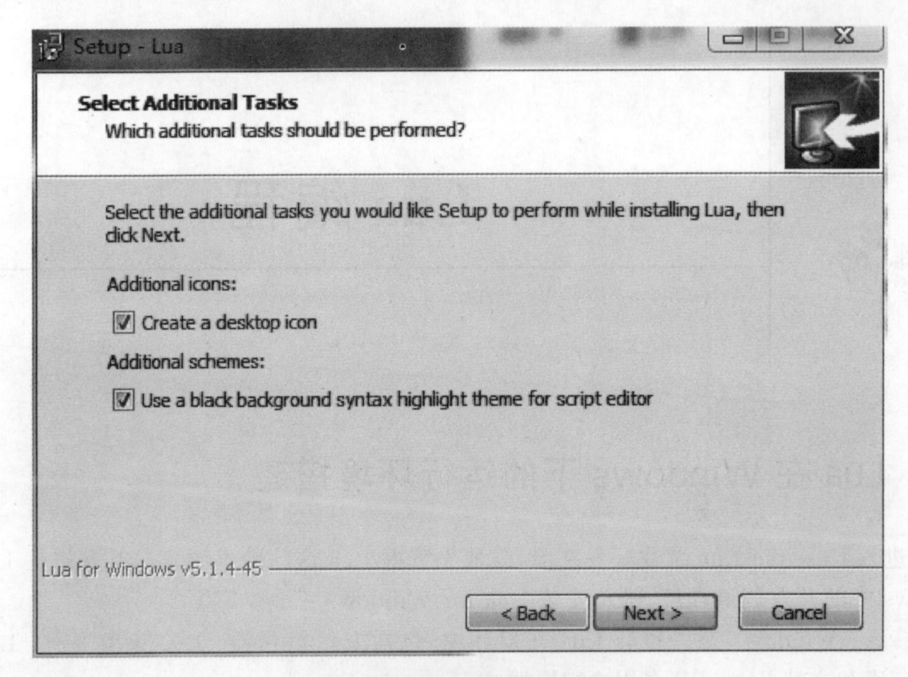

图 2-1　Lua For Windows 安装

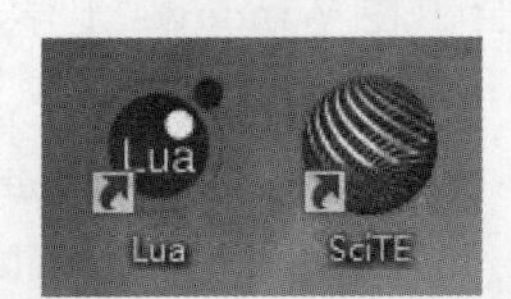

图 2-2　Lua 快捷方式

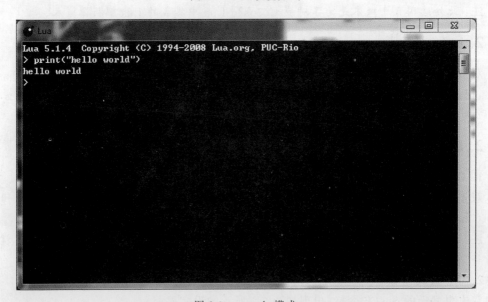

图 2-3　console 模式

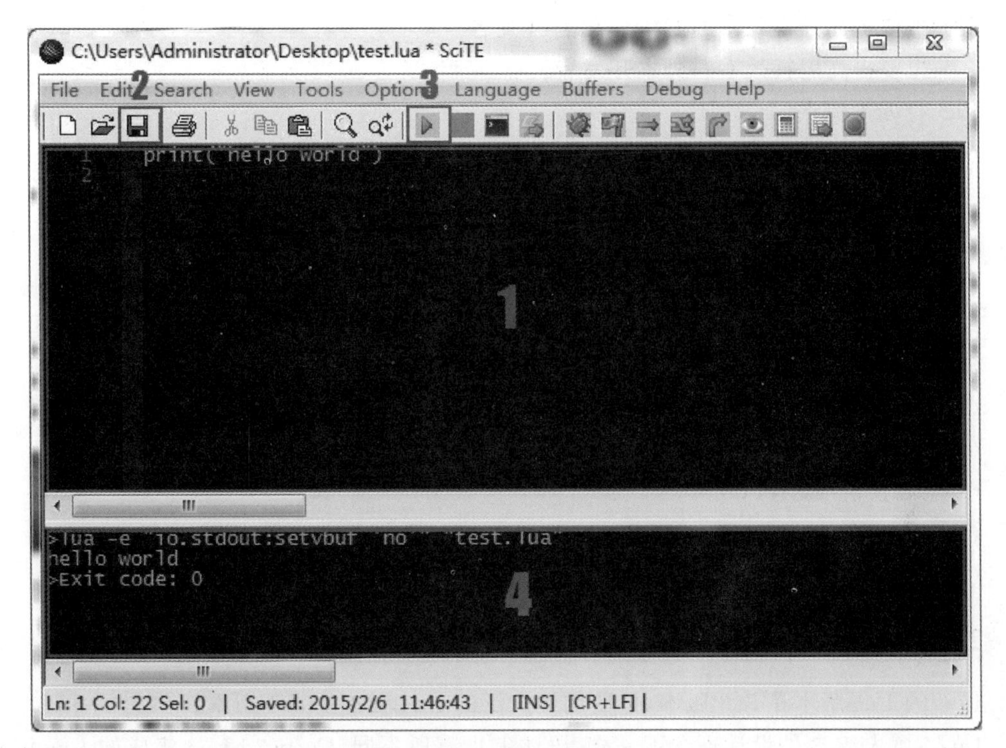

图 2-4　IDE 模式

(1) 在文本区域输入 print("hello world")。

(2) 单击"磁盘"按钮保存代码到文件。

(3) 单击"运行"按钮运行代码。

(4) IDE 底部的日志窗口显示运行信息。

2.2　Lua 基础

2.2.1　Lua 简介

Lua 是一个小巧的脚本语言，作者是 Roberto Ierusalimschy，Luiz Henrique de Figueiredo，和 Waldemar Celes。Lua 设计的初衷是能够嵌入其他应用程序，为应用提供灵活的扩展。Lua 脚本和 C/C++可以很容易地相互调用，这样 Lua 能够使用 C/C++已有的库，并且能够在带来脚本的开发效率的同时保证程序的运行效率。

Lua 的所有代码都是由标准的 ANSI C 编写而成，代码简洁优美，只要是在支持 ANSI C 的系统上都能够完美地运行。

Lua 主要面向三类用户：

(1) 需要一门简单的脚本语言嵌入应用程序中的开发者。

(2) 想要提高开发效率的C/C++语言开发者。

(3) 想要提高运行效率的脚本开发者。

Lua有如下特点：

(1) 易嵌入,可以很方便地与C/C++编写的游戏逻辑互相调用。

(2) 简单,不涉及任何复杂的编程概念,麻雀虽小五脏俱全。

(3) 轻量,库体积很小,只有几百千字节。

(4) 易学习,游戏策划人员也可以使用Lua。

(5) 高性能,对比C/C++原生语言,Lua解析带来的性能损失可忽略不计。

使用Lua开发的经典游戏有：

(1)《大话西游2》(PC)。

(2)《魔兽世界WOW》(PC)。

(3)《剑侠情缘3》(PC)。

(4)《我叫MT》(iOS,Android)。

(5)《刀塔传奇》(iOS,Android)。

2.2.2 Lua语法

最新的Lua版本是5.3版本,但使用最广泛的Lua版本是5.1版本。

Lua 5.1与5.3的设计理念不一样,语法上也有所不同,Cocos2d-Lua集成的Lua解析器是5.1版本。本书涉及的Lua均指Lua 5.1。

1. 命名规范

Lua中命名规范基本上与C语言一样。

Lua中的标识符可以由任意字母组合、数字和下画线构成,但不能以数字开头,并且应该避免以下画线开头,或后面是几个大写字母的命名方式。下面是几个正确的命名方式：

```
i j var abcdefg ab_cd1234
```

不要使用Lua中的关键字。Lua中的关键字很少,只有21个,为变量命名时,不能使用相同的名称。关键字如下：**and**、**break**、**do**、**else**、**elseif**、**end**、**false**、**for**、**function**、**if**、**in**、**local**、**nil**、**not**、**or**、**repeat**、**return**、**then**、**true**、**until**、**while**。

Lua区分大小写。

2. 类型与值

Lua是一种动态类型语言。在语言中没有定义类型的语法,每个值本身就包含了类型信息。对于一个变量来说,它的值的类型是可以随意改变的。

Lua有8种基础类型：

(1) nil——空。

(2) boolean——布尔。

(3) number——数字。

(4) string——字符串。

(5) function——函数。

(6) table——表。

(7) userdata——自定义数据类型。

(8) thread——线程。

函数 type 用来检测一个变量的类型。

```
print(type(var))      --> 输出为 nil
var = 20
print(type(var))      --> 输出为 number
var = "Hello world"
print(type(var))      --> 输出为 string
var = print
print(type(var))      --> 输出为 function
var = {}
print(type(var))      --> 输出为 table
```

下面重点介绍其中的 5 种基础类型。

1) nil

在 Lua 中 nil 表示的是一种类型,它只包含一个值 nil。任何变量在未赋值之前都是 nil。当给一个全局变量赋值 nil 时,表示删除这个变量。

2) boolean

boolean 有两个值: true 和 false。在 Lua 中,只有 false 和 nil 表示假,其他情况都为真,数字 0 也为真。例如下面的代码:

```
local var = nil
if var then
    print("var is true")
else
    print("var is false")
end
```

① 当不给 var 赋值时,输出为 var is false。

② 当 local var = false 时,输出为 var is false。

③ 当 local var = true 时,输出为 var is true。

④ 当 local var = 0 时,输出为 var is true(区别于 C/C++语言)。

⑤ 当 local var = ""时,输出为 var is true。

3) number

在 Lua 中,number 类型表示实数。不论浮点数还是整型数都是 number 类型。有人可能会担心 number 浮点数的效率,其实现在的 CPU 大部分都有单独的协处理器计算浮点数,因此浮点数的运算效率完全不是问题。

Lua 中的 number 既可以使用普通写法，也可以使用科学计数法。例如，下面都是正确的：

```
a = 10
b = 50.2
c = 5e20
```

4）string

Lua 中的字符串表示的是一个字符序列。里面可以包含任意字符，包括数字 0（C/C++中的字符串终止字符）。并且 Lua 中字符串的长度是不作限制的，既可以是空字符串，也可以是整本书，Lua 对字符串的处理是很快的。一般定义一个字符串变量如下：

```
str = "I'm a string"
```

在 Lua 中，单引号和双引号都可以作为字符串的标识，建议统一使用一种。如果字符串有多种格式，则可以使用下面的方式定义字符串：

```
long_str = [[I'm a
    "long",
    long
    str]]
```

当字符串中有多个连在一起的方括号时，可以在两个方括号之间添加多个“=”。例如：

```
long_str = [===[[[I'm a
    "long",
    long
    str]]]===]
```

当需要连接两个字符串时，可以使用字符串连接操作符“..”（类似于 C 语言中的 strcat）。例如：

```
print("Hello " .. "world")
```

当需要获取字符串的长度时，可以使用“#”获取字符串的总长度。例如：

```
a = "Hello world"
print(#a)
```

5）table

Lua 中的 table 类似于 C++中的 map，但是相对于 map 的烦琐，table 极大简化了使用过程中的操作。例如，要在 C++中声明一个<string，string>的 map，定义如下：

```
std::map<std::string,std::string> myMap;
myMap["a"] = "test";
myMap.insert(std::Map<std::string,std::string>::value_type("b","test2"));
```

而在 Lua 中只需要这样声明：

```
t= {a = "test", b = "test2"}
```

3. 表达式

1）算术运算符

算术运算符有＋（加）、－（减）、*（乘）、/（除）、^（指数）、%（取模）、－（负号）。

```
a = 3
b = 5
print(a + b)        -- 8
print(a - b)        --  -2
print(a * b)        -- 15
print(a/b)          -- 0.6
print(a^b)          -- 243
print(a % b)        -- 3
print( - a)         --  -3
```

注：Lua中的除法不区分整型和浮点，这里计算的结果是浮点数。

2）关系运算符

关系运算符有＜（小于）、＞（大于）、＜＝（小于等于）、＞＝（大于等于）、～＝（不等于）、＝＝（等于）。

对于table、userdata和function类型，Lua中是以它们的引用做比较的。即只有在它们指向同一个对象时才是相等的。

3）逻辑操作符

逻辑操作符有and（与）、or（或）和not（非）。

（1）对于and，当第一个操作数为假时，返回第一个操作数，否则返回第二个操作数。

（2）对于or，当第一个操作数为真时，返回第一个操作数，否则返回第二个操作数。

这样使用会带来一些语法上的便利。例如，有时会需要判断一个值是否为空，如果为空，则给它赋值，正常的写法是。

```
if not x then x = v end
```

而Lua中则可以简化如下：

```
x = x or v
```

4）字符串连接操作符

字符串连接操作符“..”用来连接两个字符串，当后一个为其他类型时会转为字符串。例如：

```
print("Hello " .. 2) -> Hello 2
```

数字2先转化为字符串再与"Hello "做字符串拼接。

5）操作符优先级

操作符优先级如下（由高到低）：

```
^
not - (unary)
 * /
 + -
..
< > <= >= ~= ==
and
or
```

除了指数操作符“^”和连接操作符“..”是右连接外，其他操作符是左结合。

6）table 构造式

构造式用来创建和初始化 table 的表达式，是 Lua 中特有的一种表达式。最简单的构造式如下：

```
t = {}
```

构造式还可以初始化一个字典类型的 table，如下：

```
a = {x=10, y=20}
```

在构造一个 Lua table 时，如果不给它一个 key，那么其他默认的 key 就是从 1 开始的。例如，要声明一个有关星期的 table：

```
t = {"Sunday", "Monday", "Tuesday", "Wednesday", "Thursday", "Friday", "Saturday"}
```

这样一个 table，它的构造应该是这样的：

```
t= {}
t[1] = "Sunday"
t[2] = "Monday"
...
```

这段代码看起来是不是很眼熟呢？它其实就是以前使用过的数组。如果想在一个 table 中既使用数组又使用 map，也可以像下面这样构造一个 table：

```
t= {
    name = "美女",
    age = 18,
    "美女背后的男人 1",
    "美女背后的男人 2"
}
```

如果比较习惯 C/C++语言中结构体的用法，也可以这样给一个 table 赋值：

```
t= {}
t.name = "美女"
t.age = 18
t[1] = "美女背后的男人 1"
```

```
t[2] = "美女背后的男人 2"
```

还可以使用混合方式给 table 赋值，未设置 key 的项，key 会自动从 1 开始编号：

```
b = {["x"] = 10, ["y"] = 20, 1, 2, 3, 4}
```

删除一个 table 项，只需要给它赋值为 nil 就行了。例如：

```
t[1] = nil
```

4. 语句

1）赋值语句

Lua 中的赋值，直接使用赋值操作符。例如：

```
a = 20
```

当有多个参数赋值时，可以同时给多个参数赋值。例如：

```
a, b = 10, 20
```

这个功能在交换值和函数需要返回多个参数时很有用。例如，在 C 语言中交互两个值需要这样做：

```
temp = a;
a = b;
b = temp;
```

在 Lua 中不需要临时变量做中介，只需要：

```
a, b = b, a
```

同样地，如果函数需要返回多个值时，可以这样写：

```
function someValue()
    local a, b = 10, 20
    return a, b
end
print(someValue())
```

2）局部变量与块

Lua 中也有局部变量和全局变量之分。定义一个局部变量，只需要在变量名称前面加一个 local 关键字，不加 local 修饰的变量均是全局变量。例如：

```
i= 10                         -- 全局变量
local j = i                   -- 局部变量
```

局部变量的作用域只在声明它的块内。例如，一个局部变量如果只在函数内声明，则退出函数时它就不能被访问了。若一个局部变量在循环中声明，那么循环结束时，局部变量的生命周期也结束了。

(1) 如果变量没有赋值，则会自动被赋值为 nil。

(2) 如果赋值操作符的左边的变量更多，那么多出来的变量会自动被赋值为 nil。

(3) 如果赋值操作符的右边的值更多，那么多余的值会被抛弃。

(4) 如果需要在一段代码块中再插入一段代码块，则可以使用 do…end。例如：

```
if true then
    do
        local a = 20
        print(a)
    end
end
```

3) 控制语句

(1) if…then…else

if 语句与其他语言中的 if 判断作用是一样的，只是写法略有不同。在 C 语言中写一个 if 判断如下：

```
if(a > b){
} else if(a > c){
} else {
}
```

在 Lua 中应该这样写：

```
if a > b then
else if a > c then
else
end
```

Lua 中不支持 switch 语句，条件判断只有 if 语句。

(2) while

while 语句同其他语言中的 while 语句一样。例如，C 语言中这样写 while 语句：

```
while(a < 5){
    ++a;
}
```

在 Lua 中，应该这样写：

```
while a < 5 do
    a = a + 1
end
```

(3) repeat … until

Lua 中的 repeat 语句类似于 C 语言中的 do … while 语句，都是先执行一次，然后再判断条件是否满足。例如，在 C 语言中这样写 do … while 语句：

```
i =0;
do{
    i = i + 1;
    printf("%d, ", i);
}while(i<3);
//输出为: 1, 2, 3
```

在 Lua 中,应该这样写:

```
local i = 0
repeat
    i = i + 1
    print(i .. ", ")
until i >= 3
-- 输出为 1, 2, 3
```

与其他语言不同的是,repeat … until 中定义的局部变量作用域范围包括 until 中的语句。需要注意的是,repeat … until 的停止循环的条件是 true。

(4) for

Lua 中的 for 语句分成两种:数字 for 循环和泛型 for 循环。

① 数字型 for 循环的语法类似于 VBasic 中的 for 语句写法:

```
for var = from, to, step do
end
```

表示从 from 到 to,每次递增 step。step 参数默认是 1。

注:for 循环中的参数为表达式或者函数调用时,只会调用一次。

② 泛型 for 循环通过一个迭代器(iterator)函数遍历所有值,与 C++中的 vector 之类的 STL 库遍历类似,但是使用起来更简单方便。

Lua 库为泛型 for 循环提供了几个迭代器函数:io.lines 用于遍历每行;pairs 用于迭代 table 元素;ipairs 用于迭代数组元素;string.gmatch 用于迭代字符串中的单词。

泛型 for 循环的使用非常广泛。例如,遍历一个 table:

```
days = {"Sunday", "Monday", "Tuesday", "Wednesday", "Thursday", "Friday", "Saturday"}
for k,v in pairs(days) do
    print(v)
end
```

注:for 循环的 step 无法在循环体内修改,这一点和 C/C++不同。实际上,每次循环 for 会新生成一个局部 var 变量。

(5) break 与 return

break 跳出当前块,return 结束当前函数。break 和 return 只能是块的最后一条语句,否则需要用 do break end 构造一个块。

5. 函数

1）函数定义

函数是封装和抽象块的主要机制。函数的主要功能就是在内部封装一些需要的功能模块，并且对外只开放函数名称和参数。Lua 中函数的定义与其他语言基本一样。

```
function func()
end
```

不管函数是否有参数，都必须有( )，并且以 function 开头，以 end 结尾。end 可以不另起一行，如下：

```
func = function() end
```

以上两种定义方式的效果是一样的。

在面向对象编程中经常会定义内部方法，在 Lua 中怎么定义呢？关于面向对象编程在后面的章节中会讲到，下面看一下定义对象的方法：

```
class = {} -- 一个对象
function class.func1()
end

function class:func2()
end
```

首先定义了一个名为 class 的 table，然后在 table 上定义了两个函数成员，func1()和func2()使用了不同的定义方法。

这两种定义形式从表面上看是“.”与“:”的区别。在 Lua 中，使用“:”定义的函数会自动传入一个名为 self 的变量，self 同 C++中的 this 一样，表示当前对象的指针；而“.”定义的函数没有 self。

func1()和 func2()可以用如下的方式等价：

```
function class:func2() end
function class.func1(self) end -- 传入一个 self 作为参数
```

2）函数参数与返回值

Lua 中函数的参数可以有任意多个，当给函数传递参数时超过了函数定义的形参个数，那么多余的参数会被丢弃。如果传入的参数比形参少，那么缺少的形参的值默认为 nil。

Lua 中如果函数返回多个参数，所赋值的表达式不是最后一个元素，那么函数只返回一个值用来赋值给变量，例如：

```
function foo()
    return 30, 50
end
x,y = foo(), 20 --> x = 30, y = 20
```

return 返回一个函数的返回值，需要注意的是，return f()语句会把 f()返回的所有返回值都返回，而 return(f())会迫使它只能返回一个结果。

关于多重返回值还有一个特殊的函数 unpack，它接收一个数组作为参数，并从下标 1 开始返回该数组所有元素。

```
print(unpack{10,20,30})      --> 10 20 30
a,b = unpack{10,20,30}       --> a = 10, b = 20, 30 被丢弃
```

unpack 常用于函数参数传递。

```
a = {"hello", "ll"}
string.find(unpack(a))
```

3）可变参数

Lua 中的函数也可以接受数量不定的实参。例如，在 print 时可以传入多个实参。下面是一个定义参数可变的函数的例子。

```
function add(...)
    local s = 0
    for i,v in ipairs{...} do
        s = s + v
    end
    return s
end
print(add(1, 2, 3, 4, 5)) --> 15
```

参数表中的 3 个点“…”表示该函数可以接收不同数量的实参。当这个函数被调用时，它的所有参数都会被收集到一起。这部分收集起来的实参称为这个函数的变长参数。访问变长参数可以用{…}。

4）闭包函数

闭包函数是指将一个函数写在另一个函数之内，这个位于内部的函数可以访问外部函数中的局部变量。下面是一个简单例子：

```
function newCounter()
    local i = 0
    return function()
            i = i + 1
    return i
    end
end
c1 = newCounter()
print(c1()) --> 1
print(c1()) --> 2
```

在这段代码中，匿名函数访问了一个非局部的变量 i，i 用来保持一个计数器。表面上

看到，由于创建变量 i 的函数(newCounter)已经返回，所以之后每次调用匿名函数时，i 均已经超出了它的作用域；但是因为匿名函数一直在使用变量 i，所以 Lua 会正确地维护 i 的生命周期。

在匿名函数内部，i 既不是全局变量，也不是局部变量，它被称为**外部的局部变量**或**upvalue**。

闭包大量地使用在各种编程语言中，特别是它在回调函数方面的便利性，让人们对它爱不释手。

2.3 Lua 面向对象

在前面介绍了 Lua 用 table 模拟面向对象，但并不完整，面向对象的三大特性并未解决。在完善整套模拟之前，首先理解一个新的概念 metatable。

2.3.1 metatable(元表)

metatable 是 table 预定义的一系列操作。例如，把两个 table 相加，那么 Lua 会先去检查两个 table 是否有 metatable，然后再检查 metatable 中是否有__add 方法。如果有，就会按照__add 方法中的操作执行，否则报错。

Lua 中的每一个值都有或者可以有一个元表，但 table 和 userdata 可以拥有独立的元表，其他类型的值就只能共享其类型所属的元表，如字符串使用的就是 string 的元表。需要注意的是，Lua 在新建 table 的时候是不会创建 metatable 的，需要使用 setmetatable 设置元表。setmetatable 的参数可以是任意 table，包括要赋值的 table 本身。可以通过下面的方式查看一个变量是否有元表：

```
print(getmetatable(a))        -- nil 表示没有元表
```

为了更形象地展示 metatable 的特性，接下来实现一个 table，让它能实现"+"运算。该 table 定义如下：

```
Set = {}
function Set.new(t)
    local set = {}
    for i, v in ipairs(t) do
        set[v] = true
    end
    return set
end

function Set.union(a, b)
    local res = Set.new{}
    for k in pairs(a) do
        res[k] = true
```

```
    end
    for k in pairs(b) do
        res[k] = true
    end
    return res
end

function Set.tostring(set)
    local s = "{"
    local sep = ""
    for e in pairs(set) do
        s = s .. sep .. e
        sep = ", "
    end
    return s .. "}"
end

function Set.print(s)
    print(Set.tostring(s))
end
```

上述代码定义一个 table 名为 Set。该 Set 包含 4 个函数，分别为 new()、union()、tostring()和 print()。

Set 的定义使用了一个技巧：Set.new 传入的数字存储在 set 的 key 上，而不是传统的 value 上。

接下来定义 metatable。为了避免命名空间污染，可以在 set 内部定义如下 metatable。

```
Set.mt = {}
```

然后，在 Set.new()中加上如下代码：

```
Set.mt.__add = Set.union
setmetatable(set, Set.mt)
```

这样就给 Set 添加了一个 metatable，metatable 的__add 元方法指向 Set 的 union()函数。

接下来测试 Set：

```
s1 = Set.new{10, 20, 30, 50}
s2 = Set.new{30, 1}
s3 = s1 + s2
Set.print(s3)
--> {1, 30, 10, 50, 20}
```

从 Set.print 的结果可以看到，成功实现了自定义 table 的相加操作——集合并集。

Set 展示了 metatable 中__add 元方法的作用。table 的主要预定义元方法如图 2-5 所示。

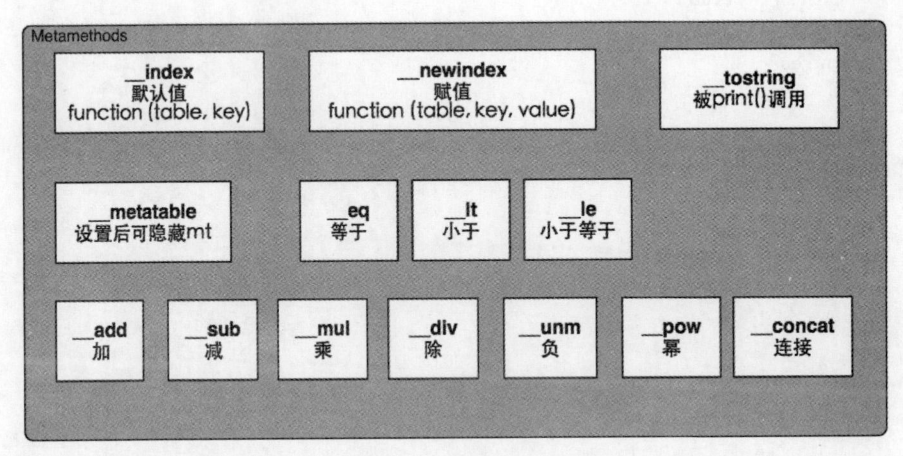

图 2-5 预定义元表

2.3.2 重要元方法简介

1. __index 元方法

Lua 中当访问 table 的元素时先通过__index 元方法查找是否有这个函数，如果没有，则返回 nil。通过改变__index 元方法，能够改变检索之后的结果。__index 的值可以直接是一个 table，也可以是函数。若是 table，则会以该 table 作为索引进行查询；若是函数，则 Lua 将 table 和缺少的域作为参数调用这个函数。

下面是一个用函数检索的例子：

```
Window = {}
Window.mt = {}
Window.prototype = {x = 0, y = 0, width = 100, height = 100}
Window.mt.__index = function(table, key)
    return Window.prototype[key]
end

function Window.new(t)
    setmetatable(t, Window.mt)
    return t
end

-- 测试
w = Window.new{x = 10, y = 20}
print(w.height)
```

2. __newindex 元方法

__newindex 和__index 的使用基本一样，区别在于__newindex 用于 table 的更新，

__index 用于 table 的查询操作。当对 table 中不存在的索引赋值时，就会调用__newindex 元方法。组合使用__index 和__newindex 可以实现很多功能。下面是__newindex 的例子：

```
Window = {}
Window.mt = {}
Window.mt.__newindex = function(table, key, value)
    print("update of element" .. tostring(key) .. tostring(value))
    rawset(table, key, value)
    -- 测试下面的语句!
    -- table[key] = value
end

function Window.new(t)
    setmetatable(t, Window.mt)
    return t
end

-- 测试
w = Window.new{x = 10, y = 20}
w.a = 10
print(w.a)
```

__inde 和__newindex 小结：__index 在 get 表中未定义元素时触发，对应有 rawget(table,key)避免调用__index；__newindex 在 set 表中未定义元素时触发，对应有 rawset(table,key)避免调用__newindex。

2.3.3 封装

了解 metatable 之后，Lua 类的封装就变得容易了。只要为 table 添加 metatable，并设置__index 元方法即可实现封装。如下例中 People 的 new 方法：

```
People = {age = 18}
function People:new()
    local p = {}
    setmetatable(p, self)
    self.__index = self
    return p
end

function People:growUp()
    self.age = self.age + 1
    print(self.age)
end
```

People 测试代码：

```
p1 = People:new()
p1:growUp() --> 19
p2 = People:new()
p2:growUp() --> 19
```

运行结果可以看出，两个对象拥有的 age 成员是完全独立的，而且所有有关 People 的方法都可以对外不可见。这样完全实现了面向对象中类的封装。

2.3.4 继承

继承是面向对象编程中必不可少的一部分。依然用上例中的 People，展示 Lua 实现继承的方法。创建一个 People 实例 Man，再在 Man 上重写 People 的同名方法如下：

```
Man = People:new()
function Man:growUp()
    self.age = self.age + 1
    print("man's growUp:" .. self.age)
end
```

Man 测试代码：

```
man1 = Man:new()
man1:growUp()    --> man's growUp:19
```

结果说明，Man 成功重写了 growUp 方法，并能使用 People 定义的 age 成员，实现了继承的基本用法。

2.3.5 多态

Lua 不支持函数多态，而指针的多态，由于 Lua 动态类型的特性，本身就能支持。

接前面的例子，做如下测试：

```
person = People:new()
person:growUp()
person = Man:new()
person:growUp()
---->> People's growUp:19
---->>  Man's growUp:19
```

第 3 章

Cocos-Lua 基础

3.1 Cocos2d-Lua 开发环境配置

工欲善其事，必先利其器。在进入 Cocos2d-Lua 学习之前，需要先搭建 Cocos2d-Lua 的开发环境。

3.1.1 安装 Cocos2d-Lua

首先，在 http://cocos2d-lua.org/download/index.md 下载最新的 Cocos2d-Lua 版本。然后解压 zip 包到一个路径，路径以及文件夹的名称不能有中文或空格。

注：编写本教材时最新的版本为 Quick-Cocos2dx-Community 3.7.6。

1. 在 Mac 系统下安装引擎

进入解压后的引擎目录，在终端中执行引擎根目录下的 setup_mac.sh 脚本，执行脚本的命令前不需要加入 sudo。当提示输入密码的时候，请输入当前用户的登录密码。正确的安装过程如图 3-1 所示。安装完成后，单击 Launchpad 中的 Player3 启动引擎。

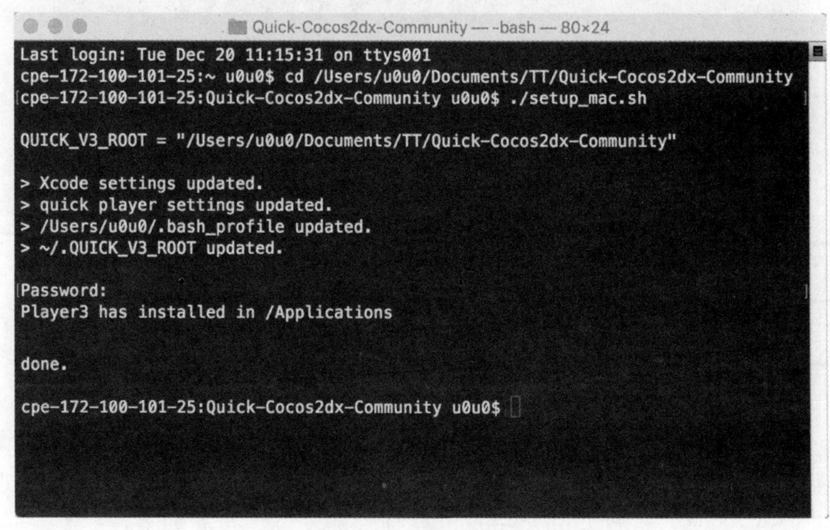

图 3-1　setup_mac.sh

部分 Mac 用户可能会遇到环境配置后，新建工程的 mac_ios 项目不能编译通过。这时需要在终端手动输入下面的命令配置 Xcode 环境变量。

```
defaults write com.apple.dt.Xcode IDEApplicationwideBuildSettings -dict
#路径替换为自己的 Quick root
defaults write com.apple.dt.Xcode IDEApplicationwideBuildSettings -dict -add QUICK_V3_ROOT
"/User/u0u0/Quick_cocos2dx_Community"
defaults write com.apple.dt.Xcode IDESourceTreeDisplayNames -dict
defaults write com.apple.dt.Xcode IDESourceTreeDisplayNames -dict -add QUICK_V3_ROOT QUICK_
V3_ROOT
```

2. 在 Windows 系统下安装引擎

在解压后的引擎目录中，双击 setup_win.bat 开始执行安装脚本。正确的安装过程如图 3-2 所示。安装完成后，双击 Windows 系统桌面上的 Player3 快捷方式启动引擎。

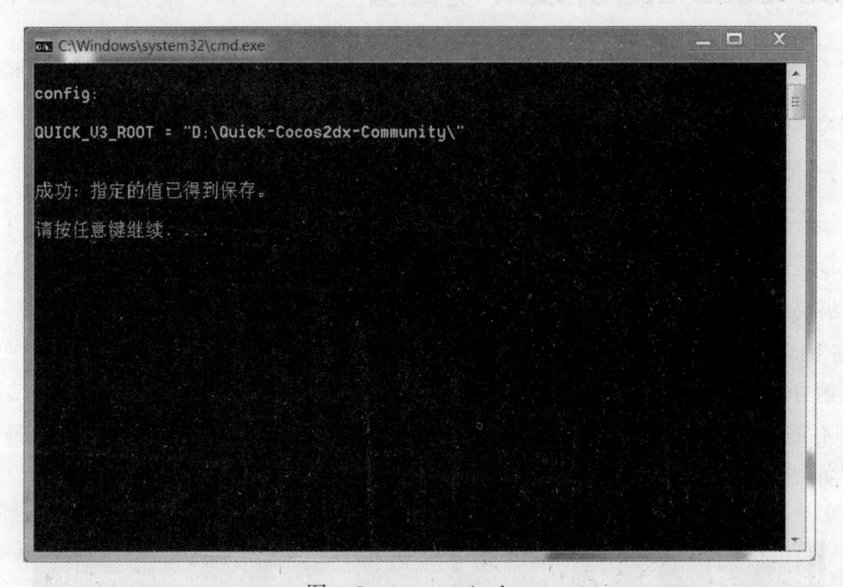

图 3-2 setup_win.bat

在 Player 中，可以进行创建项目、运行项目等操作。切换到"示例"标签，可运行引擎自带的各种测试程序，如图 3-3 所示。

3.1.2 安装 VS Code 与 QuickXDev

脚本语言的优点是无须编译且 log 功能强大，但开发环境简陋。幸运的是，Cocos2d-Lua 社区的 lonewolf 基于强大的 VS Code 编辑器，开发了 QuickXdev 插件，为 Cocos2d-Lua 代码编写提供了不少便利。

VS Code 的下载地址为 https://code.visualstudio.com/，下载对应开发系统的安装包，双击开始安装，安装过程中注意勾选 Create a desktop icon，方便以后启动 Sublime。

安装完 VS Code 后，进行 QuickXdev 开发插件的安装。步骤如下：

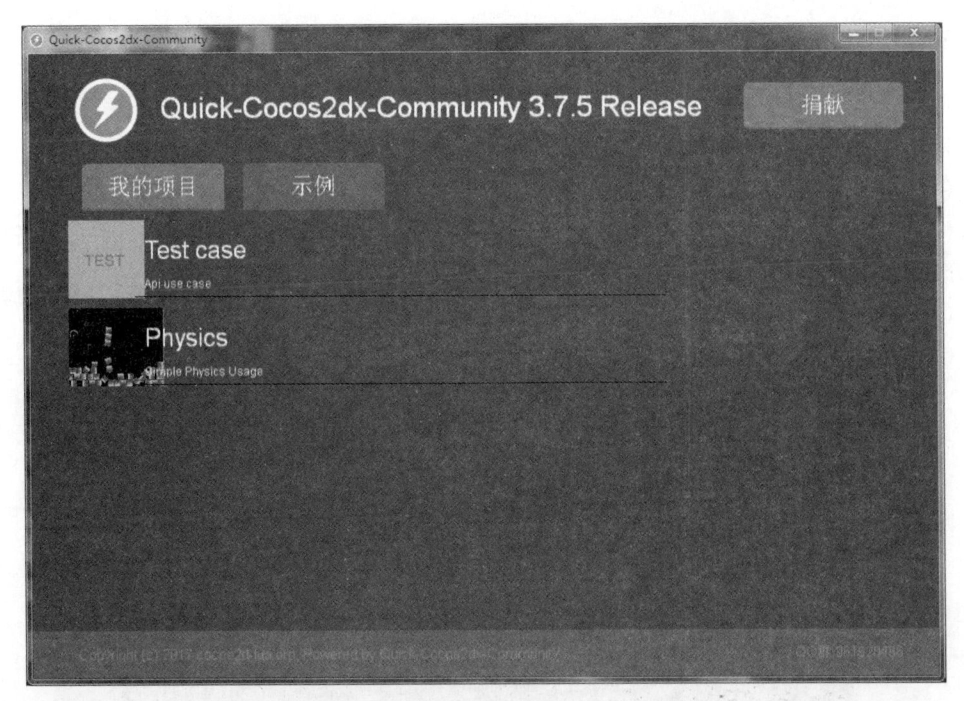

图 3-3 Player

(1) 启动 VS Code,单击左侧的 Extensions 按钮,如图 3-4 所示步骤(1)。

(2) 在插件搜索输入框中输入 QuickXdev,如图 3-4 所示步骤(2)。

(3) 单击 Install 按钮等待安装完毕,如图 3-4 所示步骤(3)。

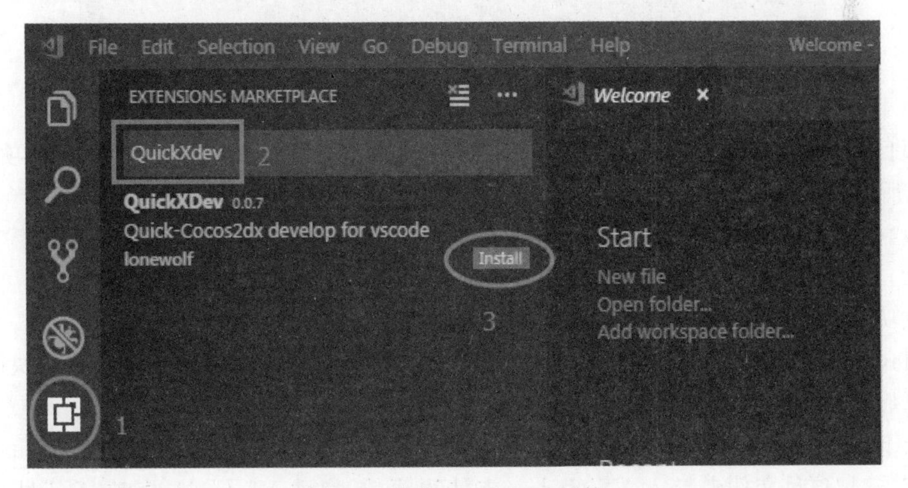

图 3-4 安装 QuickXdev 插件

QuickXdev 插件会自动读取 setup. bat 设置的环境变量,无须配置。

3.1.3 测试开发环境

最终完成了环境搭建，但它是否能正常工作呢？接下来测试一下整个开发环境。

首先启动 Player3，单击“新建项目”按钮，出现如图 3-5 所示的界面。

(1) 单击 Select 按钮选择项目根文件夹。

(2) 在 Project package name 栏输入项目的包名。为了 Android 的兼容性，包名中以“.”分隔的每一个单词都不能以数字开头。包名应为 3 个或 4 个单词。

(3) Portrait 为竖屏，Landscape 为横屏。

(4) Create Project 创建项目。

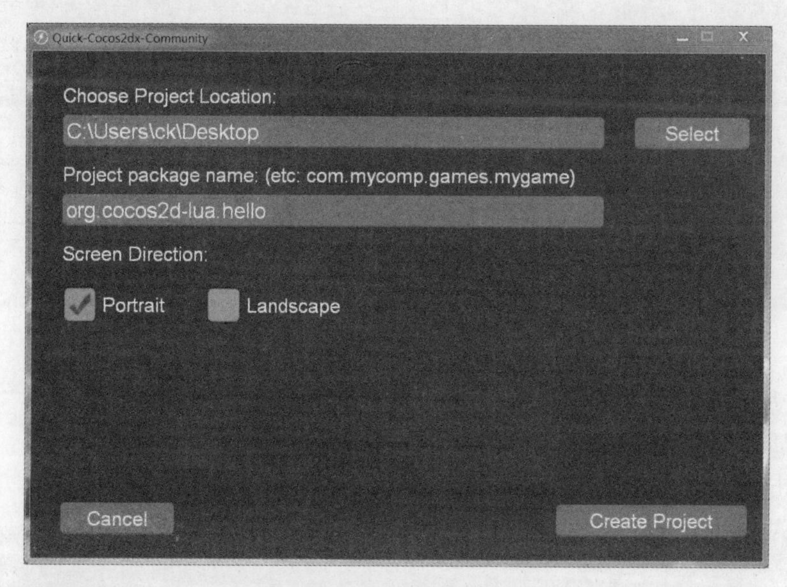

图 3-5 新建项目

项目创建完成，回到 Player3 主界面，单击“导入项目”按钮，导入刚才创建的项目，如图 3-6 所示。

(1) 单击 Select 按钮，选择项目路径。

(2) 单击 Open Project 按钮，开始导入项目。

成功导入项目后它会自动运行，这样就可以看到“Hello，World”界面了。

Player3 主界面的“我的项目”标签页下，也会自动创建这个 helloworld 项目的快捷启动项。以后需要再次启动这个项目时，只需选中它并单击“打开”按钮即可。

接下来尝试修改 helloworld 的代码。

首先，把项目文件夹导入 VS Code。方法很简单，启动 VS Code，拖动“D:”目录下的 helloworld 文件夹到 VS Code 窗口界面。松开后在 VS Code 的左边栏中就会显示整个文件结构。然后，选择 src/app/scenes/MainScene.lua 文件，如图 3-7 所示。

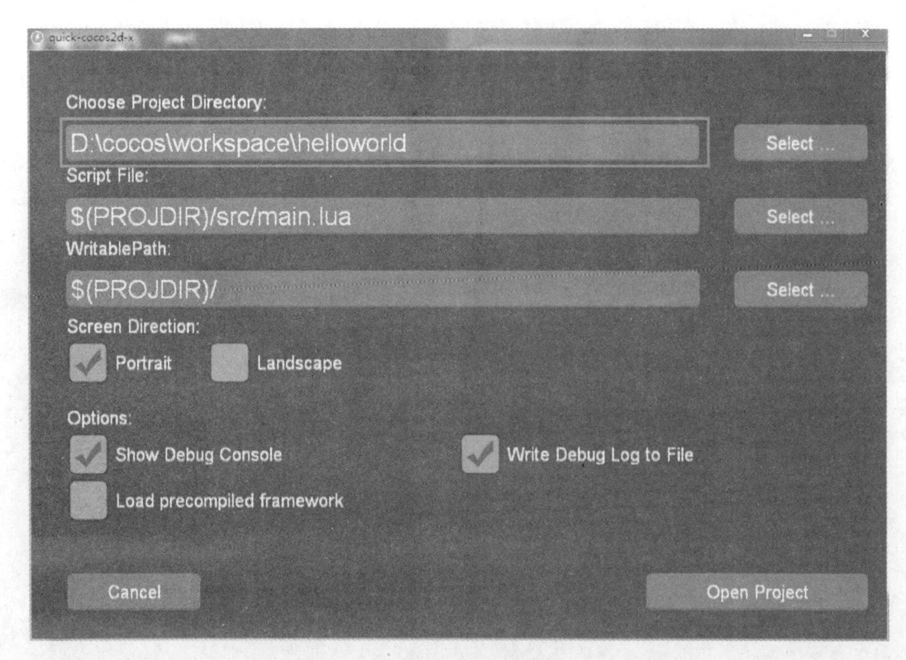

图 3-6 导入项目

图 3-7 VS Code 打开项目

输入 print 后能自动提示 Lua 标准接口，输入 disp 后能自动提示 Cocos2d-Lua 的接口，表明 QuickXDev 插件正常工作。

选择 display. width，按 Enter 键，补全整个单词。保存文件，切换到 Player3 的 helloworld 项目模拟器，选择 View→Refresh 命令刷新模拟器，可以看到 Player3 的控制台有新加入的 log 信息。更方便的调试方式是在 VS Code 中直接启动 QuickXDev，在 MainScene. lua 代码编辑器右击，从弹出的快捷菜单中选择“在 Player 中运行”命令，如图 3-8 所示。

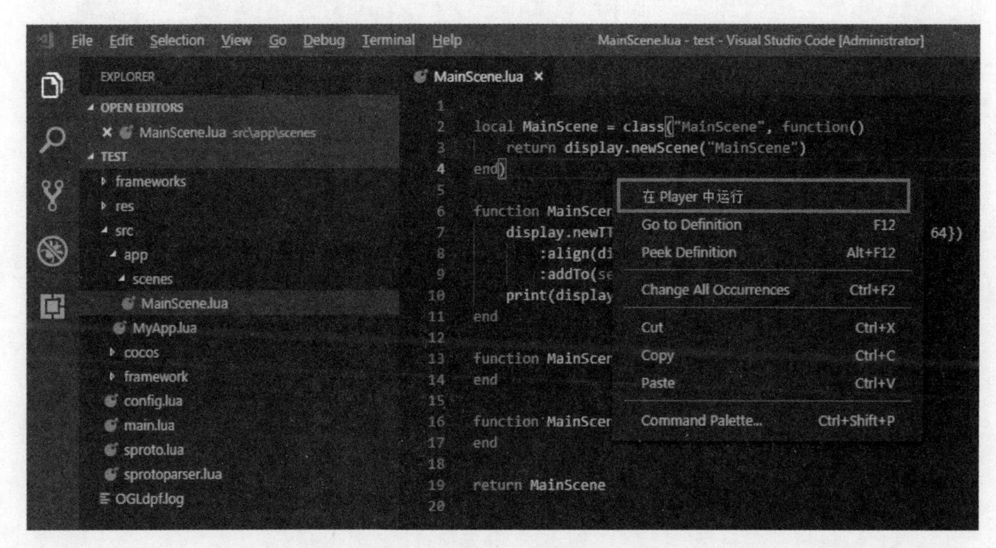

图 3-8 VS Code 运行 Player

3.2 引擎架构与目录结构

3.2.1 引擎架构

在第 1 章介绍了 Cocos2d 引擎家族历史和 Cocos2d-Lua 的诞生。我们知道 Cocos2d-Lua 是由 Cocos2d-x 衍生出来的，它们之间的关系如图 3-9 所示。

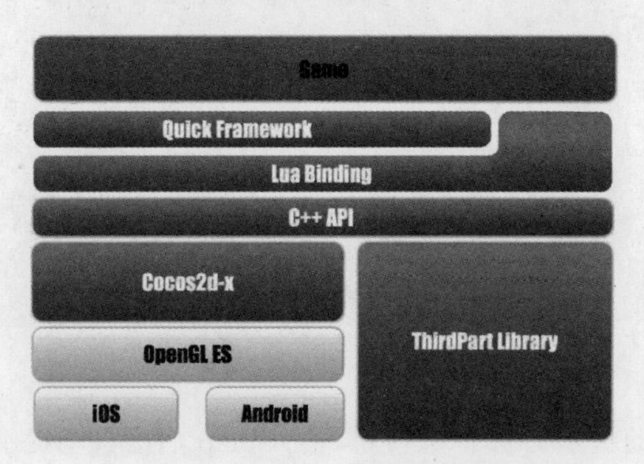

图 3-9 Cocos2d-Lua 框架图

白色区域的模块与具体平台相关，引擎渲染居于跨平台的 OpenGL ES。在 OpenGL ES 之上是 Cocos2d-x 引擎核心架构，Cocos2d-x 与 ThirdPart Library 对外暴露 C++ API。

Lua Binding 把 C++API 映射为 Lua API，而 Quick Framework 基于 Lua API 进行二次封装并扩展了接口。

游戏在最上层，可以同时使用 Lua API 和 Quick 框架。

Cocos2d-x 内部又可以细分为多个模块，如图 3-10 所示。

图 3-10 Cocos2d-x 模块

3.2.2 引擎文件结构

以下介绍基于当前最新 Cocos2d-Lua 版本 v3.7.6。进入 Cocos2d-Lua 安装路径，可以看到如图 3-11 所示的目录结构。

名称	修改日期	大小	种类
build	2017年4月22日 下午7:37	--	文件夹
CHANGELOG	2019年2月14日 下午10:28	17 KB	Hex-Ed...pp 文稿
cocos	2019年2月14日 下午10:28	--	文件夹
external	2017年4月22日 下午7:37	--	文件夹
licenses	2014年12月24日 下午7:41	--	文件夹
quick	2017年6月15日 下午9:35	--	文件夹
README.md	2019年1月17日 下午8:26	3 KB	Markdown
setup_mac.sh	2018年12月21日 下午11:00	2 KB	Shell Script
setup_win.bat	2015年10月19日 下午2:25	489 字节	Visual...app 文稿
VERSION	2019年2月14日 下午10:28	14 字节	Hex-Ed...pp 文稿

图 3-11 引擎根目录

(1) build：引擎 Xcode 的 lib 工程。

(2) cocos：Cocos2d-x 引擎 C++代码。

(3) external：引擎集成的第三方库。

(4) licenses：引擎以及第三方库的 license 说明文件。

(5) quick：Quick 框架代码以及工具。

(6) setup_mac.sh：Mac 下设置 Cocos2d-Lua 环境变量的脚本文件。

(7) setup_win.bat：Windows 下设置 Cocos2d-Lua 环境变量的脚本文件。

(8) VERSION：当前引擎版本。

(9) CHANGELOG：引擎更新日志。

quick 目录下的 Quick 框架将是本书的重点内容，目录结构如图 3-12 所示。

名称	修改日期	大小	种类
bin	2019年2月14日 下午10:28	--	文件夹
cocos	2018年8月12日 下午8:58	--	文件夹
framework	2019年2月24日 下午9:41	--	文件夹
lib	2017年4月22日 下午7:37	--	文件夹
player	2019年2月24日 下午10:36	--	文件夹
samples	2019年2月14日 下午10:28	--	文件夹
template	2017年6月15日 下午9:35	--	文件夹
welcome	2017年4月22日 下午7:37	--	文件夹

图 3-12 quick 目录

（1）bin：Quick 框架相关的可执行脚本，包含项目创建和代码加密等工具。

（2）cocos：Cocos2d-x Lua Binding 对应的 Lua 常量定义文件。

（3）framework：Quick 框架的 Lua 源码。

（4）lib：Quick 框架的 C++源码。

（5）player：模拟器的源码及其工程。

（6）samples：Quick 框架接口用例。

（7）template：项目创建模板。

（8）welcome：模拟器启动后显示的欢迎界面。

其中，framework 是 Quick 的核心，其目录结构如图 3-13 所示。

名称	修改日期	大小	种类
platform	2018年12月21日 下午11:00	--	文件夹
protobuf	2019年2月14日 下午10:28	--	文件夹
AppBase.lua	2017年6月21日 上午7:17	1 KB	Lua Source File
audio.lua	2019年1月17日 下午8:26	5 KB	Lua Source File
crypto.lua	2014年12月24日 下午7:41	5 KB	Lua Source File
debug.lua	2015年10月13日 下午5:49	5 KB	Lua Source File
device.lua	2015年10月2日 下午4:35	10 KB	Lua Source File
display.lua	2018年12月21日 下午11:00	52 KB	Lua Source File
functions.lua	2018年12月21日 下午11:00	37 KB	Lua Source File
init.lua	2017年6月27日 下午9:50	5 KB	Lua Source File
json.lua	2015年10月13日 下午5:51	3 KB	Lua Source File
network.lua	2016年1月23日 下午7:50	10 KB	Lua Source File
NodeEx.lua	2019年2月24日 下午9:41	10 KB	Lua Source File
scheduler.lua	2014年12月24日 下午7:41	4 KB	Lua Source File
shortcodes.lua	2017年5月11日 下午10:03	11 KB	Lua Source File
SimpleTCP.lua	2019年2月14日 下午10:28	5 KB	Lua Source File
toluaEx.lua	2015年10月13日 下午6:11	2 KB	Lua Source File
WidgetEx.lua	2017年7月8日 下午2:48	757 字节	Lua Source File

图 3-13 framework 目录

（1）platform：Quick 与平台相关的接口。

（2）protobuf：protoc-gen-lua 的 Lua 代码。

(3) AppBase. lua：Lua 程序基类，定义 app 全局变量以及其功能实现。

(4) audio. lua：背景音乐和音效的播放与管理。

(5) crypto. lua：加解密、数据编码库。

(6) debug. lua：提供调试接口。

(7) device. lua：提供设备相关属性的查询，以及设备功能的访问。

(8) display. lua：与显示图像、场景相关的功能。

(9) functions. lua：提供一组常用函数，以及对 Lua 标准库的扩展。

(10) init. lua：Quick 框架的初始化。

(11) json. lua：JSON 的编码与解码。

(12) network. lua：网络接口封装，检查 WiFi 和 3G 网络情况等。

(13) NodeEx. lua：对 cc. Node 的功能扩展。

(14) scheduler. lua：全局计时器、计划任务，该模块在框架初始化时不会自动载入。

(15) shortcodes. lua：一些经常使用的短代码，如设置旋转角度。

(16) SimpleTCP. lua：socket 长链接的抽象管理。

(17) toluaEx. lua：tolua 的功能扩展。

(18) WidgetEx. lua：ccui. Widget 的功能扩展。

3.2.3 项目文件结构

以第 2 章环境搭建中创建的 helloworld 项目为例，这里介绍的目录结构如图 3-14 所示。

Name	Date Modified	Size	Kind
▶ frameworks	Yesterday, 10:22 AM	--	Folder
▶ res	Today, 9:40 AM	--	Folder
▶ src	Today, 9:40 AM	--	Folder

图 3-14 helloworld 目录

(1) frameworks：iOS、Android 等平台的工程文件。

(2) res：项目资源文件夹(图片、音频等)。

(3) src：项目源码存放文件夹(. lua 文件)。

src 文件夹将是游戏逻辑代码的存放位置，如图 3-15 所示。

Quick 框架 src 目录有一定约束，结构说明如下。

(1) app：游戏界面以及逻辑等。

① MyApp. lua：游戏实例，管理整个 App。

② scenes：游戏场景文件夹。

③ MainScene. lua：游戏的第一个场景。

(2) cocos：cocos2d-Lua/quick/cocos/的备份，将随项目一起打包。

名称	修改日期	大小	种类
▼ app	今天 下午10:16	--	文件夹
MyApp.lua	2017年4月30日 下午10:22	325 字节	Lua Source File
▼ scenes	今天 下午10:16	--	文件夹
MainScene.lua	2018年12月21日 下午11:00	2 KB	Lua Source File
▶ cocos	2019年2月16日 上午11:46	--	文件夹
config.lua	2019年2月14日 下午10:28	304 字节	Lua Source File
▶ framework	2019年2月16日 上午11:46	--	文件夹
main.lua	2018年12月21日 下午11:00	324 字节	Lua Source File

图 3-15 src 目录

(3) config. lua：工程配置文件，包括分辨率适配等信息。

(4) framework：cocos2d-Lua/quick/framework/的备份，将随项目一起打包。

(5) main. lua：Lua 程序入口。

3.3 MVC 框架

3.3.1 什么是 MVC

MVC 是模型(model)、视图 (view)和控制器(controller)的缩写。MVC 是一个设计模式，它强制性地使应用程序的输入、处理和输出分开。

(1) Model(模型)：程序员编写程序应有的功能(实现算法等)，数据库专家进行数据管理和数据库设计(可以实现具体的功能)。Model 是应用程序中用于处理应用程序数据逻辑的部分。通常，模型对象负责数据的存储与运算。

(2) View(视图)：界面设计人员进行图形界面设计。View 是应用程序中处理数据显示的部分。通常，视图是依据模型数据创建的。

(3) Controller(控制器)：负责转发请求，对请求进行处理。Controller 是应用程序中处理用户交互的部分。通常，控制器负责从视图读取数据，控制用户输入并向模型发送数据。

1. 理想 MVC 模型

MVC 依赖关系如图 3-16 所示。

从依赖关系看，Model 不依赖 View 和 Controller，而 View 和 Controller 依赖 Model。

理想 MVC 关注两个分离：

(1) 从 Model 中分离 View。

(2) 从 View 中分离 Controller。

从 Model 中分离 View，主要基于以下几点考虑。

(1) 不同的关注点：Model 关注内在的不可视的逻辑，而 View 关注外在的可视的逻辑。

(2) 多种表现形式：同一个 Model 往往需要多种 View 表现形式。

(3) 提高可测试性：相对 Model 而言，View 是不容易测试的。

Classic MVC 模型是一种理想化的形式，实际开发中，不可能完全做到 View 和 Controller 的分离。

2. 真实 MVC 模型

实际上涉及 UI 的项目，真实的 MVC 模型如图 3-17 所示。

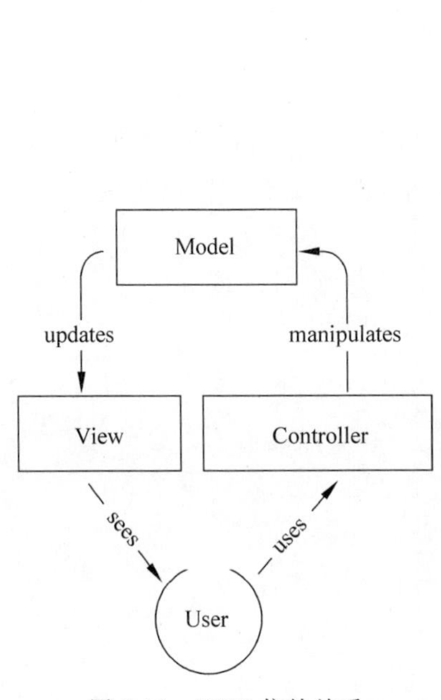

图 3-16　MVC 依赖关系

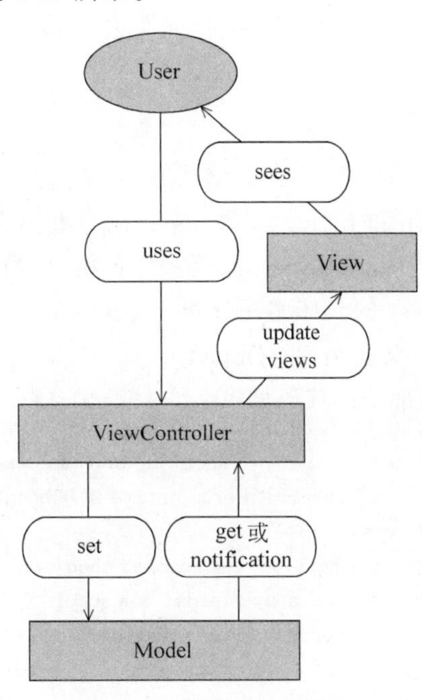

图 3-17　真实 MVC 模型

View 和 Controller 紧密相关，在苹果的 Objective-C 中，定义为 ViewController。ViewController 是业务逻辑实现的核心，负责读取数据显示和处理用户输入等。与界面无关的数据逻辑部分抽象为 Model，如数据库的表更新与读取。界面上独立的显示元素被抽象为 View，如显示文字的 Label 和等待用户单击的 Button 等。

与理想模型不同的是，View 不与 Model 直接交互，View 与 Model 的更新都由 ViewController 完成。

3.3.2　Cocos2d-Lua 中的类实现

MVC 是面向对象的一种设计模式，需要类这个机制。前面已经介绍了 Lua 实现面向对象的基本原理，Cocos2d-Lua 结合引擎本身需求，做了完善与扩展，形成了一个叫 class 的函数。

打开 Cocos2d-Lua 引擎下的 quick/framework/functions.lua 文件，可以找到 function class(classname,super) 函数。class 函数带有两个参数，其中 classname 表示的是类名，

super表示的是父类。关于class函数的用法可以参考class函数的注释，下面主要解析class函数的实现。

```
function class(classname, super)
    local superType = type(super)
    local cls

    if superType ~= "function" and superType ~= "table" then
        superType = nil
        super = nil
end
```

这一段主要判断父类的类型。从函数的说明可以看出，super的类型可以是nil、function和table。如果super的类型不为function或者table，那么此时就把父类赋为nil。当父类为nil时，表示类是独立的类，没有父类。

class的具体实现分两大部分：父类为C++Object；父类为table或nil。

1. 父类为C++Object

这部分的代码如下：

```
if superType == "function" or (super and super.__ctype == 1) then
    -- inherited from native C++Object
    cls = {}
    if superType == "table" then
        -- copy fields from super
        for k,v in pairs(super) do cls[k] = v end
        cls.__create = super.__create
        cls.super = super
    else
        cls.__create = super
        cls.ctor = function() end
    end

    cls.__cname = classname
    cls.__ctype = 1

    function cls.new(...)
        local instance = cls.__create(...)
        -- copy fields from class to native object
        for k,v in pairs(cls) do instance[k] = v end
        instance.class = cls
        instance:ctor(...)
        return instance
    end
```

第一句判断父类类型：

```
if superType == "function" or (super and super.__ctype == 1) then
```

Cocos2d-Lua 很大一部分接口是 C++Lua Binding 封装过来的，如 cc. Sprite、cc. Layer 等。满足此条件判断，新类直接或间接继承于 C++Lua Binding。

```
if superType == "table" then
    -- copy fields from super
    for k,v in pairs(super) do cls[k] = v end
    cls.__create = super.__create
    cls.super = super
```

如果父类的类型是 table，那么该父类一定是继承于 function 的一个子类，程序会直接把父类中的方法用复制的方式赋值给当前类，同时设置当前类的 super 属性为父类。

```
else
    cls.__create = super
    cls.ctor = function() end
end
```

如果传入的父类类型是 function，那么程序会把当前类的创建函数设置成传入的函数。

在上面的操作完成之后，程序会把类名等参数赋给类，设置类的__ctype 属性为 1，并且创建一个 new()函数方便类的实例化。

```
cls.__cname = classname
cls.__ctype = 1

function cls.new(...)
    local instance = cls.__create(...)
    -- copy fields from class to native object
    for k,v in pairs(cls) do instance[k] = v end
    instance.class = cls
    instance:ctor(...)
    return instance
end
```

在实际应用中，如果父类是引擎封装的 cc. Xxx，则必须用 function 方式实现继承。例如，下面新建一个 MySpriteClass 的类：

```
local MySpriteClass = class("MySpriteClass", function(pic)
    return cc.Sprite:create(pic)
end)
return MySpriteClass
```

通过 className. new()函数创建实例：

```
local mySprite = MySpriteClass.new("xx.png")
```

如果 MySpriteClass 作为父类被继承，则可以不用 function 方式。其原因是 MySpriteClass

的__ctype 属性为 1，能被正确地继承。例如，下面新建一个 OtherSpriteClass 的类：

```
local OtherSpriteClass = class("OtherSpriteClass", MySpriteClass)
return OtherSpriteClass
```

2. 父类为 table 或 nil

接下来考虑父类为 Lua object 的部分。实际上，该部分才是传统的 Lua table 继承。代码如下：

```
else
    -- inherited from Lua Object
    if super then
        cls = {}
        setmetatable(cls, {__index = super})
        cls.super = super
    else
        cls = {ctor = function() end}
    end

    cls.__cname = classname
    cls.__ctype = 2 -- lua
    cls.__index = cls

    function cls.new(...)
        local instance = setmetatable({}, cls)
        instance.class = cls
        instance:ctor(...)
        return instance
    end
end
```

首先，判断父类是否为空，如果不为空，那么就将子类的 metatable 的__index 赋值为父类，并且将子类的 super 设置成传入的父类对象。接下来再将子类的__index 赋值为自己，这样就能同时访问父类和自己的方法。可以看到这里和前面 Lua 面向对象的部分一致。最后创建一个 new 函数方便类的实例化。

3. 两种继承的异同

前面一直未解答为什么会有两种继承实现方式，下面就比较一下它们之间的异同。首先做个测试：

```
print(type(cc.Node))
print(type(cc.Node:create()))

--> table
--> userdata
```

结果说明，cc.Node 是一个 table，但它创建出来的实例对象是 userdata。userdata 用来描述应用程序或者使用 C 实现的库创建的新类型，Cocos2d-x 的 Lua API 创建的对象实例都是 userdata。

cc.Node 是不能直接继承的，它只是一个普通的 table 变量，里面存放了相应 userdata 的实例化函数，经过 cc.Node：create()创建的实例 userdata 才是引擎渲染用的节点对象。这类 userdata 节点需要使用 class 函数的 C++object 的继承逻辑。

游戏中的一些数据模块，可以直接用 class("dataModule")创建纯粹的 Lua 类，它们完全遵从 Lua 的 metatable 继承方式，使用 class 函数的 table 继承逻辑。

由于引擎 C++object binding 与原生 Lua table 的不同，需要两种继承方式。

这两种类的继承实现方式派生出来的类(table)，成员上略有异同，如图 3-18 所示。

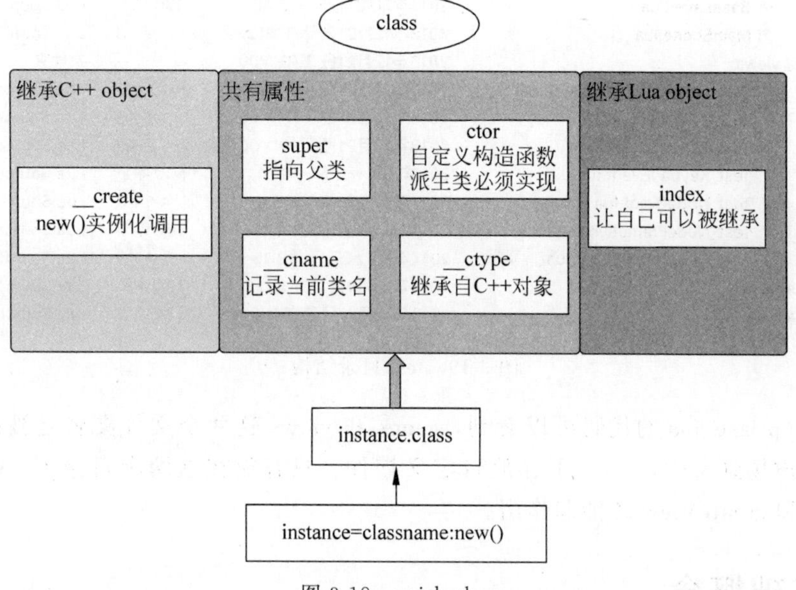

图 3-18 quick class

由 classname.new( ) 生成的 instance 包含了一个 class 属性。class 指向了类原型，并具有 super、ctor、__ cname 和__ ctype 4 个属性。

继承自 C++的类，new 方法使用__ create()函数创建实例，继承自 Lua 的类 new 方法使用{}创建实例。

3.3.3 Cocos2d-Lua 中的 MVC 实现

MVC 的实现在 quick/framework/AppBase.lua 中。本质上，MVC 是一个编码习惯的约定，并不能强制用户必须写 MVC 风格的代码，但遵循 MVC 规则可以让代码更易于维护。

AppBase.lua 中定义了一个 AppBase 基类，作为所有 Quick 游戏的 Lua 入口，由 player3 新建的工程有一个 MyApp.lua，它就是继承于 AppBase 类。AppBase 的功能类似于 iOS 工程中的 AppDelegate.m 实现的功能，具体有下面几个功能：

（1）程序前后台切换事件的接收与分发。

（2）为 framework 提供程序退出接口。

（3）提供创建 scene 和 view 的接口，并约定它们的存放路径。

这里需要重点分析一下第 3 条，为了直观理解，看下一个引擎自带 test 的代码结构。进入目录 quick/samples/test/src/，结构如图 3-19 所示。

名称	修改日期	大小	种类
▼ app	2017年6月24日 下午3:35	--	文件夹
MyApp.lua	2017年4月30日 下午10:22	325 字节	Lua Source File
▼ scenes	2018年12月21日 下午11:00	--	文件夹
BaseLayer.lua	2017年7月6日 下午10:49	630 字节	Lua Source File
MainScene.lua	2018年12月21日 下午11:00	2 KB	Lua Source File
▼ views	2018年12月21日 下午11:00	--	文件夹
Test_AccelerometerEvent.lua	2018年12月21日 下午11:00	802 字节	Lua Source File
Test_Audio.lua	2018年12月21日 下午11:00	3 KB	Lua Source File
Test_CocosStudio.lua	2018年12月21日 下午11:00	1 KB	Lua Source File
Test_KeypadEvent.lua	2017年5月1日 下午10:14	640 字节	Lua Source File
Test_NodeEvent.lua	2017年5月1日 下午9:59	1 KB	Lua Source File
Test_NodeFrameEvent.lua	2017年5月1日 下午10:11	607 字节	Lua Source File
Test_NodeTouchEvent.lua	2017年6月24日 下午3:15	1 KB	Lua Source File
config.lua	2019年2月14日 下午10:28	304 字节	Lua Source File
main.lua	2018年12月21日 下午11:00	324 字节	Lua Source File

图 3-19　test 目录结构

深入 AppBase.lua 的代码可以看到，scenes 和 views 这两个文件夹名是被固定了的。scenes 下存放场景文件，views 下存放自定义控件。只有放在这两个目录下，AppBase 的 enterScene 和 createView 才能起作用。

3.4　基础概念

Cocos2d-Lua 是一款基于节点树渲染的游戏引擎，并且它将游戏的各个部分抽象成导演、场景、层和精灵等概念。游戏中每个时刻都有一个场景在独立运行，通过切换不同的场景完成整个游戏流程，场景切换的管理由导演执行。它们之间的关系如图 3-20 所示。

一个游戏可以有多个不同的游戏场景，每个场景又可包含多个不同的层，每层可拥有任意个游戏节点（常见是精灵，但也可以是层、菜单和文本等）。

3.4.1　导演

一款游戏好比一部电影，它们的基本原理都是一样的，只是游戏具有更强的交互性，所以 Cocos2d-Lua 中把统筹游戏大局的类抽象为导演类（Director）。

导演类是游戏的组织者和领导者，是整个游戏的导航仪和总指挥。它主要负责以下工作：

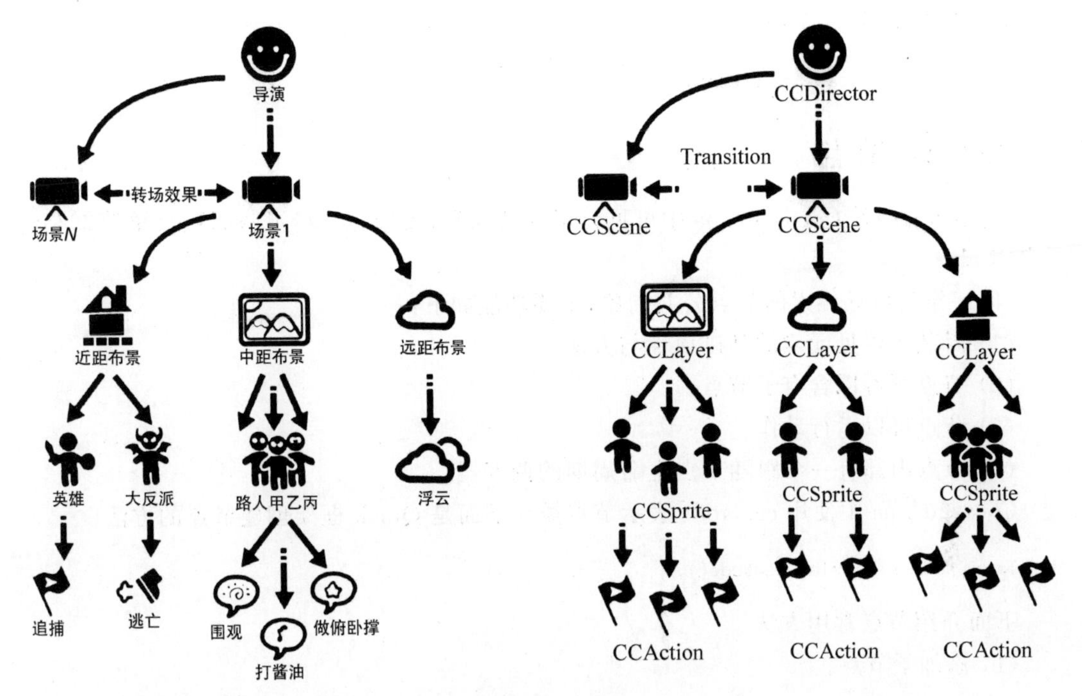

图 3-20 导演

(1) 在开始游戏和结束游戏时游戏的初始化和销毁工作。

(2) 游戏场景的切换，以及场景暂停或恢复的控制。

(3) 设置或获取一些系统信息，如调整 OpenGL 相关的设置和得到屏幕大小等。

还需要说明的是，Director 使用单例模式实现，也就是说一个游戏中只有一个导演。

Cocos2d-Lua 中使用 cc. Director 表示导演类，通过下面的方法获取单例对象：

```
local sharedDirector = cc.Director:getInstance()
```

下面介绍导演常用方法。

(1) 获取窗口大小。

```
local winSize = sharedDirector:getWinSize()
```

(2) 暂停游戏。暂停所有计时器和动作，但场景仍然会显示在屏幕上。

```
sharedDirector:pause()
```

(3) 恢复游戏。恢复所有计时器和动作。

```
sharedDirector:resume()
```

(4) 退出游戏。

```
sharedDirector:endToLua()
```

（5）捕捉屏幕。

```
sharedDirector:captureScreen()
```

3.4.2 节点

节点（Node）是 Cocos2d-Lua 中可见元素的基础类，场景、层、精灵、标签、菜单等都是继承自 Node。

Node 作为可见元素的节点公共抽象，主要功能如下：

（1）封装了可见元素的基础属性与方法。

（2）节点都可以含有子节点。

（3）节点可以运行动作。

（4）节点内部有一个跟随节点生命周期的调度器。

Cocos2d-Lua 中使用 cc.Node 表示节点类。下面是 Quick 框架创建节点的方法：

```
local node = display.newNode()
```

下面介绍节点常用方法。

（1）添加子节点。

```
node:addChild(child, zOrder, name)
```

参数说明：

① child，cc.Node 类型，子节点。

② zOrder，数字类型，可选参数。子节点的 zOrder 将影响渲染顺序。

③ name，字符串类型，可选参数。子节点的名称。

（2）移除子节点。

```
node:removeChild(childNode)
```

（3）获取父节点。

```
local parent = node:getParent()
```

（4）获取子节点。

```
local children = node:getChildren()
```

（5）设置大小。

```
node:setContentSize(cc.size(width, height))
```

（6）获取大小。

```
local size = node:getContentSize()
```

(7) 设置位置坐标。

```
node:setPosition(cc.p(x, y))
```

(8) 设置锚点。

```
node:setAnchorPoint(cc.p(x, y))
```

在 Cocos2d-x 中通过节点树渲染场景,场景是所有节点的根节点,如图 3-21 所示。

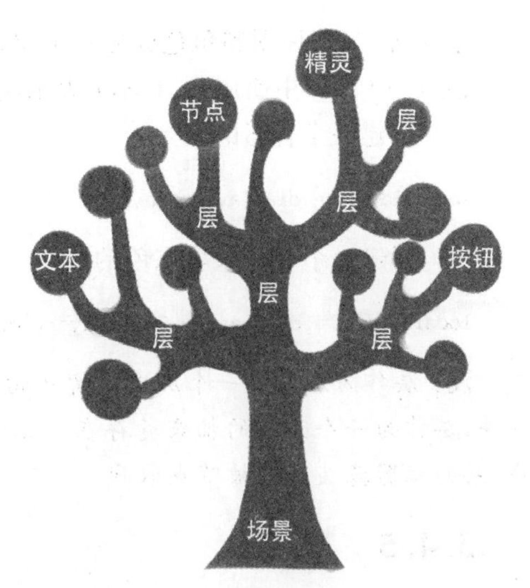

图 3-21 节点树

这是一个场景的节点树,其中树干是场景,树枝是层,树叶是节点(精灵、文本、按钮等)。

引擎渲染一个场景的时候,从树根往上渲染,底层的节点图像将被上层节点的图像覆盖。

3.4.3 场景

场景(Scene)是容纳其他可见与不可见元素的容器,一个游戏至少需要一个场景。特定时间内只有一个场景是处于活动状态的。游戏里关卡、界面的切换其实就是一个一个场景之间的切换,就像在电影中变换舞台或场地一样。

Cocos2d-Lua 中使用 cc.Scene 表示场景类。下面是 Quick 框架创建场景的方法。

(1) 创建普通场景。

```
display.newScene(name)
```

(2) 创建带物理引擎的场景。

```
display.newPhysicsScene(name)
```

前面提到,场景的管理是由导演完成的,与场景相关的导演方法有如下几个。

(1) sharedDirector:runWithScene(newScene) 运行游戏的第一个场景。本方法在主程序第一次启动主场景的时候调用。

(2) sharedDirector:pushScene(scene)将当前运行中的场景暂停并压入场景栈中,再将传入的 scene 设置为当前运行场景。

(3) sharedDirector:replaceScene(newScene)使用传入的 scene 替换当前场景,当前场景被释放。这是最常用的场景切换方法。

(4) sharedDirector:popScene() 从场景栈弹出栈顶场景并释放,运行新的栈顶场景。如果栈为空,则结束应用。该方法通常与 pushScene 结对使用。

3.4.4 层

层(Layer)是对场景内布局的细分,尽管有 ColorLayer,但层主要起容器作用。假如一个跑酷场景,地图和角色不停地向前滚动,但 UI 却固定不动,这时如果做分层处理,将能更方便地实现它,即地图和角色放在一个层,UI 放在一个层,互相不影响。

Cocos2d-Lua 中使用 cc. Layer 表示层类。下面是 Quick 框架创建层的方法。

(1) 创建一个普通的层。

```
local layer = display.newLayer()
```

(2) 创建一个有背景填充色的层。

```
local layer = display.newColorLayer(cc.c4b(255,0,0,255))
```

注:层作为容器是一个历史遗留产物,在 Cocos2d-x 2.x 版本中,只有层可以获取触摸事件,层作为一个必须的抽象类存在。然而在 Quick 中,所有节点(Node)都可获取触摸事件,层的容器意义已经被节点取代。

3.4.5 精灵

如果说场景和层主要起容器的作用,那么精灵(Sprite)是容器中盛放的内容。精灵总绑定一个纹理对象或精灵帧对象,引擎渲染精灵实际上是把精灵绑定的纹理或精灵帧按照属性设定渲染到屏幕上。

可以说,精灵是图像的载体,游戏中看得见的场景如背景图片、房屋、敌人、玩家角色及子弹等,都可以通过精灵实现。

引擎中纹理对应类 Texture2D,精灵帧对应类 SpriteFrame,它们与精灵之间的关系,如图 3-22 所示。

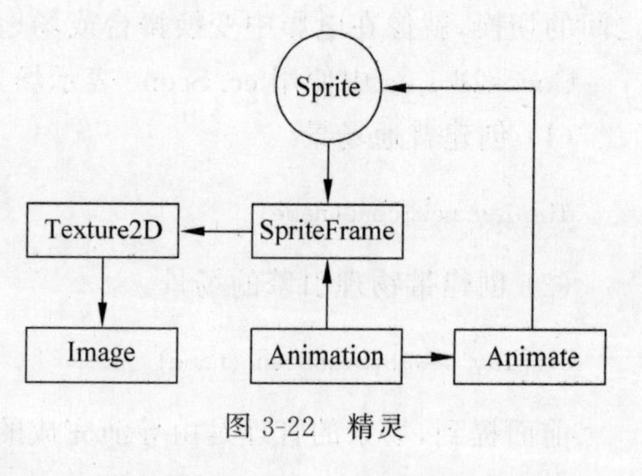

图 3-22 精灵

(1) Image 对应硬盘中不同类型的图片,如 jpg 和 png 等。它知道如何从文件中读取不同类型的图片,生成缓冲数据,供 Texture2D 使用。

(2) Texture2D 代表一个可以被绘制的纹理。

(3) SpriteFrame 的概念是相对于动画而产生的。一个 Sprite 可以拥有多个 SpriteFrame,一个时刻只显示其中一帧,帧之间切换就形成了动画。SpriteFrame 是具有一定区域属性的纹理,依赖于 Texture2D。

(4) Animation 描述一个有序的 SpriteFrame 系列,类似于剪辑过的电影胶卷。

(5) Animate 把 Animation 转化为引擎识别的 Action 类,让 Sprite 可以运行。

Cocos2d-Lua 中使用 cc. Sprite 表示精灵类。下面是 Quick 框架提供的三种创建精灵的方法。

(1) 从图片文件创建。

```
local sprite1 = display.newSprite("hello1.png")
```

(2) 从缓存的图像帧创建。

```
local sprite2 = display.newSprite("#frame0001.png")
```

图像帧的名字就是图片文件名，为了和图片文件名区分，在文件名前添加"#"以表示精灵帧。用"#"表示精灵帧是Quick的display模块封装的特性，cc.Sprite：create()并不具备这样的特性。

(3) 从SpriteFrame对象创建精灵。

```
local frame = display.newFrame("frame0002.png")
local sprite3 = display.newSprite(frame)
```

下面是一个结合层和精灵的示例。

```
function MainScene:ctor()
    local layer = display.newColorLayer(cc.c4b(255,0,0,255))      -- 创建 layer
    self:addChild(layer)                                            -- 添加 layer 到场景
    local sprite = display.newSprite("HelloWorld.png")              -- 创建 sprite
    layer:addChild(sprite,0)                                        -- 添加到 layer
end
```

3.5 坐标系

不论在游戏开发中还是在应用开发中，坐标系都是一个比较重要的概念。理解好Cocos2d-Lua中的坐标系概念，才能在游戏开发中正确地设置节点的位置坐标。

首先，回顾一下笛卡儿坐标系的概念。Cocos2d-Lua的底层渲染使用的是OpenGL，所以它的坐标系和OpenGL相同，而OpenGL的坐标系来源于高中物理所学的笛卡儿坐标系。

3.5.1 笛卡儿坐标系

OpenGL坐标系为笛卡儿右手系。笛卡儿右手系定义原点在左下角，x向右，y向上，z向外。

向前伸出右手，让拇指和食指成L形，大拇指向右，食指向上，其余的手指指向你，这样就建立了一个右手坐标系。拇指、食指和其余手指分别代表x、y、z轴的正方向。如图3-23所示，即高中所学的笛卡儿右手系。

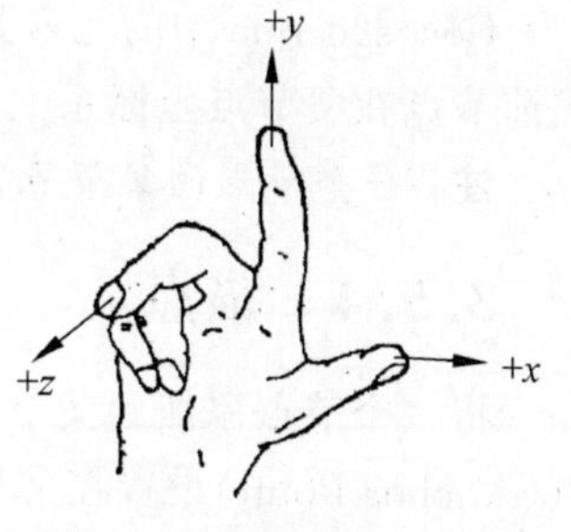

图3-23 笛卡儿右手系

3.5.2 屏幕坐标系和Cocos2d-Lua坐标系

上面介绍了笛卡儿坐标系的右手系，现在介绍OpenGL坐标系。OpenGL坐标系是一个三维坐标系，使用的就是**笛卡儿坐标系的右手系**。那么，OpenGL坐标系与Cocos2d-Lua的坐标系又有什么联系呢？为了更好地理解 Cocos2d-Lua 的坐标系概念，下面来看一个新的概念——屏幕坐标系。

在 iOS、Android 和 Windows Phone 应用开发中，通常以屏幕的左上角为坐标原点，x 轴向右逐渐增大，y 轴向下逐渐增大。有过 iOS 开发经验的都会知道，在 iOS 中，各种控件的位置都是按照这个坐标系摆放及进行数值计算的。这种坐标系称作标准屏幕坐标系。

图 3-24 Cocos2d-Lua 坐标系与屏幕坐标系

Cocos2d-Lua 坐标系与标准屏幕坐标系不同，Cocos2d-Lua 坐标系原点为屏幕左下角（多分辨率适配加入后，原点的定义应该是设计分辨率的左下角），x 向右，y 向上。然而，Cocos2d-Lua 作为 2D 游戏引擎，它的坐标系也应该是二维的，那么它的 z 轴有什么意义呢？后面的 ZOrder 中再详细介绍。

图 3-24 表明了屏幕坐标系和 Cocos2d-Lua 坐标系的区别。

3.5.3 世界坐标系和本地坐标系

世界坐标系（World Coordinate）也叫作**绝对坐标系**，是游戏引擎中的抽象概念。它是原点固定在屏幕左下角的 Cocos2d-Lua 坐标系的别称。

本地坐标系（Local Coordinate）也叫**相对坐标系**，是与节点相关联的坐标系。每个节点都有独立的坐标系，以节点的左下角为原点，遵循 OpenGL 坐标系。当节点移动或改变方向时，与该节点关联的坐标系将随之移动或改变方向。

Cocos2d-Lua 中的元素是有父子关系的层级结构，通过 Node 的 setPosition 设定的是当前节点在父节点坐标系上的坐标，即相对坐标。

注：一个节点的父节点，是在 addChild 时才决定的。

3.5.4 锚点

将一个节点添加到父节点里面时，需要设置其在父节点上的位置，本质上是将节点的锚点（Anchor Point）设置在父节点坐标系上的位置。锚点同时也是旋转一个节点时的中心点，如图 3-25 所示。

锚点的值是节点宽、高的比例因子，它有以下特性。

(1) 锚点的两个参数都在 0～1。它们表示的并不是像素点，而是乘数因子。(0.5,0.5) 表示锚点位于节点长度乘 0.5 和宽度乘 0.5 的地方，即节点的中心。

(2) 在 Cocos2d-Lua 中，Layer 的锚点为默认值(0,0)，Sprite 的默认值为(0.5,0.5)。

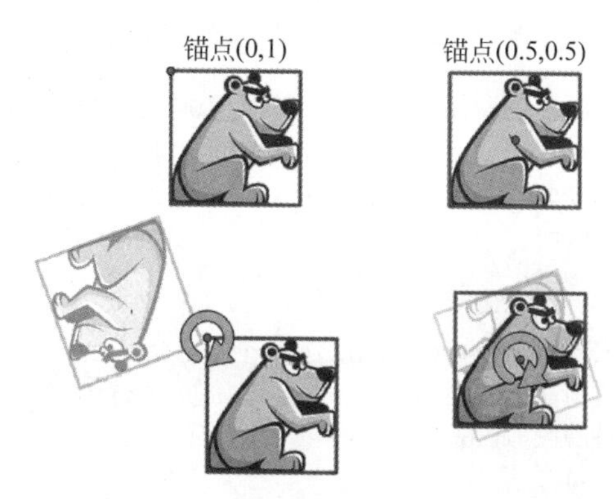

图 3-25　锚点

为了更清楚地展示锚点，下面做两个测试。

(1) 添加一个红色层放在屏幕左下角，再添加一个绿色层在红色层之上。

```
local red = cc.LayerColor:create(cc.c4b(255, 100, 100, 128))
red:setContentSize(display.width / 2, display.height / 2)
local green = cc.LayerColor:create(cc.c4b(100, 255, 100, 128))
green:setContentSize(display.width / 4, display.height / 4)
red:addChild(green)
self:addChild(red)
```

运行结果如图 3-26 所示。

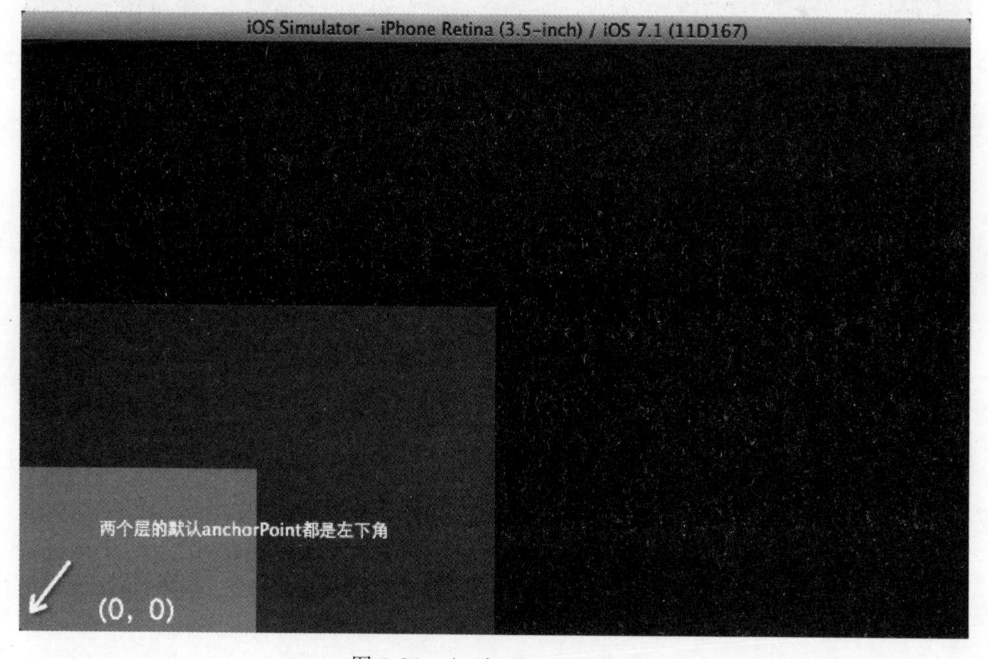

图 3-26　AnchorPoint demo1

(2) 在上面例子的基础上,将红色层的锚点设为(0.5,0.5),绿色层的锚点设为(1,1)。

```
local red = cc.LayerColor:create(cc.c4b(255, 100, 100, 128))
red:setContentSize(display.width / 2, display.height / 2)
red:ignoreAnchorPointForPosition(false)
red:setAnchorPoint(0.5, 0.5)
red:setPosition(display.width / 2, display.height / 2)

local green = cc.LayerColor:create(cc.c4b(100, 255, 100, 128))
green:setContentSize(display.width / 4, display.height / 4)
green:ignoreAnchorPointForPosition(false)
green:setAnchorPoint(1, 1)

red:addChild(green)
self:addChild(red)
```

ignoreAnchorPointForPosition ()接口让节点接受 setAnchorPoint 对锚点的修改,在默认情况下,这个值都是 false,无须修改。

运行结果如图 3-27 所示。

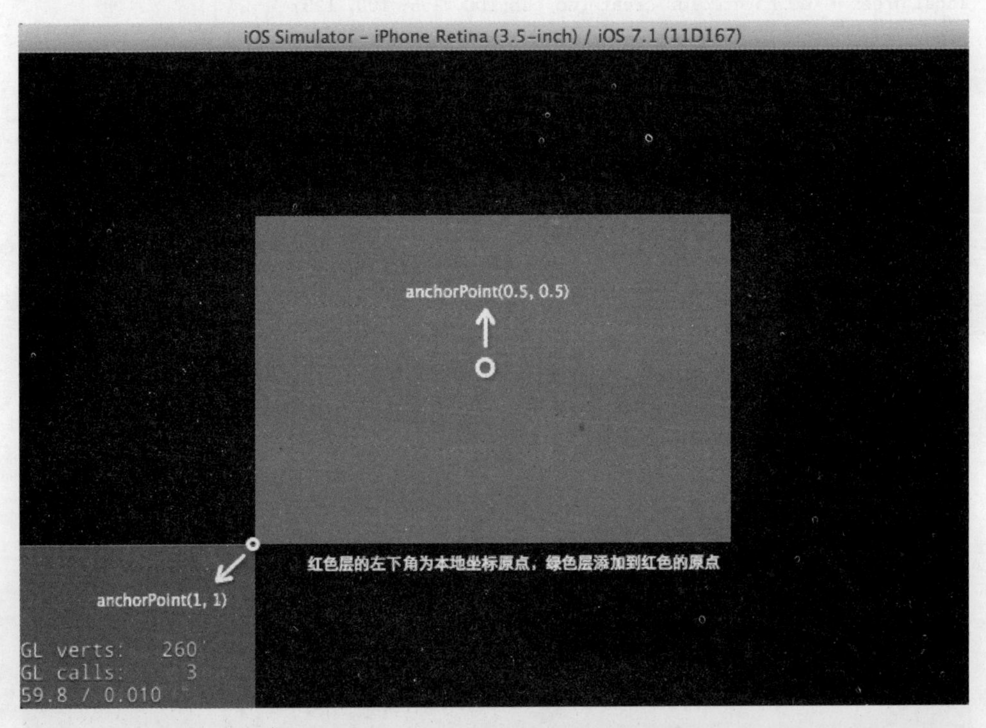

图 3-27 AnchorPoint demo2

通过两个例子的比较,锚点和相对坐标的概念应该更加清晰。

3.5.5　忽略锚点

Ignore Anchor Point 全称是 ignoreAnchorPointForPosition，作用是将锚点固定在一个地方。如果设置其值为 true，则节点的 Anchor Point 固定为左下角，否则为默认值或用户设定值。

在上一个例子中，把 Layer 的 ignoreAnchorPointForPosition 设置为 true，如下：

```
red:ignoreAnchorPointForPosition(true)
...
green:ignoreAnchorPointForPosition(true)
```

锚点设置将不起作用，运行结果如图 3-28 所示。

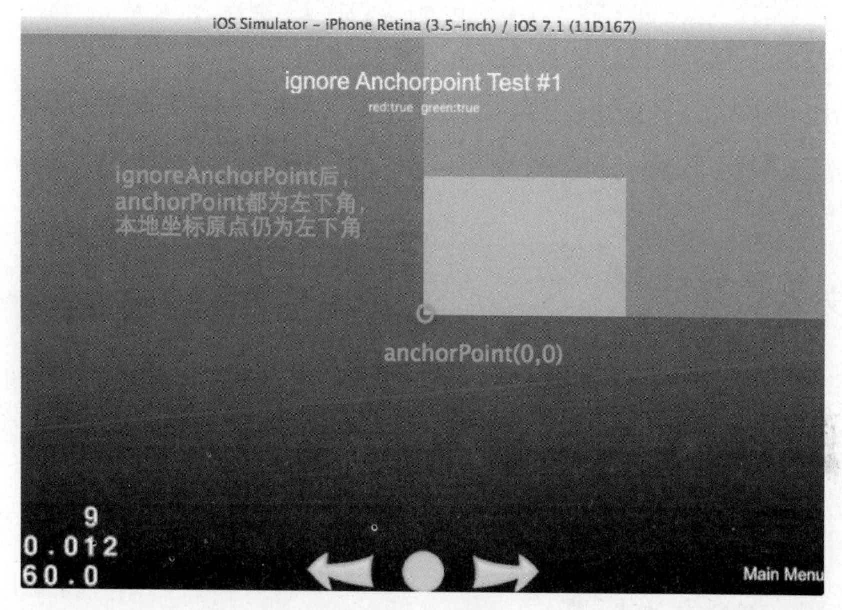

图 3-28　忽略锚点

3.5.6　ZOrder 与渲染顺序

Cocos2d-Lua 开发 2D 游戏，z 轴的值并不影响物体显示在屏幕上的远近，它只与渲染顺序有关，z 轴值小的 Node 最先被渲染。

Cocos2d-Lua 中，Node 有两个 ZOrder 值如下。

(1) LocalZOrder 是一个父节点的兄弟节点之间排序的 key 值，决定它们在 Scene Graph 渲染树上的顺序。

① 如果两个节点的 LocalZOrder 相同，那么先加入的节点先被渲染。

② Scene Graph 使用 In-Order 算法(http://en.wikipedia.org/wiki/Tree_traversal#In-order)。

（2）GlobalZOrder 是绕过 Scene Graph 渲染树直接提升渲染等级的一个入口。GlobalZOrder 依然是值小的先渲染。

① 当 GlobalZOrder 为 0，节点遵循 Scene Graph 渲染。

② 在默认情况下，所有节点的 GlobalZOrder 初始化为 0。

③ 如果两个节点的 GlobalZOrder 不为 0 且相同，那么渲染顺序不可预期。

④ SpriteBatchNode 不支持 GlobalZOrder。

注：通常情况下，不建议使用 GlobalZOrder。

设置 LocalZOrder 的相关接口如下：

```
Node:addChild(child, zorder, tag)
Node:add(child, zorder, tag)
Node:addTo(target, zorder, tag)
Node:zorder(z)
Node:setLocalZOrder(z)
```

设置 GlobalZOrder 的相关接口如下：

```
Node:setPositionZ(zorder)
Node:setGlobalZOrder(zorder)
```

3.6 文本标签

在游戏中，文字占有很重要的位置，游戏的介绍、提示和对话等都需要使用到文字。Cocos2d-Lua 在文字渲染方面提供了非常灵活的机制，既可以直接使用系统字体，也可以使用自定义字体。

注：Cocos2d-Lua 内部以 UTF-8 格式处理字符串，源代码文件必须使用 UTF-8 格式存储。

3.6.1 TTF 文本标签

TTF(True Type Font)是一种字库规范，是苹果公司和 Microsoft 公司共同推出的字体文件格式。随着 Windows 的流行，TTF 变成最常用的一种字体文件格式。

TTF 类型的文本标签是通过系统 TTF 字体渲染文字，它使用简单，支持任意字体大小和字距的文本。

TTF 文本标签创建后，如果修改文本标签内容，则会重新创建一个新的 OpenGL 纹理，就跟重新创建一个新的 TTF 文本标签一样。这意味着它的刷新效率不高。在文本标签内容需要经常更新的应用场景，推荐使用 BMFont 文本标签。

1. display 中的 TTF 接口

TTF 文本标签的创建分为系统 TTF 和外置 TTF 两种。所谓系统 TTF，就是手机或计算机操作系统自带的 TTF 字体，而外置 TTF 就是把 ttf 后缀的字体文件放在游戏的 res

目录下的 TTF 字体。

Quick 的 display.newTTFLabel(params)对两种 TTF 创建进行了统一封装与简化。

参数 params 为 table 类型,有以下可选域。

(1) text:显示的文本。

(2) font:字体名,如果是外置 TTF 字体,那么指定为字体路径名。

(3) size:字体大小,因为是 TTF 字体,所以可以任意指定尺寸。

(4) color:文字颜色(可选),用 cc.c3b()创建颜色,默认为白色。

(5) align:文字的水平对齐方式(可选),仅在指定了 dimensions 参数时有效。

(6) valign:文字的垂直对齐方式(可选),仅在指定了 dimensions 参数时有效。

(7) dimensions:文本显示区域的尺寸(可选),用 cc.size ()创建。

(8) x:x 坐标(可选)。

(9) y:y 坐标(可选)。

其中,align 参数的可用值有如下几个。

(1) cc.TEXT_ALIGNMENT_LEFT,水平左对齐。

(2) cc.TEXT_ALIGNMENT_CENTER,水平居中对齐。

(3) cc.TEXT_ALIGNMENT_RIGHT,水平右对齐。

而 valign 参数可用的值有如下几个。

(1) cc.VERTICAL_TEXT_ALIGNMENT_TOP,垂直顶部对齐。

(2) cc.VERTICAL_TEXT_ALIGNMENT_CENTER,垂直居中对齐。

(3) cc.VERTICAL_TEXT_ALIGNMENT_BOTTOM,垂直底部对齐。

创建 display.newTTFLabel 文本标签示例代码如下。

```
-- 创建系统 TTF 文本标签
local ttfLabelSys = display.newTTFLabel({
    text = "display.newTTFLabel sys TTF",
    font = "",
    size = 30,
    align = cc.TEXT_ALIGNMENT_CENTER,
    x = display.cx,
    y = display.cy + 400
})
self:addChild(ttfLabelSys)

-- 创建外置 TTF 文本标签
local ttfLabelSrc = display.newTTFLabel({
    text = "display.newTTFLabel font in src",
    font = "CreteRound - Italic.ttf",
    size = 30,
    align = cc.TEXT_ALIGNMENT_CENTER,
    x = display.cx,
    y = display.cy + 350
```

```
})
self:addChild(ttfLabelSrc)
```

通过调用 label：setString(newStr)，可以更新文本标签显示的文字。

2. cc 中的 TTF 接口

cc. Label 是引擎提供的底层的文本标签接口，display 和 ccui. Text 都是基于它进行的二次封装或扩展。

系统 TTF 字体创建函数为 cc. Label：createWithSystemFont(text，font，size，dimensions，halign，valign)。

参数说明如下。

(1) text：显示的文本。

(2) font：系统字体名称。

(3) size：字体大小，因为是 TTF 字体，所以可以任意指定尺寸。

(4) dimensions：文本显示区域的尺寸(可选)，同 display. newTTFLabel。

(5) halign：文字的水平对齐方式(可选)，同 display. newTTFLabel。

(6) valign：文字的垂直对齐方式(可选)，同 display. newTTFLabel。

创建 cc. Label：createWithSystemFont 文本标签示例代码如下。

```
cc.Label:createWithSystemFont("cc.Label sys font", "", 30,
    cc.size(0, 0), cc.TEXT_ALIGNMENT_CENTER,
    cc.VERTICAL_TEXT_ALIGNMENT_CENTER)
    :addTo(self)
    :pos(display.cx, display.cy + 200)
    :setTextColor(cc.c4b(255, 0, 0, 255)) -- 颜色字体颜色
```

外置 TTF 字体创建函数为 cc. Label：createWithTTF (text，font，size，dimensions，halign，valign)。

参数说明如下。

(1) text：显示的文本。

(2) font：外置字体路径。

(3) size：字体大小，因为是 TTF 字体，所以可以任意指定尺寸。

(4) dimensions：文本显示区域的尺寸(可选)，同 display. newTTFLabel。

(5) halign：文字的水平对齐方式(可选)，同 display. newTTFLabel。

(6) valign：文字的垂直对齐方式(可选)，同 display. newTTFLabel。

创建 cc. Label：createWithTTF 文本标签示例代码如下。

```
cc.Label:createWithTTF("cc.Label TTF font", "CreteRound-Italic.ttf", 30,
    cc.size(0, 0), cc.TEXT_ALIGNMENT_CENTER,
    cc.VERTICAL_TEXT_ALIGNMENT_CENTER)
    :addTo(self)
    :pos(display.cx, display.cy + 150)
```

```
    :setColor(cc.c4b(255, 0, 0, 255)) -- 设置字体颜色
```

注：cc.Label 创建的系统 TTF 文本和外置 TTF 文本，在设置字体颜色时所使用的接口不一样，而 display.newTTFLabel 在创建文本时的颜色参数是统一的。

3. ccui 中的 TTF 接口

ccui.Text 与 Cocos Studio 编辑器中的 Label 控件对应，是在 cc.Label 上进行的扩展。

TTF 字体创建函数为 ccui.Text：create(text,font,size)，同 display.newTTFLabel 一样，不区分系统 TTF 和外部 TTF。

参数说明如下。

(1) text：显示的文本。

(2) font：外置字体路径。

(3) size：字体大小，因为是 TTF 字体，所以可以任意指定尺寸。

创建 ccui.Text：create 文本标签示例代码如下。

```
--创建系统 TTF
ccui.Text:create("ccui.Text sys TTF", "", 30)
    :addTo(self)
    :pos(display.cx, display.cy - 50)
-- 创建外置 TTF
ccui.Text:create("ccui.Text TTF font", "CreteRound - Italic.ttf", 30)
    :addTo(self)
    :pos(display.cx, display.cy - 100)
```

3.6.2　BMFont 文本标签

使用 BMFont 字体的文本标签，支持 FNT 类型的文件，它适用于需要频繁更新内容的文本标签。BMFont 文本标签使用图片显示文本，所有字符都被整合到一张纹理图片上，通过纹理坐标控制字符串的显示，每次更新只是改变纹理坐标而不用新建纹理，这有利于性能优化；同时图片可以使用美术设计的艺术字体，为游戏展现力提供强有力的支撑。

在使用 BMFont 文本标签之前，需要添加字体文件到项目工程的 res 目录下，包括一个图片文件(xxx.png)和一个字体坐标文件(xxx.fnt)。fnt 文件中包含了对应图片的名字(图片包含了所有要绘制的字符)、图片中的字符对应的 Unicode 编码、字符在图片中的坐标、宽和高等信息。字体文件需要使用专门的编辑工具制作，如 Glyph Designer、Hiero 和 BMFont 等，本节随后将对字体制作软件进行介绍。

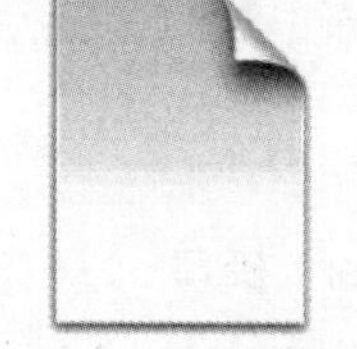

font-issue1343-hd.fnt

font-issue1343-hd.png

图 3-29　BMFont

典型的字体文件如图 3-29 所示。

1. display 中的 BMFont 接口

BMFont 文本标签使用 display. newBMFontLabel(params)新建。其中,参数 params 是 table 类型,可用参数如下。

(1) text:要显示的文本。

(2) font:字体文件名。

(3) align:文字的水平对齐方式(可选)。

(4) maxLineWidth:最大行宽(可选)。

(5) offsetX:图像的 X 偏移量(可选)。

(6) offsetY:图像的 Y 偏移量(可选)。

(7) x:x 坐标(可选)。

(8) y:y 坐标(可选)。

创建 display. newBMFontLabel 文本标签示例代码如下。

```
local labelbmf = display.newBMFontLabel({
    text = "Hello",
    font = "helvetica - 32.fnt",
})
```

2. cc 中的 BMFont 接口

cc 层 BMFont 文本标签创建函数为 cc. Label:createWithBMFont (font,text,halign, maxLineWidth,imageOffset)。

参数说明如下。

(1) font:fnt 字体文件路径。

(2) text:要显示的文本。

(3) halign:文字的水平对齐方式(可选)。

(4) maxLineWidth:最大行宽(可选)。

(5) imageOffset:cc. p()类型,图像的 X、Y 偏移量(可选)。

创建 cc. Label:createWithBMFont 文本标签示例代码如下。

```
cc.Label:createWithBMFont("helvetica - 32.fnt", "cc.Label bmfont",
    cc.TEXT_ALIGNMENT_LEFT, 0, cc.p(0, 0))
    :addTo(self)
    :pos(display.cx, display.cy + 100)
```

3. ccui 中的 BMFont 接口

ccui. TextBMFont 与 Cocos Studio 编辑器中的 BitmapLabel 控件对应,是在 cc. Label 上进行的扩展。

ccui 层 BMFont 文本标签创建函数为 ccui. TextBMFont:create(text,font)。

参数说明如下。

(1) text:要显示的文本。

（2）font：字体文件名。

创建 ccui. TextBMFont：create 文本标签示例代码如下。

```
ccui.TextBMFont:create("ccui.TextBMFont", "helvetica - 32.fnt")
    :addTo(self)
    :pos(display.cx, display.cy - 150)
```

3.6.3 图集文本标签

除了 TTF 和 BMFont 文本标签，引擎还支持一种简单的图集文本标签。图集文本标签是由一连串等宽图片拼接成的一张整图，这些图片中符号的 ASCII 码是连续的，如图 3-30 所示。

图 3-30 AtlasLabel

图集文本标签通常是 0～9 这几个数字，在游戏中用来显示资源数量等。

1. cc 中的图集文本标签

cc 中的图集文本标签创建函数为 cc. Label：createWithCharMap（charMapFile，itemWidth，itemHeight，startCharMap）。

参数说明如下。

（1）charMapFile：图集图片的路径。

（2）itemWidth：一个字符图片的宽。

（3）itemHeight：一个字符图片的高。

（4）startCharMap：图集的第一个字符的 ASCII 码。

创建 cc. Label：createWithCharMap 图集文本标签示例代码如下。

```
local labelCM = cc.Label:createWithCharMap("number.png", 19, 35,
    string.byte(0))
    :addTo(self)
    :pos(display.cx, display.cy + 50)
```

由于创建接口不提供默认显示文本的参数，因此需要通过 setString()设置需要显示的文本。

```
labelCM:setString("9876543210")
```

注：显示的文本必须在图集中存在。

2. ccui 中的图集文本标签

ccui. TextAtlas 与 Cocos Studio 编辑器中的 AtlasLabel 控件对应，是在 cc. Label 上进行的扩展。

ccui 中的图集文本标签创建函数为 ccui. TextAtlas：create（text，charMapFile，itemWidth，itemHeight，startChar）。

参数说明如下。

(1) text：要显示的文本。

(2) charMapFile：图集图片的路径。

(3) itemWidth：一个字符图片的宽。

(4) itemHeight：一个字符图片的高。

(5) startChar：图集的第一个字符。

创建 ccui.TextAtlas：create 图集文本标签示例代码如下。

```
ccui.TextAtlas:create("9898964345", "number.png", 19, 35, "0")
    :addTo(self)
    :pos(display.cx, display.cy - 200)
```

3.6.4 Mac 下使用 Glyph Designer 制作字体

Glyph Designer 是一款 Mac 位图字体生成工具，它能读取系统的 TrueType，生成 Cocos2d-Lua 支持的 fnt 位图字体格式。官方网站为 https://71squared.com/glyphdesigner。

使用步骤如下：

(1) 启动 Glyph Designer，选择 File→New 命令，在左上的搜索框中输入需要的字体集名(这里使用 helvetica)。

(2) 设置字体尺寸为 32，默认情况下，Glyph Designer 自动调整字体图集尺寸为最小可能值以适配所有可能的图像。

(3) 在右边 Glyph Fill 里面选择颜色。

(4) 在 Included Glyphs 里面单击 NEHE 按钮，然后在区域内输入所要用到的字符。

(5) 单击 Export 按钮导出文件。

(6) 选择导出文件类型。

步骤图解如图 3-31 所示。

3.6.5 Windows 下使用 BMFont 制作字体

在 Windows 中，最常用的字库图集制作工具是 BMFont。官方网站为 http://www.angelcode.com/products/bmfont/。

使用方法如下：

(1) 打开 DMFont 软件，界面如图 3-32 所示，右边的列表是字体库。

(2) 在 Windows 中新建一个 txt 文本，在里面输入需要的文字。

注：一定要保存为 UTF-8 格式，否则软件无法识别。

(3) 在 Edit 菜单中选择 Selects chars from file 命令，载入刚才新建的 txt 文件，会发现刚才输入的字符在 BMFont 中已经被选中。

(4) 在 Options 菜单中选择 Font Setting 命令，设置字体，再设置其中的 Font 和 Charset(默认的 Unicode 即可)，如图 3-33 所示。

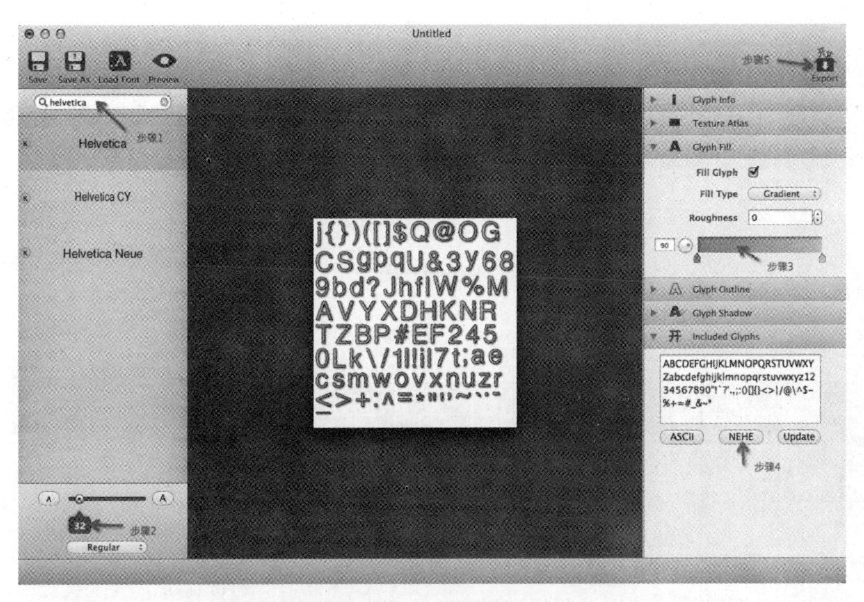

(a) 生成字体文件

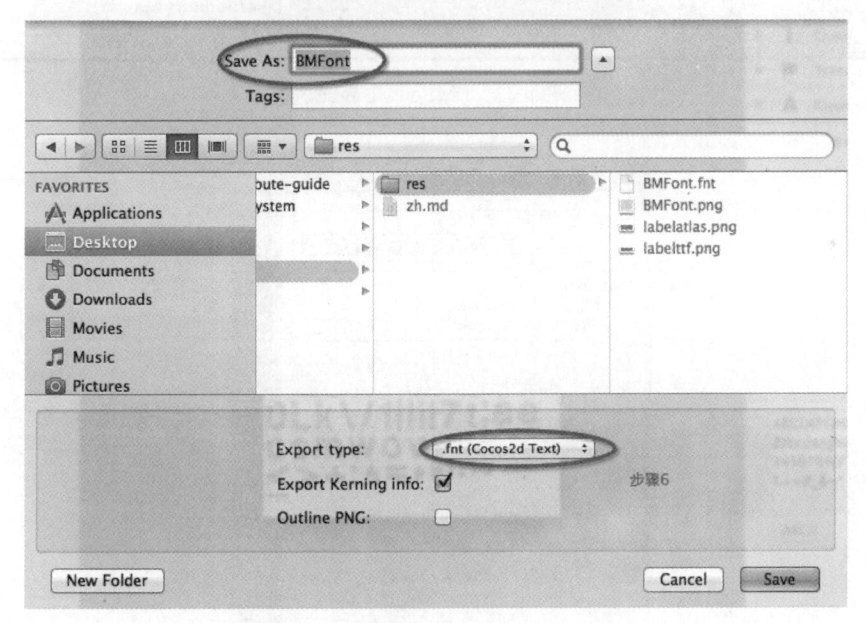

(b) 保存文件

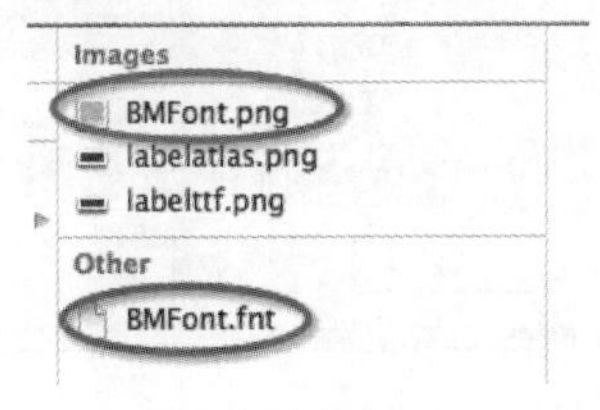

(c) 字体文件

图 3-31 Glyph Designer 制作字体的使用步骤

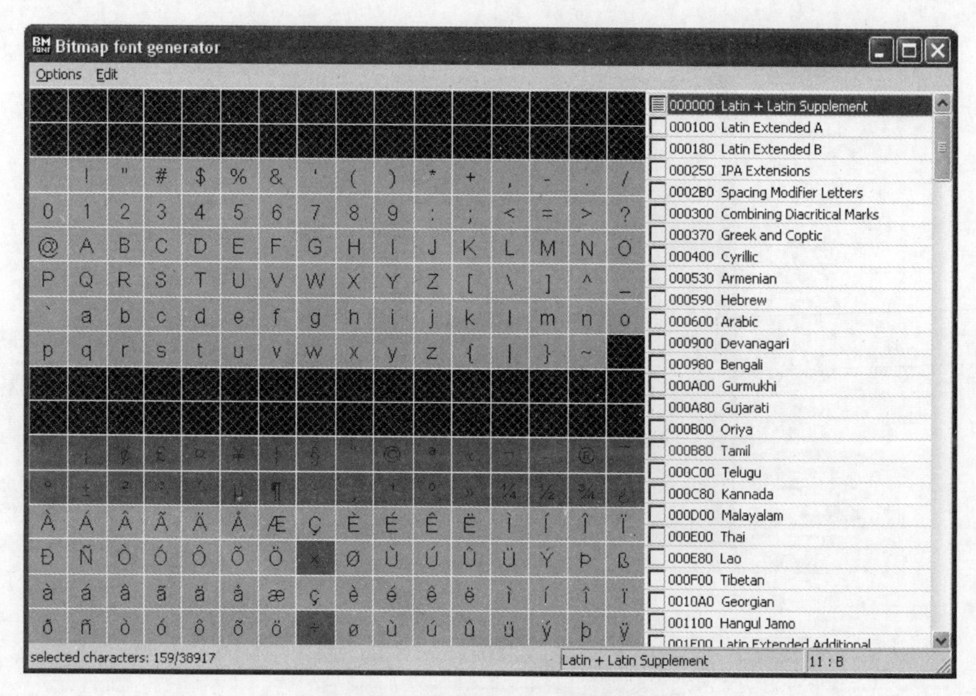

图 3-32 BMFont 主界面

图 3-33 Font Settings

(5) 在 BMFont 上找到 Options 菜单，然后选择 Export options 命令，为了让 Cocos2d-Lua 支持，需要按照图 3-34 所示进行设置。

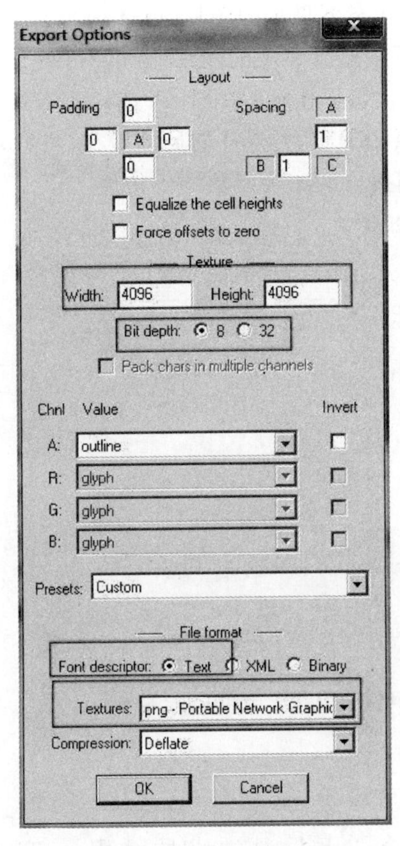

图 3-34　导出选项

① Width 和 Height 的值，4096 即是最大取值，不可超过该值。

② Bit depth，这里选用的是 8 位色深。也可以选择带 alpha 通道的 32 位色深。

(6)在 BMFont 上找到 Options 菜单，然后选择 Save bitmap font as 命令，会发现保存路径下多出了一个 fnt 文件和一个 png 文件。

3.7　按钮

不同于文本标签，按钮是图形显示与用户触摸控制的整合抽象。它响应用户触摸，做出显示上的反馈，并触发回调事件。

3.7.1　ccui.Button

ccui.Button 与 Cocos Studio 编辑器中的 Button 控件对应。它的工作原理类似于键盘，每单击一次就触发一次事件，松手之后复原。

按钮创建函数为 ccui.Button：create(normalImage,selectedImage,disableImage,textType)。参数说明如下。

(1) normalImage：普通状态下显示的图片(可选)。

(2) selectedImage：按下状态下显示的图片(可选)。

(3) disableImage：禁用状态下显示的图片(可选)。

(4) textType：图片来源,0 从文件,1 从精灵帧缓存(可选)。

如果要创建文本按钮,则接口的 4 个参数均不传值。

创建文本按钮示例代码如下。

```
local btn = ccui.Button:create()
btn:setTitleText('文本按钮')
btn:setTitleFontSize(24)
btn:setTitleColor(cc.c3b(0, 255, 0))
btn:addTo(self)
btn:pos(display.cx, display.cy + 400)
btn:addTouchEventListener(function(ref, eventType)
    if cc.EventCode.BEGAN == eventType then
        print("began")
    elseif cc.EventCode.MOVED == eventType then
        print("move")
    elseif cc.EventCode.ENDED == eventType then
        print("end")
    elseif cc.EventCode.CANCELLED == eventType then
        print("cancel")
    end
end)
```

Button 内部封装有一个 Label,通过成员函数 setTitleText、setTitleFontSize 和 setTitleColor 设置按钮上文本标签的内容、字体大小和颜色。

所有 ccui 控件都派生自基类 ccui.Widget,它们都有共同的触摸事件监听注册函数 addTouchEventListener。通常,监听函数是一个匿名函数,参数 ref 是触发事件对象, eventType 是触摸事件类型。

创建图片按钮示例代码如下。

```
--图片按钮
local btn = ccui.Button:create("button/btn_n.png", "button/btn_p.png", "button/btn_d.png", 0)
btn:addTo(self)
btn:pos(display.cx, display.cy + 300)
-- btn:setEnabled(false)
btn:addTouchEventListener(function(ref, eventType)
    if cc.EventCode.BEGAN == eventType then
        print("began")
    elseif cc.EventCode.MOVED == eventType then
        print("move")
```

```
    elseif cc.EventCode.ENDED == eventType then
        print("end")
    elseif cc.EventCode.CANCELLED == eventType then
        print("cancel")
    end
end)
```

文本按钮和图片按钮效果如图 3-35 所示。

图 3-35　ccui.Button

3.7.2　ccui.CheckBox

ccui.CheckBox 与 Cocos Studio 编辑器中的 CheckBox 控件对应。它的工作原理类似于电灯开关，每单击一次，切换一次状态。

按钮创建函数为 ccui.CheckBox：create(backGround，backGroundSelected，cross，backGroundDisabled，frontCrossDisabled，textType)。

参数说明如下。

(1) backGround：图片状态下显示的背景图片(可选)。

(2) backGroundSelected：按下状态下显示的背景图片(可选)。

(3) cross：勾选图片图片状态(可选)。

(4) backGroundDisabled：禁用状态下显示的背景图片(可选)。

(5) frontCrossDisabled：勾选图片禁用状态(可选)。

(6) textType：图片来源，0 从文件，1 从精灵帧缓存(可选)。

创建开关按钮示例代码如下。

```
local btnCB = ccui.CheckBox:create("button/btn_n.png", "button/btn_p.png", "button/
checkbox_on.png", "button/btn_d.png", "button/checkbox_off.png", 0)
    :addTo(self)
    :pos(display.cx, display.cy + 100)

btnCB:setSelected(true)
-- set after setSelected(), make checkbox_off.png show correctly
-- btnCB:setEnabled(false)
btnCB:addEventListener(function(sender, eventType)
    if eventType == ccui.CheckBoxEventType.selected then
        print("change to selected")
    elseif eventType == ccui.CheckBoxEventType.unselected then
        print("change to unselected")
    end
end)
```

开关按钮的内部状态变化由 addEventListener 监听，运行效果如图 3-36 所示。

图 3-36　ccui.CheckBox

3.8 场景转换

3.8.1 概念

在基础概念介绍中，介绍了场景是引擎渲染的基础，一个游戏可能拥有多个场景，但在任何时候有且只有一个场景是处于激活状态的。

Cocos2d-Lua 中游戏界面以场景为单位，每个场景完成特定的逻辑功能，将不同功能的场景连接起来就组成了整个游戏。一般地，游戏在不同场景之间切换时，为了避免场景切换突兀，程序设计者们往往需要在切换时加入一定的过渡衔接效果。

基础概念中介绍了 display.replaceScene 场景切换 API，但是只使用了一个参数，实际上这个 API 接受 4 个参数，后面的 3 个参数均与场景转换特效相关。

display.replaceScene 的源码如下：

```
function display.replaceScene(newScene, transitionType, time, more)
    if sharedDirector:getRunningScene() then
        if transitionType then
            newScene =  display.wrapSceneWithTransition(newScene, transitionType, time,
            more)
        end
        sharedDirector:replaceScene(newScene)
    else
        sharedDirector:runWithScene(newScene)
    end
end
```

假如传入了 transitionType 参数，那么内部将调用 display.wrapSceneWithTransition 生成一个新的场景，然后再调用 sharedDirector：replaceScene 进行场景切换。场景转换特效的实现，实际上是把目标场景生成一个带转场特效的新场景完成的。

3.8.2 带转场的场景

display.wrapSceneWithTransition(scene,transitionType,time,more)有 4 个参数，具体作用如下。

1. scene

目标场景。

2. transitionType

指定场景切换使用的动画效果，它接收以下字符串。

(1) crossFade，淡出当前场景的同时淡入下一个场景。

(2) fade，淡出当前场景到指定颜色，默认颜色为 cc.c3b(0,0,0)。可用 more 参数设定翻转颜色。

(3) fadeBL,从左下角开始淡出场景。

(4) fadeDown,从底部开始淡出场景。

(5) fadeTR,从右上角开始淡出场景。

(6) fadeUp,从顶部开始淡出场景。

(7) flipAngular,当前场景倾斜后翻转成下一个场景,默认从左边开始翻转,通过 more 参数可以修改翻转方式。more 可选参数如下:

① cc. TRANSITION_ORIENTATION_LEFT_OVER 从左边开始;

② cc. TRANSITION_ORIENTATION_RIGHT_OVER 从右边开始;

③ cc. TRANSITION_ORIENTATION_UP_OVER 从顶部开始;

④ cc. TRANSITION_ORIENTATION_DOWN_OVER 从底部开始。

注:这 4 个值实质上只会产生两种结果,因为 cc. TRANSITION_ORIENTATION_LEFT_OVER 与 cc. TRANSITION_ORIENTATION_UP_OVER 的值都为 0x0,cc. TRANSITION_ORIENTATION_DOWN_OVER 与 cc. TRANSITION_ORIENTATION_RIGHT_OVER 的值都为 0x1。

另外,经验证 Player 模拟器尚有个 Bug。即当指定以上任意特定的附加参数时,用它模拟的运行结果都是一样的,根本体现不了不同参数之间的差异。用其他模拟器(如 Xcode 中的 iOS Simulator)就能正常显示。

(8) flipX,水平翻转,默认从左往右翻转,可用的附加参数同上。

(9) flipY,垂直翻转,默认从上往下翻转,可用的附加参数同上。

(10) zoomFlipAngular,倾斜翻转的同时放大,可用的附加参数同上。

(11) zoomFlipX,水平翻转的同时放大,可用的附加参数同上。

(12) zoomFlipY,垂直翻转的同时放大,可用的附加参数同上。

(13) jumpZoom,跳跃放大切换场景。

(14) moveInB,新场景从底部进入,现有场景同时从顶部退出。

(15) moveInL,新场景从左侧进入,现有场景同时从右侧退出。

(16) moveInR,新场景从右侧进入,现有场景同时从左侧退出。

(17) moveInT,新场景从顶部进入,现有场景同时从底部退出。

(18) pageTurn,翻页效果,如果指定附加参数为 true,则表示从左侧往右翻页。

(19) rotoZoom,旋转放大切换场景。

(20) shrinkGrow,收缩交叉切换场景。

(21) slideInB,新场景从底部进入,直接覆盖现有场景。

(22) slideInL,新场景从左侧进入,直接覆盖现有场景。

(23) slideInR,新场景从右侧进入,直接覆盖现有场景。

(24) slideInT,新场景从顶部进入,直接覆盖现有场景。

(25) splitCols,分成多列切换入新场景。

(26) splitRows,分成多行切换入新场景,类似百叶窗。

(27) turnOffTiles，当前场景分成多个块，逐渐替换为新场景。

3. time

转场动画的持续时间。

4. more

参数 2 可能需要的额外参数。

3.8.3 场景转换示例

通常不需要调用 display. wrapSceneWithTransition 生成转场 scene，可以直接用封装好的 display. replaceScene 完成同样的功能。例如：

```
display.replaceScene(nextScene, "fade", 0.5, cc.c3b(255, 0, 0))
```

上面的代码使用红色渐变作转场切换效果，fade 特效可以接收额外的参数，第 4 个参数 more 用来设定渐变色。

测试转场需要综合前面所学的 Lable、Button 等知识。修改初始化工程的 MainScene 的 ctor 函数如下：

```
function MainScene:ctor()
    local btn = ccui.Button:create()
    btn:setTitleText('Click to Second Scene')
    btn:setTitleFontSize(24)
    btn:setTitleColor(cc.c3b(0, 255, 0))
    btn:addTo(self)
    btn:pos(display.cx, display.cy)
    btn:addTouchEventListener(function(ref, eventType)
        if cc.EventCode.ENDED == eventType then
            local secondScene = import("app.scenes.SecondScene"):new()
            display.replaceScene(secondScene, "fade", 0.5, cc.c3b(255, 0, 0))
        end
    end)
end
```

这里创建了一个按钮，单击之后切换到 SecondScene。SecondScene. lua 的代码如下：

```
local SecondScene = class("SecondScene", function()
    return display.newScene("SecondScene")
end)

function SecondScene:ctor()
    local label = display.newTTFLabel({
        text = "This is Second Scene",
        font = "",
        size = 30,
        align = cc.TEXT_ALIGNMENT_CENTER,
        x = display.cx,
```

```
        y = display.cy + 400
    })

    label:center():addTo(self)
end

function SecondScene:onEnter()
end

function SecondScene:onExit()
end

return SecondScene
```

SecondScene 简单创建一个 Lable，通过 Label 显示文字的不同就能判断场景已经切换。也可以修改 display.replaceScene 中的 transitionType 参数测试不同的转场特效。

3.9 动作

在之前的章节中已经介绍了游戏的场景、导演、层和精灵等构成游戏画面的基本元素的概念，但游戏不仅是由静态画面构成的，更多的时候游戏是动态效果的呈现，这也是游戏与应用的主要区别。因此，决定一个游戏引擎好坏的重要因素是引擎对动作和动画的支持程度。

Cocos2d-Lua 中，动作是用来描述游戏节点行为规范的一个类，引擎支持很多动作，其中 Action 类是所有动作的基类，它创建的每一个对象都代表一个动作。动作作用于 Node，因此，每个动作都需要由 Node 对象执行，它本身并不是一个能在屏幕中显示的对象。

Cocos2d-Lua 引擎中的动作分为基础动作和高级动作两大类。基础动作包含瞬时动作和有限时间动作两类。高级动作分为复合动作与变速动作，它们都是在基础动作上组合变化得来的。

3.9.1 瞬时动作

顾名思义，瞬时动作是指能立刻完成的动作，这中间不产生任何动画效果。更准确地说，这类动作是在下一帧会立刻执行并完成的动作，如设定位置和设定缩放等。

这些动作原本可以通过简单地对 Node 赋值完成，但是把它们封装为动作后，可以方便地与其他动作类组合为复杂动作。

1. Place

该动作用于将节点放置到某个指定位置，作用与 setPosition 相同，但这里它是一个动作，意味着它可以用在复合动作中。用法如下：

```
local place = cc.Place:create(cc.p(10, 10))
```

2. FlipX 与 FlipY

这两个动作只能作用于 Sprite,它们分别将 Sprite 沿 X 轴或 Y 轴反转显示,其作用与 setFlippedX 或 setFlippedY 相同,将其包装成动作是为了便于与其他动作进行组合。用法如下：

```
local flipxAction = cc.FlipX:create(true)
```

参数为 true 则翻转,参数为 false 则不翻转。

3. Show 与 Hide

这两个动作分别用于显示和隐藏节点,作用与 setVisible 相同。用法如下：

```
local hideAction = cc.Hide:create()
```

4. RemoveSelf

该动作执行的时候,把自己从父节点上移除。它通常用在顺序执行的复合动作的最后一个动作,以实现特效播放完毕自动移除节点。

```
local removeAction = cc.RemoveSelf:create()
```

5. CallFunc

函数动作 CallFunc 很有用,它可以用在复合动作中判断某个动作是否执行结束,然后启动其他逻辑。用法如下：

```
local callback = cc.CallFunc:create(function() print("hello world") end)
```

3.9.2 有限时间动作

与瞬时动作不同,连续动作需要至少 1 个游戏帧来完成。

1. MoveTo 与 MoveBy

用于使节点从当前坐标点匀速直线运动到目标点。用法如下：

```
local moveTo = cc.MoveTo:create(2, cc.p(0, 0))
```

(1) 参数 1：运动总时间。

(2) 参数 2：moveTo 是目标终点,moveBy 是相对偏移向量。

2. JumpTo 与 JumpBy

使节点以一定的轨迹匀速跳跃到指定位置。用法如下：

```
local jumpTo = cc.JumpTo:create(2, cc.p(10, 0), 50, 2)
```

(1) 参数 1：运动总时间。

(2) 参数 2：JumpTo 是目标终点,JumpBy 是相对偏移向量。

(3) 参数 3：跳跃高度。

(4) 参数 4：跳跃次数。

3. BezierTo 与 BezierBy

使节点沿贝塞尔曲线运动。每条贝塞尔曲线都包含一个起点和一个终点。在一条曲线中，起点和终点各自包含一个控制点，而控制点到端点的连线称作控制线。控制点决定了曲线的形状，包含角度和长度两个参数，如图 3-37 所示。

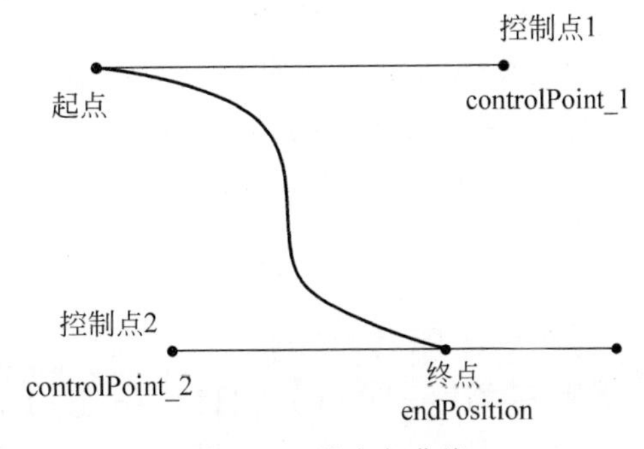

图 3-37 贝塞尔曲线

用法如下：

```
local action = cc.BezierTo:create(2, {cc.p
(display.right, display.top), cc.p(200,
200), cc.p(50, 100)})
```

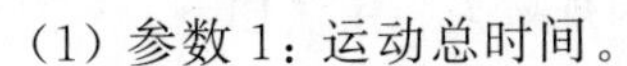

(1) 参数 1：运动总时间。

(2) 参数 2：包含贝塞尔曲线数据的 table，依次是：

① 控制点 1 的坐标；

② 控制点 2 的坐标；

③ BezierTo 是目标终点，BezierBy 是相对偏移向量。

4. ScaleTo 与 ScaleBy

使节点的缩放系数随时间线性变化。用法如下：

```
local action = cc.ScaleTo:create(2, 0.5)
```

(1) 参数 1：持续时间。

(2) 参数 2：ScaleTo 是最终缩放系数，ScaleBy 是相对缩放系数。

5. RotateTo 与 RotateBy

使节点围绕锚点旋转。用法如下：

```
local action = cc.RotateTo:create(2, 180)
```

(1) 参数 1：持续时间。

(2) 参数 2：RotateTo 是最终角度，RotateBy 是相对旋转角度。

6. FadeIn、FadeOut 和 FateTo

FadeIn 淡入，透明度变化范围为 0～255。FadeOut 淡出，透明度变化范围为 255～0。用法如下：

```
local action = cc.FadeIn:create(2)
```

参数：持续时间。

FateTo 从节点当前透明度变化到指定透明度。用法如下：

```
local action = cc.FateTo:create(2,110)
```

（1）参数1：持续时间。

（2）参数2：目标透明度。

7. TintTo 与 TintBy

使节点着色。用法如下：

```
local action = cc.TintTo:create(1, 0, 255, 0)
```

（1）参数1：持续时间。

（2）参数2：TintTo为目标red值，TintBy为相对red变化值。

（3）参数3：TintTo为目标green值，TintBy为相对green变化值。

（4）参数4：TintTo为目标blue值，TintBy为相对blue变化值。

8. Blink

使节点闪烁，内部是设置节点透明度为0或255来实现闪烁效果。用法如下：

```
local action = cc.Blink:create(1, 2)
```

（1）参数1：持续时间。

（2）参数2：闪烁次数。

9. Animation

序列帧动画也叫逐帧动画（Frame By Frame），在时间轴的每帧上逐帧绘制不同的内容，使其连续播放而成动画。序列帧动画后面的章节将重点详细介绍。用法如下：

```
display.addSpriteFrames("grossini-aliases.plist", "grossini-aliases.png")

local frames = display.newFrames("grossini_dance_%02d.png", 1, 14)
local animation = display.newAnimation(frames, 0.2)
local animate = cc.Animate:create(animation)

local sprite1 = display.newSprite("#grossini_dance_01.png")
    :center()
    :addTo(self.backgroundLayer)
    :runAction(animate)
```

3.9.3 复合动作

Cocos2d-Lua提供了一套动作的复合机制，允许组合各种基本动作，产生更为复杂和生动的动作效果。

复合动作是一类特殊的动作，因此它也需要使用Node的runAction方法执行。而它的特殊之处在于，作为动作容器，复合动作可以把许多动作组合成一个复杂的动作。因此，通常会使用一个或多个动作来创建复合动作，再把动作交给节点执行。复合动作十分灵活，这是由于复合动作本身也是动作，因此也可以作为一个普通的动作嵌套在其他复合动作中。

1. DelayTime

DelayTime 是一个"什么都不做"的动作，类似于音乐中的休止符，用来表示动作序列里一段空白期，通过占位的方式将不同的动作段串接在一起。它最常见的用法就是在一个 Sequence 序列动作中，打入若干延时时间，让动作的执行速度慢下来，不至于眼花缭乱，让人反应不过来。

DelayTime 本身不是复合动作，但是它只有放在复合动作中才有存在的意义，所以把它归类到复合动作中来解析。

```
cc.DelayTime:create(delay)
```

参数 delay 表示需要延时的时间。

2. Repeat 与 RepeatForever

有的情况下，动作只需要执行一次，但还常常遇到一个动作反复执行的情况。对于一些重复的动作，可以通过 Repeat 与 RepeatForever 这两个方式重复执行：

```
cc.Repeat:create(action, times)
cc.RepeatForever:create(action)
```

RepeatForever 是无限重复执行动作，Repeat 重复执行 times 次动作。

Repeat 动作不能嵌入其他复合动作内使用，它应该是最外层的动作。嵌入其他复合动作会导致不能正确重复动作。

3. Spawn

使一个 Node 同时执行一批动作，并列动作必须是能够同时执行并继承自 FiniteTimeAction 的动作，合并之后，动作执行完成时间按照最大的一个动作执行时间计算。Spawn 动作的创建方法如下：

```
cc.Spawn:create(action1, ...)
```

4. Sequence

除了让动作同时并列执行，更常遇到的情况是顺序执行一系列动作。Sequence 提供了一个动作队列，它会顺序执行一系列动作。Sequence 同样派生自 ActionInterval。与 Spawn 一样，Sequence 创建方法如下：

```
cc.Sequence:create(action1, ...)
```

5. Follow

Follow 是一个节点跟随另一个节点的动作。Follow 的创建方法如下：

```
cc.Follow:create(followedNode, rect)
```

作用是创建一个跟随的动作。

(1) 参数 1：跟随的目标。

(2) 参数 2：跟随范围，离开范围就不再跟随。

Follow 经常用来设置 Layer 跟随 Sprite，可以实现类似摄像机跟拍的效果。下面是 Cocos2d-Lua 中使用 Follow 动画的一个例子：

```
function MainScene:ctor()
    self.backgroundLayer = display.newColorLayer(cc.c4f(128,128,128,255))
    self.backgroundLayer:addTo(self)

    local sprite1 = display.newSprite("1.png")
    sprite1:center()
    local move_right = cc.MoveBy:create(1.5, cc.p(display.width / 2, 0))
    local move_left = cc.MoveBy:create(3, cc.p( - display.width, 0))
    local seq = cc.Sequence:create(move_right, move_left, move_right)
    local rep = cc.RepeatForever:create(seq)
    sprite1:runAction(rep)
    sprite1:addTo(self.backgroundLayer)

    self.backgroundLayer:runAction(cc.Follow:create(sprite1))
end
```

该段代码实现了精灵在地图上移动，地图也跟着移动，但是精灵仍然是在整个界面的中心位置。

3.9.4 变速动作

前面介绍的动作都是匀速运动的，但是也需要速度变化的动作，如模拟汽车起步加速的过程等。

1. Speed

可调整速度动作 Speed 不是一个独立的动作，可以把它理解为是对目前动作的“包装”，经过这个“包装”以后，就可以实现慢动作和快进的效果，使用 Speed 来处理很方便。Speed 的创建方法如下：

```
cc.Speed:create(action, speed)
```

作用是让目标动作运行速度加倍。

(1) 参数 1：目标动作。

(2) 参数 2：倍速。

2. ActionEase

Speed 虽然能改变动作的速度，但是只能按比例改变目标动作的速度，如果要实现动作由快到慢、速度随时间改变的变速运动，需要不停地修改它的 speed 属性才能实现，显然这是一个很烦琐的方法。下面介绍的 ActionEase 系列动作通过使用内置的多种自动速度变化来解决这一问题。该类型包含 5 类运动：指数缓冲、Sine 缓冲、弹性缓冲、跳跃缓冲和回震缓冲。每类运动都包含 In、Out 和 InOut 3 个不同的变换，其含义如下。

(1) In：表示动作执行先慢后快。

(2) Out：表示动作执行先快后慢。

(3) InOut：表示动作执行慢-快-慢。

ActionEase 改变的是内部动作的执行速率（注意，并没有改变执行的最终效果和执行的时间）。可以用图 3-38 表示，横轴表示时间，纵轴表示位移。

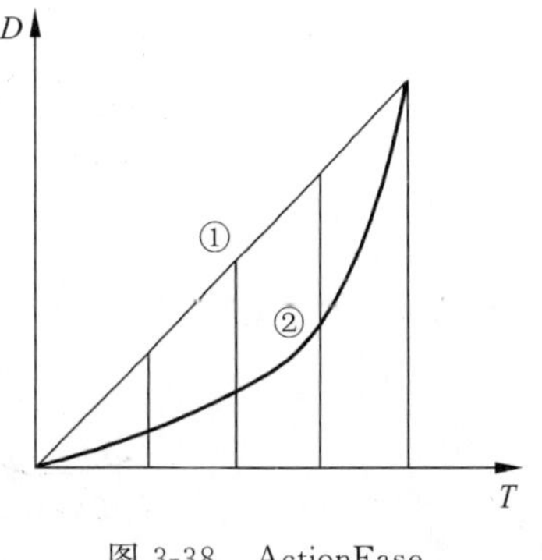

图 3-38 ActionEase

这里假设有一个动作，4s 内按（200，200）的增量进行 MoveBy 移动，那么曲线①所表示的就是其速率的变化情况，可以看出，它是按照匀速速率进行的动作。

现在使用 EaseSineIn 做包装器，包装这个动作，如下：

```
cc.EaseSineIn:create(cc.MoveBy:create(4, cc.p(200,
200)))
```

它的位移时间关系就变成图 3-38 中所示曲线②，可以看出，移动是非匀速速率进行的，先慢后快。并且，还可以看出，使用 ActionEase 系列动作，并没有改变位移和时间，但是改变了动作的执行速率，从匀速执行变为非匀速执行。

全部 ActionEase 系列动作的作用效果如图 3-39 所示。

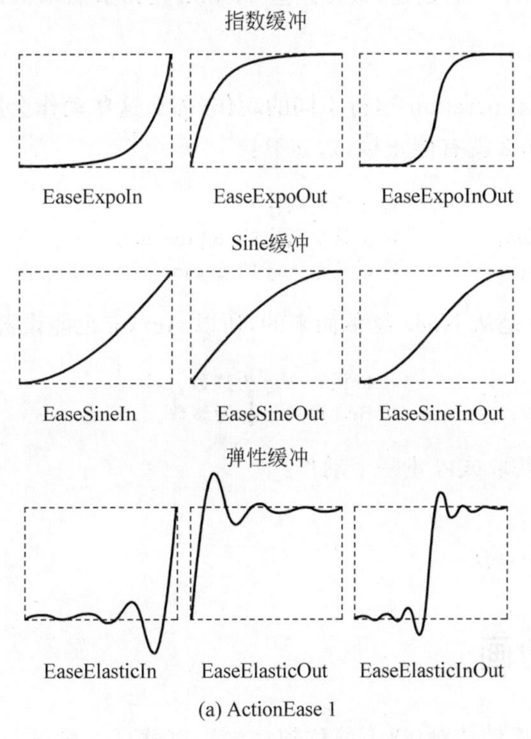

(a) ActionEase 1

图 3-39 全部 ActionEase 系列动作的作用效果

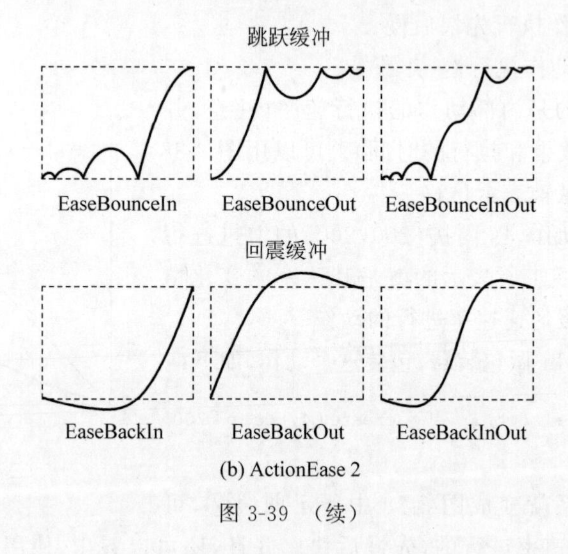

(b) ActionEase 2

图 3-39 （续）

3.9.5 节点与动作相关的接口

前面介绍了各种 Action 的创建，最终这些 Action 是由节点来执行的，具体接口如下：

```
node:runAction(action)
```

如果节点多次调用 runAction 运行不同的动作，那么这些动作会同时运行，效果叠加。既然有运行接口，那么就有停止接口，如下：

```
node:stopAllActions()          --停止所有动作
node:stopAction(action)        --停止某个指定的 action 对象
node:stopActionByTag(tag)      --停止某个 tag 的 action 对象
```

事实上 Action 类也是从 Node 继承而来的，所以 Action 也能设置 tag 标签：

```
node:setTag(tag)               --Node 设置 tag 为整数
action:setTag(tag)             --Action 设置 tag 为整数
```

所以也能用 tag 来获取或停止一个动作：

```
node:getActionByTag(tag)
node:stopActionByTag(tag)
```

3.10 序列帧动画

序列帧动画指的是逐帧动画（以下简称帧动画），也就是动画的每一帧都有独立的数据保存，连续播放这些帧形成了动画。常见的 GIF 动画就是逐帧动画。

逐帧动画的播放原理与图 3-40 所示的翻动连续画册一样。

很显然，逐帧动画由于每一帧都是数据，都需要单独存储，所以内存空间消耗大。但它的实现简单，数据加载进内存，然后定时播放每一帧就能实现动画，所以在计算机发展早期被广泛应用。

Cocos2d-Lua 对序列帧动画进行了封装，特别对从精灵表单(SpriteSheet)创建帧动画的流程进行了优化，使用起来很方便。在学习如何在 Cocos2d-Lua 中播放帧动画之前，先来了解什么是精灵表单，以及精灵表单如何制作。

图 3-40 手翻书

3.10.1 精灵表单

精灵表单由一张存储多个精灵纹理的大图和一个对应的描述文件组成，描述文件记录每个精灵纹理在大图上的位置区域。

用一张大图来集合精灵的纹理有如下三方面的好处：

(1) 减少磁盘存储空间占用。一张大图可以减少图片压缩与解压次数；大图上相邻的精灵纹理的透明像素可以被进一步压缩掉以减少文件体积。

(2) 减少内存空间占用。由于 OpenGL ES 在加载纹理的时候需要对宽高不足 2^n 的图片进行填充，所以在一张大图上存储多个纹理将有效减少内存空间的占用。

(3)减少 CPU 开销。加载一个精灵表单能一次性加载多张纹理资源，之后对纹理的访问都在内存中进行，避免离散文件的多次加载。同时在图片解压的时候也只需要一次就能完成。在引擎内部，更可以使用批处理指令，来减少绘图指令交互。

关于精灵表单，TexturePacker 官方有两个生动的视频介绍，打开下面的链接地址可以查看视频：https://v.youku.com/v_show/id_XNDE0OTU5MDEzNg、https://v.youku.com/v_show/id_XNDE0OTU5Njg5Mg。

精灵表单的制作需要由 TexturePacker 工具来完成，官网地址为 https://www.codeandweb.com/texturepacker。

TexturePacker 可以免费下载使用，但是完整功能需要付费，如果不付费，转换出来的精灵表单中的某些纹理可能会被替换成其他图片。作为一个游戏开发的必备工具，TexturePacker 价格并不是很高。该软件按年收取费用，到期后不能更新，但在付费期间的版本，即使 license 过期后也能使用。

TexturePacker 的安装很简单，下面主要介绍精灵表单的制作。

(1) 打开软件，单击 New 按钮。

(2) 拖曳图片文件到最右侧的 Sprites 栏中。

(3) 选择 Data Format，默认是 cocos2d，也就是 Cocos2d 系列引擎所支持的格式。单击下拉菜单按钮，可以看到还有 cocos2d-0.99.4 和 cocos2d-original 两个格式，它们是

Cocos2d 引擎早期版本支持的格式。目前的是 Cocos2d-Lua 引擎，选用 cocos2d 格式。

(4) 设置 Data file 路径，即 plist 文件存放路径。这项设置会同时作用于 Texture file 文件的存放路径。

(5) 选择 Texture format 格式，推荐使用 zlib compr. PVR 压缩方案。

(6) 选择 Image format，默认为 RGBA8888，最高图像质量，如果需要进一步压缩文件体积，可以选择 RGB565 等格式。

(7) 保存 TexturePacker 项目文件。方便以后增减图片的时候，重新生成精灵表单。

(8) 单击 Publish 按钮，开始生成精灵表单，生成的. pvr. ccz 和对应的. plist 文件存放在步骤(4)设置的文件夹下。

每个步骤对应的位置编号如图 3-41 所示。

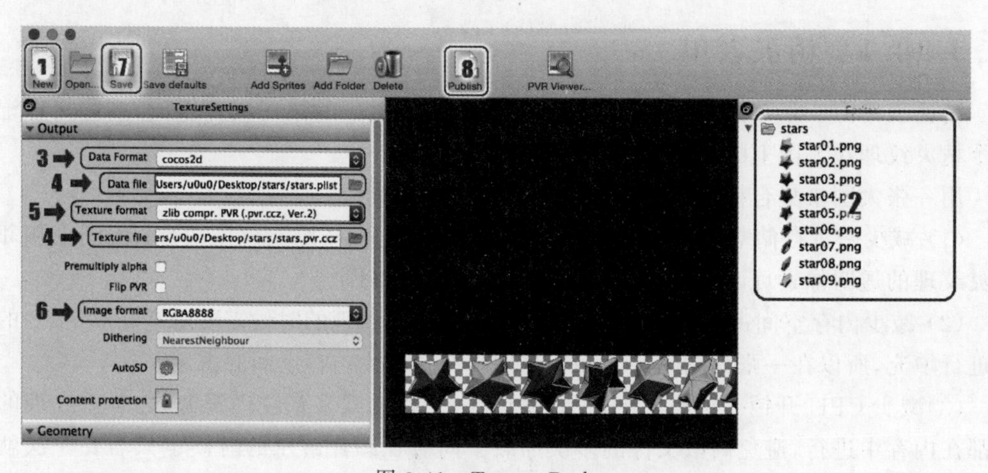

图 3-41 TexturePacker

假定步骤(4)设置的存储文件名为 stars，那么生成的精灵表单对应为 stars. pvr. ccz 和 stars. plist 两个文件。

3.10.2 播放序列帧动画

在工具端完成了精灵表单的制作之后，可以切换回游戏代码，体验把刚刚生成的精灵表单加载到游戏中并播放动画。如果一切顺利，将看到一颗转动的星星。

播放精灵表单序列帧动画的步骤如下：

(1) 将导出的 stars. pvr. ccz 和 stars. plist 文件复制到项目的 res 目录下。

(2) 从精灵表单批量导入精灵帧到引擎的帧缓存(有关帧缓存的知识后续章节将会介绍)。

Cocos2d-Lua 中使用 display. addSpriteFrames(plistFilename，image，handler)方法从指定的 SpriteSheet 导入精灵帧，三个参数作用如下。

① plistFilename：string 类型，它是数据文件 . plist 的相对路径。

② image：string 类型，它是纹理文件 . pvr. ccz 的相对路径。

③ handler：function类型，是可选参数，设置了handler则引擎启用异步模式加载精灵表单，并在加载结束后回调handler。

(3) 生成序列帧数组。精灵表单中的精灵帧可以用来做动画，也可以用来显示设置给某个静态精灵，需要挑选需要的帧并按照期望的播放顺序组成一个序列帧数组。

Cocos2d-Lua中使用display.newFrames(pattern,begin,length,isReversed)方法生成序列帧数组。它使用字符串匹配模式，从帧缓存中依次寻找对应名称的帧，然后添加到数组中。参数作用如下。

① pattern：string类型，字符串匹配模板。

② begin：integer类型，起始索引。

③ length：integer类型，表示帧序列数组长度，决定了末尾索引。

④ isReversed：boolean类型，默认为递增排序，如果设置为true，则递减排序。

(4) 生成Animation。Animation是一个描述帧动画的对象。

Cocos2d-Lua中使用display.newAnimation(frames,time)方法创建Animation对象，参数如下。

① frames：table类型，上一步骤生成的序列帧数组。

② time：number类型，相邻两帧之间的时间间隔。

(5) 播放精灵动画。Animation对象不能直接被节点的runAction播放，因为它不是一个Action对象，需要使用cc.Animate：create(animation)来创建一个Animate才能被runAction播放。Animate提供很多灵活性，可以用在复合动作中。

完整的帧动画创建示例代码如下：

```
display.addSpriteFrames("stars.plist", "stars.pvr.ccz")
local frames = display.newFrames("star%02d.png", 1, 9)
local animation = display.newAnimation(frames, 0.2)
local animate = cc.Animate:create(animation)

-- # 表示从精灵帧缓存中获取纹理资源,帧既可以用来创建动画,也可以用来创建精灵
local sprite1 = display.newSprite("#star01.png")
    :center()
    :addTo(self.backgroundLayer)
    :runAction(animate)
```

3.10.3 动画缓存

通常情况下，对于一个精灵帧动画，每次创建时都需要加载精灵帧，按顺序添加到数组，再创建帧动画类，这是一个非常烦琐的计算过程。对于使用频率高的动画，将其加入缓存可以有效降低每次创建的消耗。

1. 缓存动画

使用下面的方法把指定动画加入到动画缓存。

```
display.setAnimationCache(name,animation)
```

其中,name 为 string 类型,用于指定动画名称; animation 为 Animation 动画对象。

注:缓存的对象是 Animation,不是 Animate。

2. 获取缓存的动画

使用下面的方法获取指定动画名称的动画对象。

```
animation = display.getAnimationCache(name)
```

其中,name 为动画名,如果未找到对应的动画,则返回 nil。

3. 删除缓存的动画对象

如果游戏收到系统内存警告,则可以使用如下方法清理动画缓存。

```
display.removeAnimationCache(name)
```

其中,name 为 string 类型,指定删除的动画对象的名称。

4. 动画缓存使用示例

结合前面生成的精灵表单,创建好帧动画,添加到动画缓存并起名为 stars,最后使用函数 sprite: runAction()来播放动画。代码如下:

```
function MainScene:ctor()
    self.backgroundLayer = display.newColorLayer(cc.c4f(128,128,128,255))
    self.backgroundLayer:addTo(self)

    -- preload frames to cache
    display.addSpriteFrames("stars.plist", "stars.pvr.ccz")

    local sprite = display.newSprite("#star01.png")
        :center()
        :addTo(self.backgroundLayer)

    local frames = display.newFrames("star%02d.png", 1, 9)
    local animation = display.newAnimation(frames, 0.1)

    -- 添加到 cache
    display.setAnimationCache("stars", animation)
    -- 从 cache 中取出
    animation = display.getAnimationCache("stars")
    -- 清除动画缓存
    display.removeAnimationCache("stars")
    sprite:runAction(cc.Sequence:create(
        cc.Animate:create(animation),
        cc.CallFunc:create(function()
            print("animate play done")
        end)
    ))
end
```

3.11 调度器

Cocos2d-Lua 引擎中的调度器是用来周期执行某个函数或延时执行某个函数的。功能类似于定时触发器,但它又与游戏紧密结合。

Cocos2d-Lua 中的调度器分为两种,即全局调度器和节点调度器。

3.11.1 全局调度器

在游戏中,经常需要周期性地处理事务,并且这些事务不会因为某个节点的销毁而取消。例如在线游戏的网络心跳包,或某些全局变量的刷新。全局调度器用来解决这类问题。

全局调度器是 Cocos2d-Lua 在 Cocos2d-x 的基础上提出来的,它基于 schedule 进行封装,让 Lua 可以脱离节点使用调度器。

Cocos2d-Lua 框架默认不加载全局调度器模块,需要手动加载:

```
local scheduler = require(cc.PACKAGE_NAME .. ".scheduler")
```

全局调度器模块提供了如下三种调度器以满足各种需求:

(1) 全局帧调度器:scheduleUpdateGlobal(listener)。

(2) 全局自定义调度器:scheduleGlobal(listener,interval)。

(3) 全局延时调度器:performWithDelayGlobal(listener,time)。

前两个调度器的生命周期需要手动管理,全局延时调度器会在回调后自动销毁,但也不是所有情况下都完全可靠,引擎提供了一个注销调度器的接口:scheduler.unscheduleGlobal(handle)。

1. 全局帧调度器

顾名思义,全局帧调度器是游戏的每一帧都会触发的调度器,主要用在碰撞检测等每一帧都需要计算的地方。全局帧调度器不依赖任何场景,因此可以在整个游戏范围内实现较为精确的全局计时。

全局帧调度器的示例代码如下:

```
local scheduler = require(cc.PACKAGE_NAME .. ".scheduler")
local function onInterval(dt)
    print("update")
end
scheduler.scheduleUpdateGlobal(onInterval)
```

回调函数 onInterval 的参数 dt 是两次调度之间的时间间隔。

运行示例代码会在控制台不停输出以下信息:

```
cocos2d: update
cocos2d: update
...
```

2. 全局自定义调度器

全局帧调度器是全局自定义调度器的特例，自定义调度器可以指定调度时间，提供更高的灵活性。

由于引擎的调度机制，自定义时间间隔必须大于两帧的间隔，否则两帧内的多次调用会被合并成一次调用，所以自定义时间间隔应在 1/60s 以上（引擎默认每秒刷新 60 帧）。

全局自定义调度器的示例代码如下：

```lua
local scheduler = require(cc.PACKAGE_NAME .. ".scheduler")
local function onInterval(dt)
    print("Custom")
end
scheduler.scheduleGlobal(onInterval, 0.5)
```

每隔 0.5s 控制台输出以下信息：

```
cocos2d: Custom
cocos2d: Custom
...
```

3. 全局延时调度器

若在游戏中某些场合，只想实现一个单次的延迟调用，这就需要延迟调度器。scheduler.performWithDelayGlobal()会在等待指定时间后执行一次回调函数，然后自动取消该 scheduler。

全局延时调度器的示例代码如下：

```lua
local scheduler = require(cc.PACKAGE_NAME .. ".scheduler")
local function onInterval(dt)
    print("once")
end
scheduler.performWithDelayGlobal(onInterval, 0.5)
```

在控制台只会看到一次输出：

```
cocos2d: Once
```

3.11.2 节点调度器

Node 是 Cocos2d-Lua 引擎中的基础类，它封装了很多基础方法与属性，其中调度器就是 Node 提供的方法之一。Node 中的调度器只能在 Node 中使用，Node 负责管理调度器的生命周期，当 Node 销毁的时候，会自动注销节点名下的所有调度器。

大部分情况下，我们使用节点调度器，这样能把精灵集中在游戏逻辑实现，而不是调度器的生命周期管理。

节点调度器同样提供了三种调度器：

(1) 节点帧调度器。节点帧调度器在 Cocos2d-Lua 中已归类到节点帧事件，请参考

3.12 节。

(2) 节点自定义调度器。

(3) 节点延时调度器。

下面详细介绍后两种调度器。

1. 节点自定义调度器

由于引擎的调度机制，自定义时间间隔必须大于两帧的间隔，否则两帧内的多次调用会被合并成一次调用，所以自定义时间间隔应在 1/60s 以上(引擎默认每秒刷新 60 帧)。

节点自定义调度器的示例代码如下：

```
local action = node:schedule(function ()
    print("schedule")
end, 1.0)
```

事实上，schedule 函数内部是用动作系统来实现的。如果需要提前停止节点调度器，可以用停止动作的方式实现。代码如下：

```
node:stopAction(action)
```

2. 节点延时调度器

节点延时调度器等待指定时间后执行一次回调函数。示例代码如下：

```
node:performWithDelay(function ()
    print("performWithDelay")
end, 1.0)
```

提前停止节点延迟调度器的方法依然是用 stopAction()。

3.12 事件分发机制

Cocos2d-Lua 中 Quick 框架的事件分发机制与 Cocos2d-x 的不同，它在结合 Lua 语言特性方面做了改进。

Quick 框架的事件按照功能和用途分为：

(1) 节点事件。

(2) 帧事件。

(3) 键盘事件。

(4) 加速计事件。

(5) 触摸事件。

接下来，详细讲解一下 Quick 框架中各种事件的处理方法。

3.12.1 节点事件

节点事件在一个 Node 对象进入和退出场景时触发。例如，加入一个层或者其他的

Node 的子类的时候，想在子类进入或者退出时添加一些数据清除的工作，可以通过这个事件来操作。

就事件含义本事来讲，叫场景事件更贴切。但是它能被场景及其所有子节点监听。

```
node:addNodeEventListener(cc.NODE_EVENT, function(event)
    print(event.name)
end)
-- 启用节点事件
node:setNodeEventEnabled(true)
```

注：display.newScene()创建的场景，默认开始了节点事件。如果是其他节点，需要主动调用 setNodeEventEnabled 开启节点事件监听。

参数 event 只有 name 属性，值如下。

(1) enter：加载场景。

(2) exit：退出场景。

(3) enterTransitionFinish：转场特效结束。

(4) exitTransitionStart：转场特效开始。

(5) cleanup：场景被完全清理并从内存删除。

例如，把下面的代码加到 MainScene 的 ctor()函数中：

```
local function createTestScene(name)
    local scene = display.newScene(name)
    scene:addNodeEventListener(cc.NODE_EVENT, function(event)
        printf("node in scene [ %s] NODE_EVENT: %s",name, event.name)
    end)
    return scene
end

-- 等待 1.0s 创建第一个测试场景
self:performWithDelay(function()
    local scene1 = createTestScene("scene1")
    display.replaceScene(scene1)

    -- 等待 1.0s 创建第二个测试场景
    scene1:performWithDelay(function()
        print("--------")
        local scene2 = createTestScene("scene2")
        display.replaceScene(scene2)
    end, 1.0)
end, 1.0)
```

运行后可以看到如下的输出信息：

```
cocos2d: node in scene [scene1] NODE_EVENT: enter
cocos2d: node in scene [scene1] NODE_EVENT: enterTransitionFinish
```

```
cocos2d: ---------
cocos2d: node in scene [scene1] NODE_EVENT: exitTransitionStart
cocos2d: node in scene [scene1] NODE_EVENT: exit
cocos2d: node in scene [scene1] NODE_EVENT: cleanup
cocos2d: node in scene [scene2] NODE_EVENT: enter
cocos2d: node in scene [scene2] NODE_EVENT: enterTransitionFinish
```

在切换场景时如果没有使用特效，那么事件出现的顺序如上。

但如果将测试代码 display. replaceScene(scene2)修改为 display. replaceScene(scene2, "random",1.0)，事件出现顺序会变成：

```
cocos2d: node in scene [scene1] NODE_EVENT: enter
cocos2d: node in scene [scene1] NODE_EVENT: enterTransitionFinish
cocos2d: ---------
cocos2d: node in scene [scene1] NODE_EVENT: exitTransitionStart
cocos2d: node in scene [scene2] NODE_EVENT: enter
cocos2d: node in scene [scene1] NODE_EVENT: exit
cocos2d: node in scene [scene2] NODE_EVENT: enterTransitionFinish
cocos2d: node in scene [scene1] NODE_EVENT: cleanup
```

造成这种区别的原因就是场景切换特效播放期间，会同时渲染两个场景，所以从事件上看，可以看到第二个场景的 enter 事件出现后，第一个场景的 exit 事件才出现。

因此，在使用节点事件时，不应该假定事件出现的顺序，而是根据特定事件采取特定的处理措施。

通常建议如下。

(1) enter：这里可以做一些场景初始化工作。

(2) exit：如果场景切换使用了特效，可以在这里停止场景中的一些动画，避免切换场景的特效导致帧率下降。

(3) cleanup：适合做清理工作。

3.12.2 帧事件

在 Cocos2d-x 中，C++中可以通过重载 update 函数在每帧刷新的时候执行自己需要的一些操作。在 Quick 框架中，这种事件被称为帧事件，意思是每帧刷新时都会执行的事件。

例如，把下面的代码加到 MainScene 的 ctor()函数中：

```lua
local node = display.newNode()
self:addChild(node)
-- 注册事件
node:addNodeEventListener(cc.NODE_ENTER_FRAME_EVENT, function(dt)
    print(dt)
end)
-- 启用帧事件
node:scheduleUpdate()
```

```
-- 0.5s 后,停止帧事件
node:performWithDelay(function()
    -- 禁用帧事件
    node:unscheduleUpdate()
    print("STOP")

    -- 再等 0.5s,重新启用帧事件
    node:performWithDelay(function()
        -- 再次启用帧事件
        node:scheduleUpdate()
    end, 0.5)
end, 0.5)
```

运行时,屏幕上会不断输出上一帧和下一帧之间的时间间隔(通常为 1/60s),并在第一个 0.5s 时短暂停顿一下。

只有在调用 scheduleUpdate()后,帧事件才会触发。帧事件的回调函数的参数只有一个 dt,它是用来表示时间间隔的。帧事件在游戏中经常用来更新游戏中的数据。例如制作一款射击游戏,就需要通过帧事件来更新游戏中的子弹坐标等参数。

3.12.3 键盘事件

监听键盘事件的方式如下:

```
self:setKeypadEnabled(true)
self:addNodeEventListener(cc.KEYPAD_EVENT, function(event)
    print("TestKeypadEvent = " .. event.key)
end)
```

event 为 table,有以下属性值:

(1) code,数值。按键对应的编码。

(2) key,字符串。按键对应的字符串。

Android 设备可以响应 Menu 和 Back 按键事件。对应的 key 值如下:

① menu,菜单键。

② back,返回键。

(3) type,字符串。按键事件类型。

① Pressed,键盘按键按下事件。

② Released,键盘按键弹起事件。

注:iOS 设备没有键盘事件。

3.12.4 加速计事件

现在的手机都配备了加速计,用于测量设备静止或匀速运动时所受到的重力方向。

重力感应来自移动设备的加速计,通常支持 X、Y 和 Z 3 个方向的加速度感应,所以又称为三向加速计。在实际应用中,可以根据3个方向的力度大小来计算手机倾斜的角度或方向。在Quick中按如下方法监听加速计事件:

```
-- 重力感应器
self:addNodeEventListener(cc.ACCELEROMETER_EVENT, function (event)
    print("AccelerateData:", event.x, event.y, event.z, event.timestamp)
end)
self:setAccelerometerEnabled(true)
```

event属性如下。

(1) event.x,event.y,event.z:设备在x、y、z轴上的角度。

(2) event.timestamp:测量值更新时间。

3.12.5 触摸事件

Cocos2d-x3.x的触摸事件分发机制在Cocos2d-x 2.x上进行了大幅改进,取消了只能layer监听触摸事件的限制,不过在使用过程中依然有些烦琐。Quick框架在此基础上进行了二次封装,简化了用法并保持了接口稳定。本节详细介绍Quick触摸事件的用法。

1. 显示层级

在Cocos2d-x里,整个游戏的画面是由一系列的Node、Scene、Layer和Sprite等对象构成的。而所有这些对象都是从Node这个基类继承而来。可以将Node称为显示节点,一个游戏画面就是许多显示节点构成的一棵树,如图3-42所示。

在图3-42所示树里,Node所处的垂直位置就是它们的显示层级。越往上的Node,其显示层级就越高。从画面表现上来说,下面的Node是背景,上面的Node是建筑,那么建筑就会挡住一部分背景。

在游戏中的体现就是有的元素显示在上面,有的元素显示在下面,在上面的元素挡住了下面的元素,那么在上面的元素的显示层级就要比在下面的元素的高。

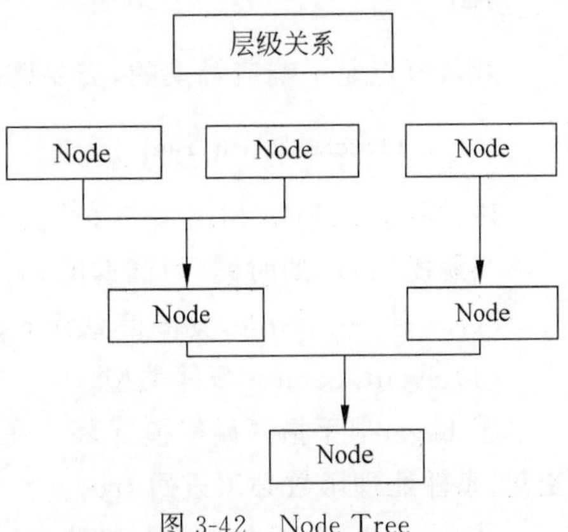

图3-42 Node Tree

2. 触摸区域

在Cocos2d-x的2.x版本中,只有Layer对象才能接受触摸事件。而Layer总是响应整个屏幕范围内的触摸,这就要求开发者在拿到触摸事件后,再做进一步的处理。

例如,有一个需求是在玩家触摸屏幕上的方块时,人物角色做一个动作。那么使用Layer接收到触摸事件后,开发者需要自行判断触摸位置是否在方块之内。当屏幕上有很多东西需要响应玩家交互时,程序结构就开始变得复杂了。所以Cocos2d-x 3.x允许开发者将任何一个Node接受触摸事件,而不局限于Layer。并且触摸事件的开始状态只会出现在这个Node的触摸区域内。

所谓触摸区域，就是一个 Node 及其所有子 Node 显示内容占据的屏幕空间。要注意的是，这个屏幕空间包含了图片的透明部分。如图 3-43 所示的五角星 Sprite 对象，它的触摸区域是包含了透明区域的矩形范围。

触摸事件方式分为两种，一种是单点触摸事件，另一种是多点触摸事件。

图 3-43 Touch Area

3. 单点触摸事件

单点触摸事件一个时刻只响应一个触摸点。

通过 setTouchMode 设置 Node 的触摸监听模式，然后通过 addNodeEventListener 设置触摸事件监听回调函数。

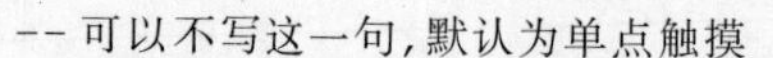

```
-- 可以不写这一句,默认为单点触摸
node:setTouchMode(cc.TOUCH_MODE_ONE_BY_ONE)
node:addNodeEventListener(cc.NODE_TOUCH_EVENT, function(event)
    printf("sprite: %s x,y: %0.2f, %0.2f",
        event.name, event.x, event.y)

    if event.name == "began" then
        return true
    end
end)
```

默认节点是不响应触摸的，需要调用下面的接口开启节点的触摸事件监听。

```
node:setTouchEnabled(true)
```

注：*setTouchEnabled 必须在 addNodeEventListener 之后调用。*

当触摸 node 的时候，回调返回 event 信息。

event 是一个 table，具体信息如下。

(1) event.name：事件类型。

① began：手指开始触摸屏幕。在 began 状态时，如果要继续接收该触摸事件的状态变化，事件处理函数必须返回 true。

② moved：手指在屏幕上移动。

③ ended：手指离开屏幕。

④ cancelled：因为其他原因取消触摸操作。通常情况下，cancelled 和 ended 是相同的处理逻辑。

(2) event.x：触摸点 x 坐标。

(3) event.y：触摸点 y 坐标。

4. 多点触摸

先设置触摸模式为多点触摸：

```
node: setTouchMode(cc.TOUCH_MODE_ALL_AT_ONCE)
```

然后添加触摸事件回调函数：

```
-- 注册触摸事件
node:addNodeEventListener(cc.NODE_TOUCH_EVENT, function(event)
    -- event.name 是触摸事件的状态：began、moved、ended、cancelled
    -- event.points 包含所有触摸点
    -- 按照 events.point[id] = {x = ?, y = ?} 的结构组织
    for id, point in pairs(event.points) do
        printf("event [ %s] %s = %0.2f, %0.2f",
               event.name, id, point.x, point.y)
    end

    if event.name == "began" then
        return true
    end
end)
```

同样需要在 addNodeEventListener 之后打开 Touch 功能。

```
node:setTouchEnabled(true)
```

在多点触摸时，事件状态的含义有所区别，说明如下。

(1) began：手指开始触摸屏幕。不同于单点触摸，此状态可被触发多次，每一次代表一个或多个手指开始触控屏幕。

(2) moved：由于多点触摸时可能只有部分触摸点移动，所以此时 event.points 中只包含有变化的触摸点数据。

(3) ended：当一个或多个触摸点消失(手指离开了屏幕)时，出现 ended 状态。此时 event.points 中包含删除的触摸点数据。

(4) cancelled：因为其他原因导致触摸点被取消(手指不一定离开了屏幕)。此时 event.points 中包含取消的触摸点数据。通常情况下，cancelled 和 ended 是相同的处理逻辑。

注：多点触摸中，回调参数 event.points 的 key 是唯一 ID，在整个触摸状态变化过程中，可以通过这个 ID 来辨识是哪个触摸点发生了状态改变。

5. 触摸事件吞噬

默认情况下，Node 在响应触摸后(在 began 状态返回 true 表示要响应触摸)，就会阻止事件继续传递给 Node 的父对象(更下层的 Node)，这称为触摸事件吞噬。

Node：setTouchSwallowEnabled()可以改变这个行为。默认为 true 吞噬事件。如果设置为 false，则 Node 响应触摸事件后仍然会将事件继续传递给父节点。

3.13 多分辨率适配

随着智能设备的发展，各种屏幕尺寸和分辨率的移动设备层出不穷。为了使游戏更好地适应各种分辨率，减少游戏开发成本，Cocos2d-x 设计了一套完善的多分辨率适配方案。

由于 Cocos2d-Lua 是基于 Cocos2d-x 之上的轻量框架，它使用的依然是 Cocos2d-x 的多分辨率适配方案。本章首先介绍 Cocos2d-x 的多分辨率适配原理，涉及的 API 以 C++的接口为示例，然后进行总结，最后对比 Cocos2d-Lua 中的接口做示例展示。

3.13.1 Cocos2d-x 多分辨率适配

1. 发展历史

我们知道 Cocos2d-x 是从 Cocos2d-iPhone 派生出来的分支，所以初期 Cocos2d-x 的屏幕适配使用的是和 Cocos2d-iPhone 一样的方案，而 Cocos2d-iPhone 的适配方案遵循当时 iOS 应用开发的屏幕适配方案。

当时的 Cocos2d-iPhone 为了支持 Retina iPhone 设备，使用了-hd 等后缀来区分 iPhone 和 Retina iPhone 的图片资源。在设计游戏的时候，使用 point 坐标系，而非真正的 pixel 坐标系。这一点和苹果在 iOS native 应用开发提出的 point 概念一致，即不用修改代码，就能在 640×960 的设备上运行之前 320×480 的程序，只是图片会看起来模糊，一旦加入@2x 后缀的图片后，iOS 自动加载 @2x 的图片，实现对 Retina iPhone 的支持。

point 坐标系，在一定范围内能解决多分辨率支持的问题。但是当 iPhone 5、iPad 3 出来以后，iOS 需要适配的分辨率达到 5 个，iPhone 6 的发布更加剧了这种情况，如果要做一个 universal 的程序，是相当痛苦的。单纯的 point 坐标系并不能完全解决问题，并且 Android 设备上的分辨率情况还要复杂得多。

为了适应各种奇怪的分辨率屏幕，从 Cocos2d-x 2.0.4 开始，Cocos2d-x 提出了自己的多分辨率支持方案，废弃了之前的 retina 相关设置接口，并提出了 design resolution 的概念。design resolution 是从 point 坐标系进化过来的概念，目的是屏蔽设备分辨率，精灵坐标都在 design resolution 上布局。但要实现这个目标并不简单，Cocos2d-x 提供了一组相关的接口和 5 种分辨率适配策略，至于哪种策略才是最适合游戏的，下面将一一进行分析。

Cocos2d-x 中与分辨率相关的 C++接口如下：

```
Director::getInstance()->getOpenGLView()->setDesignResolutionSize() //设计分辨率及模式
Director::getInstance()->setContentScaleFactor()                    //内容缩放因子
FileUtils::getInstance()->setSearchPaths()                          //资源搜索路径
Director::getInstance()->getOpenGLView()->getFrameSize()            //屏幕分辨率
Director::getInstance()->getWinSize()                               //设计分辨率
Director::getInstance()->getVisibleSize()                           //设计分辨率可视区域大小
Director::getInstance()->getVisibleOrigin()                         //设计分辨率可视区域起点
```

2. 基本原则

Cocos2d-x 中图片显示到屏幕有下面两个逻辑过程：

(1) 资源布局到设计分辨率。

(2) 设计分辨率布局到屏幕。

如图 3-44 所示。

注：本章后面的图例中的数字计算，均以这张图上的数值为基础，并且 AnchorPoint 为

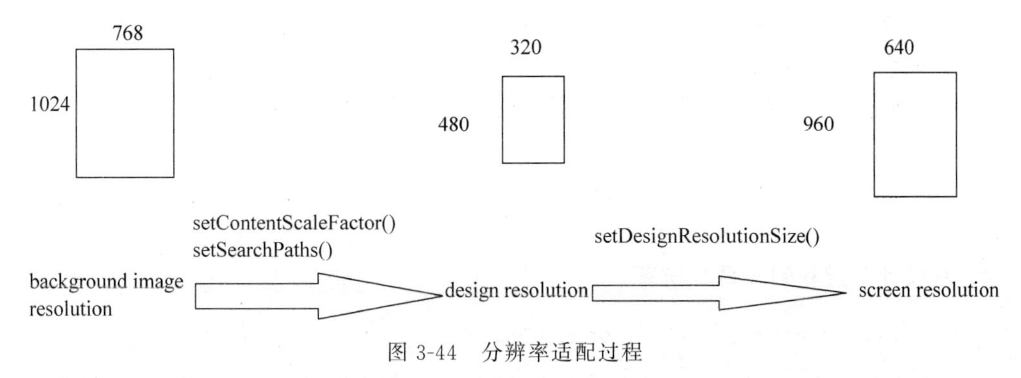

图 3-44　分辨率适配过程

(0.5,0.5),position 为屏幕中心点。

接口 setContentScaleFactor()和 setSearchPaths()控制着第一个转换过程。而 setDesignResolutionSize()控制第二个过程。两个过程结合在一起,影响最终的显示效果。

为了方便描述,本章后面采用以下简写:

(1) Resources width 以下简写为 RW,Resources height 以下简写为 RH。

(2) Design width 以下简写为 DW,Design height 以下简写为 DH。

(3) Screen width 以下简写为 SW,Screen height 以下简写为 SH。

3. 从资源分辨率到设计分辨率

setSearchPaths()需要根据当前屏幕分辨率来设置最合适的资源文件搜索路径。Cocos2d-x 允许一个游戏中包含多套图片资源,它们对应不同分辨率下的图片,程序可以选择与屏幕分辨率最匹配的图片资源来显示,从而减少图片缩放、提升游戏画质。

setContentScaleFactor()决定了图片显示到设计分辨率的缩放因子,Cocos2d-x 引擎避免游戏开发者直接去关注屏幕大小,所以这个因子是资源宽比设计分辨率宽或资源高比设计分辨率高,即 RH/DH 或 RW/DW,两种不同的因子选择有不同的缩放副作用,如图 3-45 所示。

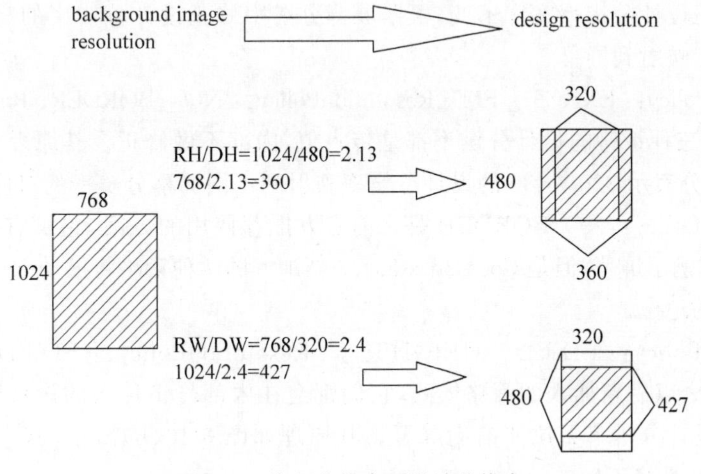

图 3-45　资源分辨率到设计分辨率

如图 3-45 中斜线部分所示：768×1024 的背景图片，采用不同的缩放因子，在 320×480 的设计分辨率上有不同的映射关系。

(1) 用高度比作为内容缩放因子，保证了资源的垂直方向在设计分辨率范围内的全部显示。

(2) 用宽度比作为内容缩放因子，保证了资源的水平方向在设计分辨率范围内的全部显示。

4. 从设计分辨率到屏幕分辨率

```
setDesignResolutionSize(DW, DH, resolutionPolicy)
```

有三个参数：设计分辨率宽、设计分辨率高和分辨率策略。前两个很好理解，复杂点在分辨率策略的选择上。Cocos2d-x 中共有 5 种策略模式。

1) ResolutionPolicy::SHOW_ALL

缩放因子为 MIN(SW/DW,SH/DH)。保证了设计区域全部显示到屏幕上，但可能会有黑边。

2) ResolutionPolicy::EXACT_FIT

SW/DW 作为 *X* 方向的缩放因子，SH/DH 作为 *Y* 方向的缩放因子。保证了设计区域完全铺满屏幕，但是可能会出现图像拉伸。

3) ResolutionPolicy::NO_BORDER

缩放因子为 MAX(SW/DW,SH/DH)。保证了设计区域总能一个方向上铺满屏幕，而另一个方向一般会超出屏幕区域。

4) ResolutionPolicy::FIXED_HEIGHT

保持传入的设计分辨率高度不变，根据屏幕分辨率修正设计分辨率的宽度。保证设计分辨率能不变形映射到屏幕。

5) ResolutionPolicy::FIXED_WIDTH

保持传入的设计分辨率宽度不变，根据屏幕分辨率修正设计分辨率的高度。保证设计分辨率能不变形映射到屏幕。

ResolutionPolicy::EXACT_FIT、ResolutionPolicy::NO_BORDER、ResolutionPolicy::SHOW_ALL 这三种策略的设计分辨率都是传入值，内部不做修正。其原理如图 3-46(a)所示，其中斜线部分表示 320×480 的设计分辨率映射到不同屏幕分辨率的对应关系。

ResolutionPolicy::NO_BORDER 是之前官方推荐使用的方案，它没有拉伸图像，同时在一个方向上撑满了屏幕，但是 Cocos2d-x 2.1.3 新加入的两种策略将撼动 ResolutionPolicy::NO_BORDER 的地位。

ResolutionPolicy::FIXED_HEIGHT 和 ResolutionPolicy::FIXED_WIDTH 是 Cocos2d-x 2.1.3 以后新加入的策略模式，它们都会在内部修正传入的设计分辨率，以保证屏幕分辨率到设计分辨率无拉伸铺满屏幕。其原理如图 3-46(b)所示，其中左边是设计分辨率，270 和 568 是修正后的值。

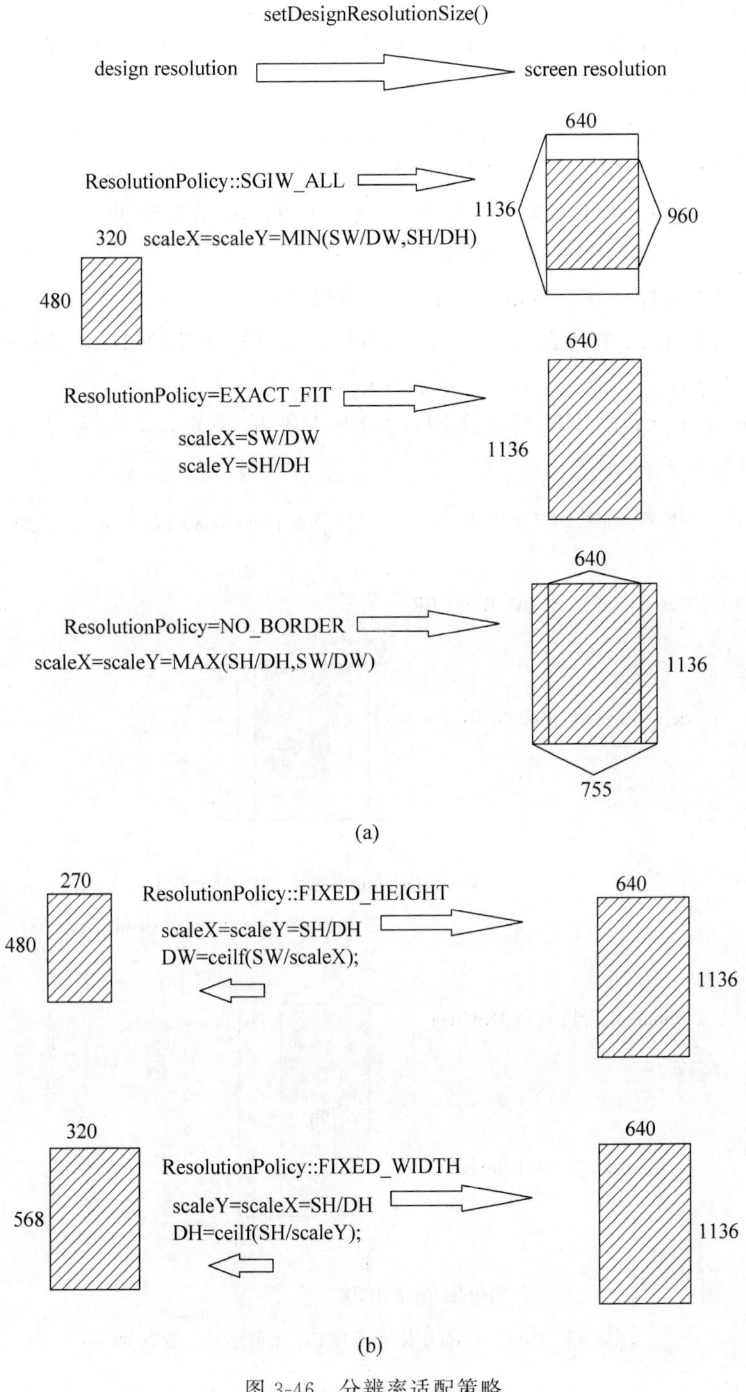

图 3-46 分辨率适配策略

5. 结合两个过程

第一过程有两种情况，第二过程有5种情况，总共有10种可能的方案组合。那么如何确定自己需要的方案？

需要作出选择：是牺牲效果还是牺牲部分显示区域。

这里选择牺牲一个方向的显示区域为例，结果说明两个过程。在游戏里面，背景图的高需要全部显示，而宽方向可以裁减。要实现这个目的，需要保证两个过程都是在宽方向裁减。

(1) 第一过程选择 setContentScaleFactor(RH/DH)。

(2) 第二过程有两个选择：ResolutionPolicy::NO_BORDER 或 ResolutionPolicy::FIXED_HEIGHT。

为了说明 NO_BORDER 与 FIXED_HEIGHT 的区别，需要结合 visibleOrigin 和 visibleSize，如图 3-47 所示。

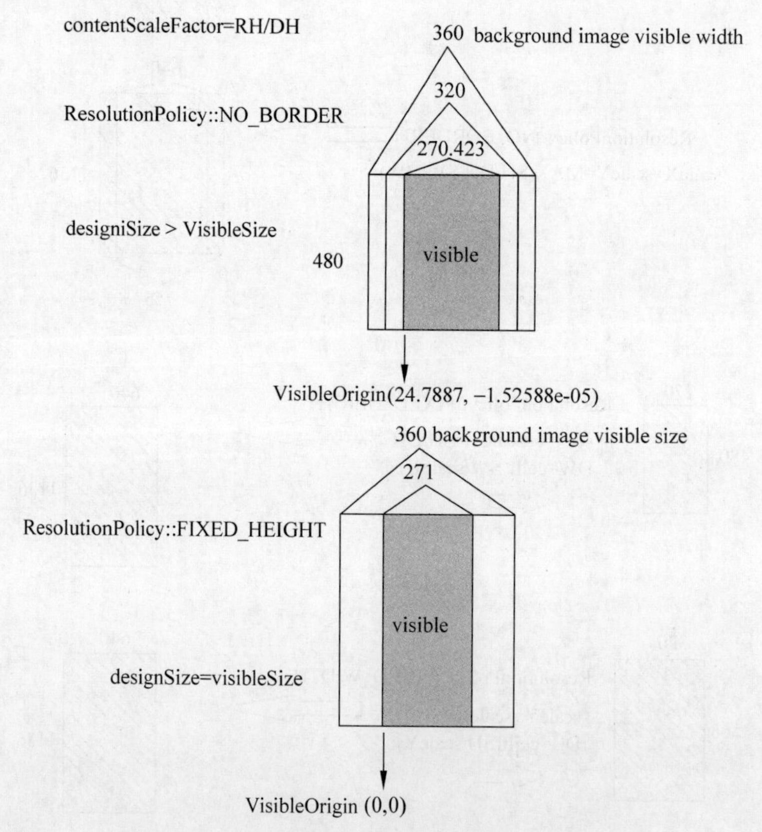

图 3-47 NO_BORDER 与 FIXED_HEIGHT 的区别

(1) ResolutionPolicy::NO_BORDER 情况下，设计分辨率范围并不全是可见区域，布局精灵需要根据 VisibleOrigin 和 VisibleSize 来做判断处理。

(2) ResolutionPolicy::FIXED_HEIGHT 则不同,设计分辨率范围就是可见区域,VisibleOrigin 总是(0,0)。getVisibleSize()= getWinSize(),ResolutionPolicy::FIXED_HEIGHT 达到了同样的目的,但是却简化了代码。

ResolutionPolicy::FIXED_HEIGHT 和 ResolutionPolicy::FIXED_WIDTH 是 ResolutionPolicy::NO_BORDER 的进化,新项目中建议立即开始使用这两种方式。

6. 小结

setContentScaleFactor()决定了图片显示到设计分辨率的缩放因子,Cocos2d-x 引擎避免游戏开发者直接去关注屏幕大小,所以这个因子是资源宽比设计分辨率宽或资源高比设计分辨率高,即 RH/DH 或 RW/DW,不同的因子有不同的缩放副作用。

1) ResolutionPolicy::FIXED_HEIGHT

适合高方向需要撑满,宽方向可裁减的游戏,结合 setContentScaleFactor(RH/DH)使用。

2) ResolutionPolicy::FIXED_WIDTH

适合宽方向需要撑满,高方向可裁减的游戏,结合 setContentScaleFactor(RW/DW)使用。

3.13.2 Cocos2d-Lua 中的多分辨率适配

前面分析了 Cocos2d-x 的多分辨率适配理论基础,并且介绍了相关的 C++ 接口。这些接口在 Cocos2d-Lua 有对应的 Lua 设置方法,分两个阶段。

(1) 资源分辨率到设计分辨率。

```
cc.FileUtils:getInstance():addSearchPath()          -- 设置资源搜索路径
cc.Director:getInstance():setContentScaleFactor()   -- 内容缩放因子
```

(2) 设计分辨率到屏幕分辨率,在 Cocos2d-Lua 中,设计分辨率相关设置是由 src/config.lua 文件中的相关常量来配置完成的。

```
-- 设计分辨率的宽、高
CONFIG_SCREEN_WIDTH   = 320
CONFIG_SCREEN_HEIGHT = 480

-- 适配模式: "FIXED_HEIGHT"、"FIXED_WIDTH"或"FILL_ALL"
CONFIG_SCREEN_AUTOSCALE = "FIXED_WIDTH"
```

假设需要做一个竖屏单手操作的游戏,美术已经提供了 iPhone 5 分辨率即 640×1136 的图片资源。针对这个情况,下面介绍如何进行分辨率适配的相关设置。

(1) 新建一个 Cocos2d-Lua 项目,会自动生成模板代码。打开 src/config.lua,修改设计分辨率,如下:

```
CONFIG_SCREEN_WIDTH = 320
CONFIG_SCREEN_HEIGHT = 480
```

```
CONFIG_SCREEN_AUTOSCALE = "FIXED_WIDTH"
```

第1行告诉Cocos2d-Lua引擎，游戏是竖屏的。第3行选择FIXED_WIDTH适配模式，让X轴方向能完全显示在屏幕上。

(2) 打开src/app/MyApp.lua，在enterScene前加入资源搜索路径和内容缩放因子。

```
cc.FileUtils:getInstance():addSearchPath("res/")
cc.Director:getInstance():setContentScaleFactor(640 / CONFIG_SCREEN_WIDTH)
```

注：*主流的开发趋势，已经不再放多套分辨率的资源在游戏中。通常是选择一个主流的分辨率，如1334×750，contentScaleFactor也无须修改。*

由于只打算放一套资源在最终的游戏包中，所以资源文件都直接放置在res目录下，如果愿意，可以修改为res/w640这样更清晰的文件夹名称。

由于选择了FIXED_WIDTH适配模式，所以内容缩放因子是RW/DW。

经过上面的设置，引擎已经准备好了竖屏游戏的开发。但是要游戏能自适应各种分辨率，在游戏开发中，还需要遵循下面的原则。

(1) 资源分辨率得尽可能地覆盖可遇见机型的最大宽高比，目前主流手机都是9:16的分辨率，所以选择了640×1136来做美术资源。这样在引擎进行分辨率自适配的裁剪过程中，不会出现黑边。尽管背景图片可能无法完全呈现，但是可通过一些美术手段来优化。例如在FIXED_WIDTH模式下，让背景图上下边缘渐变填充，这样即使被裁剪也无伤大雅。

(2) 游戏场景的背景图，均以屏幕中点来设置position。

(3) 其他精灵元素的位置坐标，应以设计分辨率上的9点相对坐标为基准来进行布局。在元素最靠近的点的坐标上添加偏移量，来确定精灵的坐标。

Quick框架的display模块提供了9点坐标值的便捷获取方式，以及其他与分辨率适配相关的常量如下：

(1) display.widthInPixels，屏幕分辨率的宽。

(2) display.heightInPixels，屏幕分辨率的高。

(3) display.contentScaleFactor，设计分辨率到屏幕分辨率的缩放因子，不同于内容缩放因子。

(4) display.width，设计分辨率的宽。

(5) display.height，设计分辨率的高。

(6) display.cx，设计分辨率中央的x坐标。

(7) display.cy，设计分辨率中央的y坐标。

(8) display.left，设计分辨率最左坐标。

(9) display.top，设计分辨率最上坐标。

(10) display.right，设计分辨率最右坐标。

(11) display.bottom，设计分辨率最下坐标。

结合 display 模块提供的常量，9 点坐标速查表如图 3-48 所示。

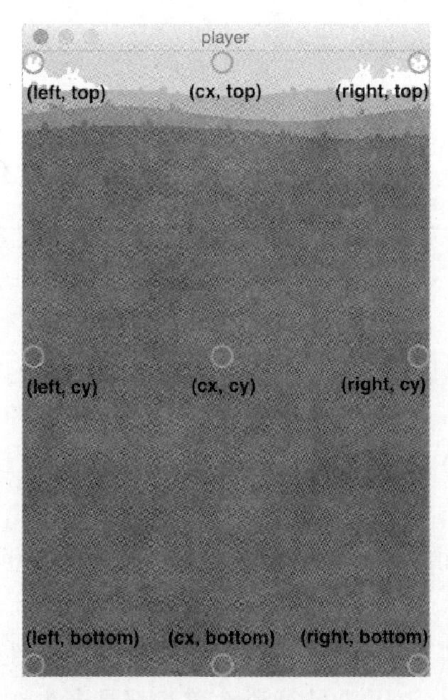

图 3-48　9 点坐标

注：图示坐标仅适用于父节点为设计分辨率等大的节点布局。

第 4 章 消除游戏实战(1)

4.1 Fruit Fest(1)：主场景

本书前 3 章内容介绍了很多的基础概念，本章开始将结合前面所学的知识，来做一个消除类游戏——Fruit Fest。

一直以来，消除类游戏以其简单明快的节奏、浓厚的趣味性和智慧性而被广大玩家所喜爱。像糖果传奇、开心消消乐、消灭星星等消除游戏都是老少皆宜以致风靡全国的。本书的 Fruit Fest 系列将带读者逐步完成一个类似消灭星星的消除游戏。

在第一部分中，首先对游戏的核心玩法做分析，然后就游戏需要的场景进行解析，最后实现游戏的第一个场景，即主菜单界面。

4.1.1 游戏玩法

消除游戏大同小异，共同点都是消除相同并相邻的元素。对于 Fruit Fest，对其核心玩法做如下定义：

(1) 单击水果时，如果该水果相邻处有同类型的水果，那么就高亮显示这些水果；反之不高亮。

(2) 显示可能获得的分数。

(3) 再次单击被高亮的水果，就消除它们并获得分数。

(4) 产生新的水果并掉落下来补全空缺。

(5) 本游戏有不同的关卡，每关都有给定的通关分数，玩家达到分数才能通关。

4.1.2 美术设计

明确了游戏的玩法后，美术需要根据游戏的设定来设计游戏的场景与元素，并拆分成程序需要的元件。

小的元件可以用 TexturePacker 打包，这样有利于速度优化(本书序列帧动画相关知识有说明)。Fruit Fest 分为两个场景，界面美术设计如图 4-1 所示。

(a) 主菜单场景

(b) 游戏界面

图 4-1 Fruit Fest 场景

注：背景图片等大图不建议用 TexturePacker 打包，否则打包的资源很有可能会超出硬件设备对纹理最大尺寸的限制。

4.1.3 分辨率适配策略

资源准备就绪后，请参考 Cocos2d-Lua 开发环境配置相关知识点来新建一个 Fruit Fest 项目。在开始游戏编码前，需要确定游戏的分辨率适配策略。

Fruit Fest 是一个竖屏游戏，美术资源以 iPhone 5 的分辨率 640×1136 为基准导出。根据本书多分辨率适配章节的实战部分，依次检查相关的设置。

(1) 打开项目工程下的 src/config.lua，修改设计分辨率。如下：

```
CONFIG_SCREEN_WIDTH  = 640
CONFIG_SCREEN_HEIGHT = 960
CONFIG_SCREEN_AUTOSCALE = "FIXED_WIDTH"
```

新建的项目默认就是以上配置。选择 FIXED_WIDTH，让宽方向全部显示，高方向可裁剪。

(2) 打开 src/app/MyApp.lua，在 enterScene 方法前加入资源搜索路径和内容缩放因子。

```
cc.FileUtils:getInstance():addSearchPath("res/")
```

```
cc.Director:getInstance():setContentScaleFactor(640 / CONFIG_SCREEN_WIDTH)
```

实际上内容缩放因子为1,可省略 setContentScaleFactor 的调用。

4.1.4 主场景

把图片资源复制到项目工程的 res 目录下,然后打开 src/app/scenes/MainScene.lua 文件,替换为如下代码:

```
local MenuScene = class("MenuScene", function()
    return display.newScene("MenuScene")
end)

function MenuScene:ctor()
    -- 1.加载精灵帧
    display.addSpriteFrames("fruit.plist", "fruit.png")

    -- 2.背景图片
    display.newSprite("mainBG.png")
        :pos(display.cx,display.cy)
        :addTo(self)

    -- 3.开始按钮
    local btn = ccui.Button:create("startBtn_N.png", "startBtn_S.png", "", 1)
        :align(display.CENTER, display.cx, display.cy - 80)
        :addTo(self)
    btn:addTouchEventListener(function(ref, eventType)
        if cc.EventCode.ENDED == eventType then
            print("TODO: switch to PlayScene!")
        end
    end)
end

function MenuScene:onEnter()
end

function MenuScene:onExit()
end

return MenuScene
```

解析:

(1) 加载 TexturePacker 打包的精灵帧到内存。

(2) 背景图片其实是个精灵,只是图大一点而已,把它的坐标设置为屏幕中点,有利于多分辨率适配的自动裁剪。

(3) 开始按钮的图片是从精灵帧缓冲中获取得到,注意 ccui.Button:create 的第4个参数为 1。按钮的回调函数简单输出 log 信息，待游戏场景加入后，再把这里替换为场景切换的代码。

4.2 Fruit Fest(2)：创建 PlayScene

前一节完成了游戏的主菜单场景 MainScene，在这一节中将开始创建另一个游戏场景 PlayScene，并实现该场景的 UI 部分，同时添加代码让游戏能从 MainScene 场景跳转到 PlayScene 场景。

本节完成后，PlayScene 的效果如图 4-2 所示。

图 4-2 PlayScene 的效果

4.2.1 准备 BMFont

从 PlayScene 场景的设计图可以看出，美术使用了非系统自带的艺术字体。英文字体拆分成图片可以直接使用。但是涉及游戏中会变动的数字，则需要使用字体工具制作出 Cocos2d-Lua 支持的 BMFont 字体。设计图上共有三种大小的数字，需要导出三份字体文件，分别为：

(1) 字体大小为 32 的 earth32.fnt 和 earth32_0.png。

(2) 字体大小为 38 的 earth38.fnt 和 earth38_0.png。

(3) 字体大小为 48 的 earth48.fnt 和 earth48_0.png。

字体制作完毕后，在 src 下新建 font 目录，并把上述 6 个文件复制进 font 目录备用。

注：BMFont 的制作参见本书文本标签相关知识点。

4.2.2 创建 PlayScene

构建一个新的场景代码，复制替换法最简单快捷。

(1) 复制 src/app/scenes 目录中的 MainScene.lua 并重命名为 PlayScene.lua。

(2) 使用编辑器打开 PlayScene.lua，全局替换字符 MenuScene 为 PlayScene。

(3) 清空 PlayScene:ctor()函数中的代码。

简单三步你就得到了一个新的 PlayScene 场景代码，在 PlayScene:ctor()中简单加入 print("Hello PlayScene!")，以便接下来的场景切换测试。

4.2.3 添加转场代码

打开 MainScene.lua，找到开始按钮的事件响应代码。在第一部分中，开始按钮的事件响应简单打印了一条 log 信息，现在需要把它替换为场景切换代码。如下：

```
btn:addTouchEventListener(function(ref, eventType)
    if cc.EventCode.ENDED == eventType then
        local playScene = import("app.scenes.PlayScene"):new()
        display.replaceScene(playScene, "turnOffTiles", 0.5)
    end
end)
```

import 导入一个 Lua 文件模块并返回这个模块的类名，接着调用 new 方法得到这个类的实例，然后使用本书场景转换相关知识点中的方法来切换场景。

用 player3 测试一下代码，若一切顺利将看到 PlayScene 打印的 log 信息：

```
Hello PlayScene!
```

4.2.4 添加 UI

从本节开头的效果图中可以得出，UI 分为 High Score、Stage、Target、当前得分和进度条。进度条将在学习完本书 Cocos2d-Lua 进阶相关知识点之后再来添加。下面首先把其他的 UI 控件添加进场景。

首先在 PlayScene:ctor 中定义 4 个变量，它们分别表示最高得分、当前关卡、当前关卡过关分数和当前得分，然后新建一个 PlayScene:initUI()函数用来集合 UI 初始化代码。修改后的 ctor 函数代码如下：

```
function PlayScene:ctor()
    -- init value
    self.highSorce = 0
    self.stage = 1
```

```
    self.target = 123
    self.curSorce = 0

    self:initUI()
end
```

在 PlayScene：initUI()中实现 UI 创建与布局，以**最高得分**为例，创建代码如下：

```
display.newSprite("#high_score.png")
    :align(display.LEFT_CENTER, display.left + 15, display.top - 30)
    :addTo(self)

display.newSprite("#highscore_part.png")
    :align(display.LEFT_CENTER, display.cx + 10, display.top - 26)
    :addTo(self)

self.highSorceLabel = display.newBMFontLabel({
        text = tostring(self.highSorce),
        font = "font/earth38.fnt",
    })
    :align(display.CENTER, display.cx + 105, display.top - 24)
    :addTo(self)
```

图片使用精灵来创建，align 布局可以同时设置锚点和坐标。可变的数字使用 BMFont 来创建，注意使用了 tostring 这个 Lua 函数来把数字转为字符串。由于资源搜索路径只到 res 目录，所以字体名称前需要加“font/”让引擎能正确找到字体。

其他 UI 的创建同最高得分，记住使用多分辨率适配相关知识点中提到的 9 点相对布局法，确保在不同分辨率下都能得到比较理想的展示效果。

4.3 Fruit Fest(3)：初始化水果矩阵

前一节完成了 PlayScene 的 UI，本节将开始实现 Fruit Fest 的核心玩法。核心玩法的实现涉及算法较多，这里把它分解为多个阶段来完成，这将有助于代码实现并易于理解。

本节专注于水果的初始化掉落，完成之后 PlayScene 的运行效果如图 4-3 所示。

4.3.1 水果类

游戏场景初始化后，从屏幕外掉落一排排的水果到屏幕内，最后这些水果组成一个矩阵。在实现矩阵的掉落之前，需要先实现矩阵的构成元素即水果。水果虽然可以由一个简单的精灵实现，但这还不够。

纵观游戏的核心玩法：水果可以被选中并高亮，这需要实现一个皮肤切换功能。如何判断相邻的水果是相同的？需要坐标和图片两个信息。因此需要一个扩展的精灵类，包含如图 4-4 所示的信息。

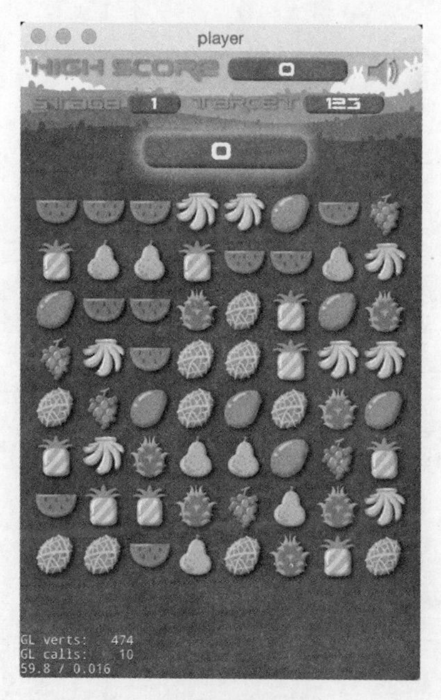

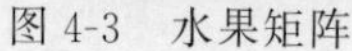
图 4-3 水果矩阵

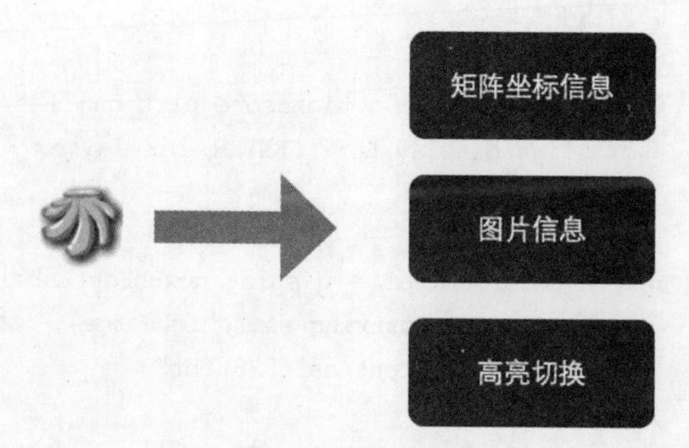

图 4-4 水果类

把扩展的精灵类命名为 FruitItem，在 src/app/scenes/目录下新建 FruitItem.lua 文件，并填入下面的代码。

```
local FruitItem = class("FruitItem", function(x, y, fruitIndex)
    fruitIndex = fruitIndex or math.round(math.random() * 1000) % 8 + 1
    local sprite = display.newSprite("#fruit" .. fruitIndex .. '_1.png')
    sprite.fruitIndex = fruitIndex
    sprite.x = x
    sprite.y = y
    sprite.isActive = false
    return sprite
end)
```

这段代码定义了 FruitItem 类，类的实例是通过匿名函数来构造，匿名函数接受三个参数：

（1）x，水果在矩阵上的 x 坐标，x 为大于等于 1 的整数。

（2）y，水果在矩阵上的 y 坐标，x 为大于等于 1 的整数。

（3）fruitIndex，水果的图片。事先把水果图片都按照编号命名，以便代码获取图片。如果没有传入 fruitIndex，取 1～8 的随机数作为 fruitIndex（本书游戏中准备了 8 种不同的水果）。

匿名函数内部使用 display.newSprite 来创建精灵，并把一些额外的属性预置给精灵，这些属性将在后面的算法实现中用到。

定义完 FruitItem,还需要实现它的成员方法:

```
function FruitItem:ctor()
end
```

当调用 FruitItem.new(x,y,fruitIndex)创建 FruitItem 实例时,FruitItem 内部有两个地方可以处理传递的参数:

(1) 如果定义 FruitItem 时的 class 的第 2 个参数是 function,那么先传给这个 function。

(2) 不论是否传递给 function,都将再次传递给 FruitItem: ctor()。

选择了第一个地方来处理参数,原因在于引擎创建精灵的时候,如果没有正确的图片参数传入,那么精灵将创建失败并返回 nil。所以 FruitItem: ctor()内不需要再做其他初始化工作。

```
function FruitItem:setActive(active)
    self.isActive = active

    local frame
    if (active) then
        frame = display.newSpriteFrame("fruit"  .. self.fruitIndex .. '_2.png')
    else
        frame = display.newSpriteFrame("fruit"  .. self.fruitIndex .. '_1.png')
    end


    self:setSpriteFrame(frame)

    if active then
        self:stopAllActions()
        local scaleTo1 = cc.ScaleTo:create(0.1, 1.1)
        local scaleTo2 = cc.ScaleTo:create(0.05, 1.0)
        self:runAction(cc.Sequence:create(scaleTo1, scaleTo2))
    end
end
```

FruitItem: setActive 完成高亮图片与正常图片之间的切换,并且在从正常图片切换到高亮图片时,播放了一组动作。

```
function FruitItem.getWidth()
    g_fruitWidth = 0
    if (0 == g_fruitWidth) then
    local sprite = display.newSprite("#fruit1_1.png")
        g_fruitWidth = sprite:getContentSize().width
    end
    return g_fruitWidth
end
```

FruitItem.getWidth是一个类方法，不是成员方法，它获取水果的宽度。事实上这里把所有水果都设计为正方形，并且大小相等，这有利于接下来的矩阵布局。所以这是个静态方法，并且只有第一次调用的时候会创建精灵来计算，之后就直接返回全局变量的值。

文件最后不要忘记返回类名，否则import没有返回值！

```
return FruitItem
```

4.3.2 矩阵算法

假如不做掉落的动画，水果直接布局在屏幕上，并以矩阵中点对齐屏幕中点。可以用如图4-5所示的方式布局。

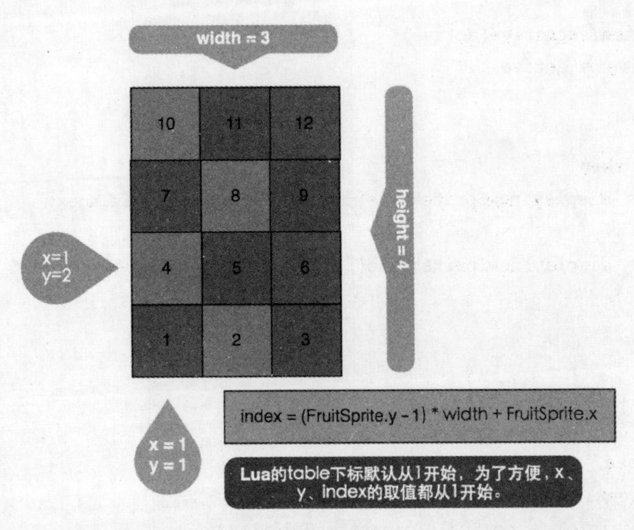

图4-5 矩阵

图4-5上的色块代表一个水果，色块上的数字表示它在数组中的位置，也就是table的key值。假设水果之间的间隙为Gap，编号1的色块的左下角坐标有如下计算公式：

```
-- 伪代码
LeftBottomX = (ScreenWidth - FruitWidth * width - (width - 1) * Gap) / 2
LeftBottomY = (ScreenHeight - FruitWidth * height - (height - 1) * Gap) / 2
```

而根据LeftBottomX和LeftBottomY可进一步得出每个精灵的坐标公式：

```
-- 伪代码
px = LeftBottomX + (FruitWidth + Gap) * (x - 1) + FruitWidth / 2
py = LeftBottomY + (FruitWidth + Gap) * (y - 1) + FruitWidth / 2
```

注： 公式中的x、y、width、height如图4-5所示。

4.3.3 掉落算法

解决了水果的终点坐标，那掉落如何实现呢？回想下引擎提供的 cc. MoveTo：create 动作，它让精灵从当前位置移到目标位置。目标位置已有，起点位置的确定如图 4-6 所示。

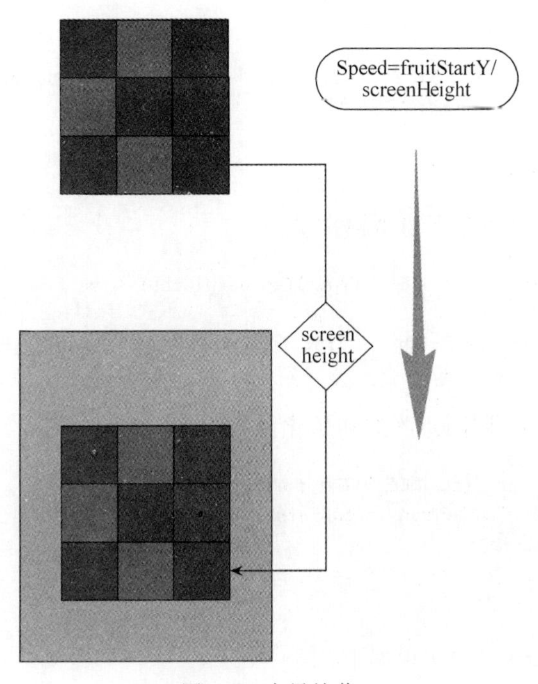

图 4-6 水果掉落

为了让水果是从屏幕顶部掉落下来，只需在终点 Y 坐标上加上一个屏幕的高度。为了让同一高度的水果同时掉落，不同高度之间有个时间差，用图示的公式计算每个水果的 MoveTo 时间：

```
time = FruitStartY / ScreenHeight
```

ScreenHeight 是常量，越上层的水果 FruitStartY 越大，这样就有一层一层掉落下来的效果。

4.3.4 矩阵初始化的代码实现

虽然花费了大量时间来分析算法，但这是很有必要的，游戏与应用不同，游戏的核心就是算法与随机数，缺少了该两者，游戏将枯燥乏味。编码仅仅是帮助我们实现梦想的工具，而不能局限于编码。

有了上面的理论分析基础，代码实现将变得简单。

首先打开 PlayScene. lua，在文件顶部加入 FruitItem 模块的加载代码，以便 FruitItem 全局可用：

```
local FruitItem = import(".FruitItem")
```

PlayScene：ctor()中的改动如下：

(1) 定义几个算法需要的常量备用。

```
self.xCount = 8     -- 水平方向水果数
self.yCount = 8     -- 垂直方向水果数
self.fruitGap = 0   -- 水果间距
```

(2) 由于FruitItem使用了数学库的随机函数，所以在PlayScene：ctor()的最前面初始化一下随机数种子。

```
math.newrandomseed()
```

(3) 初始化1号水果的左下角坐标常量。

```
self.matrixLBX = (display.width - FruitItem.getWidth() * self.xCount - (self.yCount - 1)
* self.fruitGap) / 2
self.matrixLBY = (display.height - FruitItem.getWidth() * self.yCount - (self.xCount -
1) * self.fruitGap) / 2 - 30
```

(4) 待转场效果结束，调用矩阵的初始化函数。

```
self:addNodeEventListener(cc.NODE_EVENT,function(event)
    if event.name == "enterTransitionFinish" then
        self:initMatrix()
    end
end)
```

PlayScene:initMatrix()的实现如下：

```
function PlayScene:initMatrix ()
    -- 创建空矩阵
    self.matrix = {}
    for y = 1, self.yCount do
        for x = 1, self.xCount do
            if 1 == y and 2 == x then
                -- 确保有可消除的水果
                self:createAndDropFruit(x, y, self.matrix[1].fruitIndex)
            else
                self:createAndDropFruit(x, y)
            end
        end
    end
end
```

嵌套的两个for循环完成所有水果的创建，其中有个异常情况处理，用来确保初始化的矩阵至少有两个相同的水果相邻。

单个水果创建由PlayScene：createAndDropFruit完成，实现如下：

```
function PlayScene:createAndDropFruit(x, y, fruitIndex)
    local newFruit = FruitItem.new(x, y, fruitIndex)
```

```
        local endPosition = self:positionOfFruit(x, y)
        local startPosition = cc.p(endPosition.x, endPosition.y + display.height / 2)
        newFruit:setPosition(startPosition)
        local speed = startPosition.y / (2 * display.height)
        newFruit:runAction(cc.MoveTo:create(speed, endPosition))
        self.matrix[(y - 1) * self.xCount + x] = newFruit
        self:addChild(newFruit)
end
```

createAndDropFruit 完全按照之前的分析实现。其中，self：positionOfFruit(x,y)计算水果的终点坐标，实现如下：

```
function PlayScene:positionOfFruit(x, y)
        local px = self.matrixLBX + (FruitItem.getWidth() + self.fruitGap) * (x - 1) +
FruitItem.getWidth() / 2
        local py = self.matrixLBY + (FruitItem.getWidth() + self.fruitGap) * (y - 1) +
FruitItem.getWidth() / 2
        return cc.p(px, py)
end
```

4.4　Fruit Fest(4)：选中水果

前一节实现了水果矩阵的初始化掉落。本节将实现单击水果，高亮相邻同类水果，并计算可获取分数。

本节结束时 PlayScene 的运行效果如图 4-7 所示。

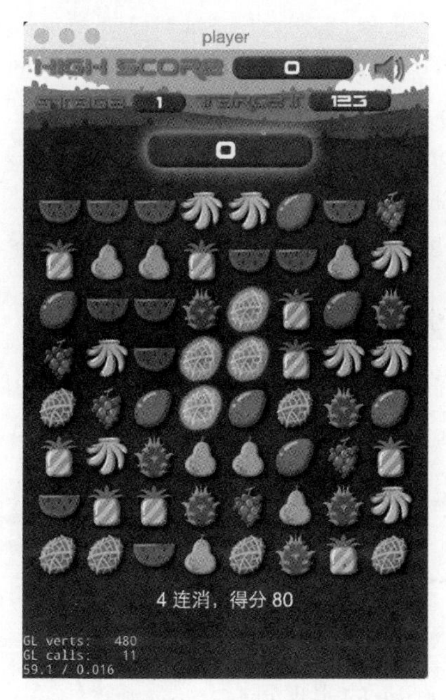

图 4-7　选中水果

4.4.1 绑定触摸事件

回顾一下事件分发机制相关知识点，触摸事件能绑定到精灵，在函数 PlayScene:createAndDropFruit 中加入下面的事件绑定代码到 self:addChild(newFruit)后面：

```
-- 绑定触摸事件
newFruit:addNodeEventListener(cc.NODE_TOUCH_EVENT, function(event)
    if event.name == "ended" then
        if newFruit.isActive then
            -- TODO:消除高亮水果,加分,并掉落补全
        else
                self:inactive()
                self:activeNeighbor(newFruit)
                self:showActivesScore()
        end
    end

    if event.name == "began" then
        return true
    end
end)
newFruit:setTouchEnabled(true)
```

取触摸事件中的 ended 事件做逻辑处理，而 began 仅返回 true。首先需要判断被单击的水果是否已高亮，不同的状态采用不同的逻辑。如果水果没有高亮，需要做如下三件事情：

(1) self:inactive()清除已高亮水果。用户可以切换不同的水果区域，选择分高的来消除。

(2) self:activeNeighbor(newFruit)以选中的水果为中心，高亮周围相同的水果。

(3) self:showActivesScore()计算高亮区域水果的分数。

注： 回顾一下 Lua 中的匿名函数，这里的 newFruit 是一个 UpValue。

4.4.2 清除已高亮区域

为了标记哪些水果是高亮的，需要另一个 table 来存储这些水果，在 PlayScene:initMatrix 中添加 self.actives 的定义。如下：

```
function PlayScene:initMatrix()
    -- 创建空矩阵
    self.matrix = {}
    -- 高亮水果
    self.actives = {}
```

接下来是 PlayScene:inactive 的实现：

```
function PlayScene:inactive()
    for _, fruit in pairs(self.actives) do
        if (fruit) then
            fruit:setActive(false)
        end
    end
    self.actives = {}
end
```

很简单，一个范型 for 循环，对 self. actives 中的每一项调用 fruit：setActive(false)消除高亮，最后清空 self. actives。

self. actives 中的项从哪里来呢？这就是接下来要探索的。

4.4.3 高亮算法

首先给出一个邻居的示意如图 4-8 所示。

图 4-8 中浅色块是用户单击的水果，四个深色块是浅色块的相邻水果。高亮算法可分解为如下几步：

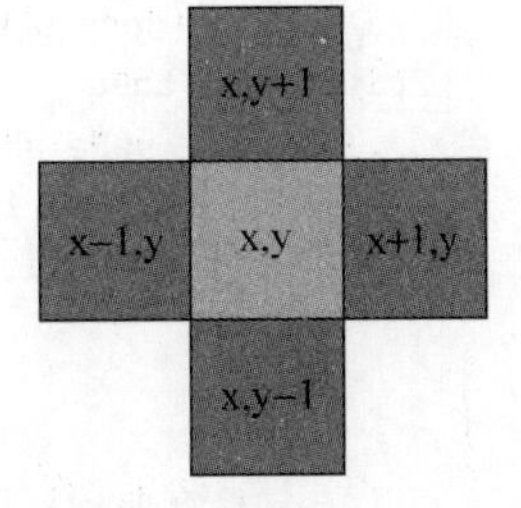

图 4-8 邻居示意图

(1) 高亮浅色水果(x,y)。

(2) 如果(x － 1,y)与(x,y)相同，高亮 (x － 1,y)水果，并以其为中心重复步骤(1)。

(3) 如果(x ＋ 1,y)与(x,y)相同，高亮 (x ＋ 1,y)水果，并以其为中心重复步骤(1)。

(4) 如果(x,y － 1)与(x,y)相同，高亮 (x,y － 1)水果，并以其为中心重复步骤(1)。

(5) 如果(x,y ＋ 1)与(x,y)相同，高亮 (x,y ＋ 1)水果，并以其为中心重复步骤(1)。

这里使用了递归来实现算法。相比其他算法，在有限的矩阵大小下，递归的开销可控并且实现简单。

基于上面的分析，PlayScene：activeNeighbor()的实现如下：

```
function PlayScene:activeNeighbor(fruit)
    -- 高亮 fruit
    if false == fruit.isActive then
        fruit:setActive(true)
        table.insert(self.actives, fruit)
    end

    -- 检查 fruit 左边的水果
    if (fruit.x - 1) >= 1 then
        local leftNeighbor = self.matrix[(fruit.y - 1) * self.xCount + fruit.x - 1]
        if (leftNeighbor.isActive == false) and (leftNeighbor.fruitIndex == fruit.fruitIndex) then
            leftNeighbor:setActive(true)
            table.insert(self.actives, leftNeighbor)
```

```
                self:activeNeighbor(leftNeighbor)
            end
        end

        -- 检查 fruit 右边的水果
        if (fruit.x + 1) <= self.xCount then
            local rightNeighbor = self.matrix[(fruit.y - 1) * self.xCount + fruit.x + 1]
            if (rightNeighbor.isActive == false) and (rightNeighbor.fruitIndex == fruit.
fruitIndex) then
                rightNeighbor:setActive(true)
                table.insert(self.actives, rightNeighbor)
                self:activeNeighbor(rightNeighbor)
            end
        end

        -- 检查 fruit 上边的水果
        if (fruit.y + 1) <= self.yCount then
            local upNeighbor = self.matrix[fruit.y * self.xCount + fruit.x]
            if (upNeighbor.isActive == false) and (upNeighbor.fruitIndex == fruit.
fruitIndex) then
                upNeighbor:setActive(true)
                table.insert(self.actives, upNeighbor)
                self:activeNeighbor(upNeighbor)
            end
        end

        -- 检查 fruit 下边的水果
        if (fruit.y - 1) >= 1 then
            local downNeighbor = self.matrix[(fruit.y - 2) * self.xCount + fruit.x]
            if (downNeighbor.isActive == false) and (downNeighbor.fruitIndex == fruit.
fruitIndex) then
                downNeighbor:setActive(true)
                table.insert(self.actives, downNeighbor)
                self:activeNeighbor(downNeighbor)
            end
        end
end
```

代码解析：

(1) 每次获取相邻水果都需要判断是否越过了矩阵边界。

(2) 每次高亮都需要添加到 self.actives，Lua 的 table.insert 可以完成数组元素添加。

(3) 只有非高亮的水果才能被高亮并触发递归，这也是结束递归的条件。

4.4.4 分数算法

消灭星星的乐趣在于一次消除尽可能多的星星，这样获得的 bonus 越高。本书中的 Fruit Fest 也一样，第一个水果 5 分，第二个水果 15 分，第三个水果 25 分……所获得的分数为 5＋15＋25＋…。

仔细分析可以发现,这是一个等差数列,高等数学等差数列求和公式如下:

等差数列和=((首项 + 末项)*项数)/2

(1) 在 PlayScene:ctor()定义下面的变量:

```
self.scoreStart = 5        -- 水果基分
self.scoreStep = 10        -- 加成分数
self.activeScore = 0       -- 当前高亮的水果得分
```

(2) 在 PlayScene:initUI()中添加一个 Label 用来显示消除可得分数:

```
-- 选中水果分数
self.activeScoreLabel = display.newTTFLabel({text = "", size = 30})
    :pos(display.width / 2, 120)
    :addTo(self)
self.activeScoreLabel:setColor(display.COLOR_WHITE)
```

(3) 在 PlayScene:showActivesScore 中实现等差求和,并更新文本标签。

```
function PlayScene:showActivesScore()
    -- 只有一个高亮,取消高亮并返回
    if 1 == #self.actives then
        self:inactive()
        self.activeScoreLabel:setString("")
        self.activeScore = 0
        return
    end

-- 水果分数依次为 5、15、25、35... ,求它们的和
    self.activeScore = (self.scoreStart * 2 + self.scoreStep * (#self.actives - 1)) *
#self.actives / 2
    self.activeScoreLabel:setString(string.format("%d 连消,得分 %d", #self.actives,
self.activeScore))
end
```

注:showActivesScore 中做了一个异常处理,如果只有一个高亮水果,取消高亮并清空 self.activeScoreLabel 的显示。

4.5 Fruit Fest(5):消除与掉落

前一节实现选中水果,高亮相同的水果。在本节将实现 Fruit Fest 核心玩法的最后一步,即消除、掉落补全空缺。

4.5.1 消除高亮水果

如果用户单击已高亮的水果中的任意一个,所有高亮水果消失,并更新当前游戏分数。上一节在 PlayScene:createAndDropFruit 中留下了消除水果部分没有介绍。现在把它补

上，在触摸事件处理函数的下面位置添加如下代码：

```
if newFruit.isActive then
    -- 添加下面两行
    self:removeActivedFruits()
    self:dropFruits()
else
```

PlayScene：removeActivedFruits()实现水果的消除。由于事先已把高亮的水果存放在self.actives数组中，消除仅需要做一个范型for循环，依此移除其中的水果。代码如下：

```
function PlayScene:removeActivedFruits()
    local fruitScore = self.scoreStart
    for _, fruit in pairs(self.actives) do
        if (fruit) then
            -- 从矩阵中移除
            self.matrix[(fruit.y - 1) * self.xCount + fruit.x] = nil
            -- 分数特效
            self:scorePopupEffect(fruitScore, fruit:getPosition())
            fruitScore = fruitScore + self.scoreStep
            fruit:removeFromParent()
        end
    end

    -- 清空高亮数组
    self.actives = {}

    -- 更新当前得分
    self.curSorce = self.curSorce + self.activeScore
    self.curSorceLabel:setString(tostring(self.curSorce))

    -- 清空高亮水果分数统计
    self.activeScoreLabel:setString("")
    self.activeScore = 0
end
```

在for循环中，计算了每个水果的分数，并播放了一个分数上浮消失的动画，这能带来更好的游戏打击感。在学习完粒子系统相关知识点后，再来给精灵消失添加爆炸效果，到时候消除水果的打击感会更好。

移除完高亮水果，需要清空记录的数组并更新分数统计。

4.5.2 掉落与补全

消除水果后的掉落算法，略显复杂，在代码实现前，先分析一下掉落过程，如图4-9所示。

水果的掉落分以下几个步骤：

(1) 移动偏移量 = - y 方向上的空缺数量 * FruitWidth。

(2) 移动后修正 Fruit 的 x、y，并更新 self.matrix 对应值。

(3) 掉落空缺数量的新水果。

(4) 重复步骤(1)~(3)，直到所有 x 轴都填满。

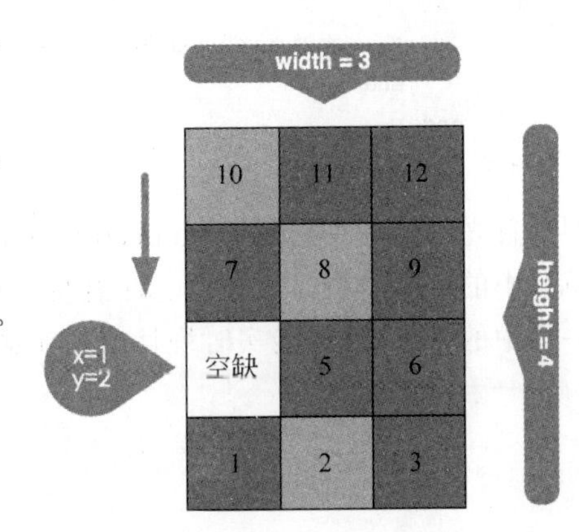

图 4-9 掉落

PlayScene：dropFruits 的实现如下：

```
function PlayScene:dropFruits()
    local emptyInfo = {}

    -- 1. 掉落已存在的水果
    -- 一列一列地处理
    for x = 1, self.xCount do
        local removedFruits = 0
        local newY = 0
        -- 从下往上处理
        for y = 1, self.yCount do
            local temp = self.matrix[(y - 1) * self.xCount + x]
            if temp == nil then
                -- 水果已被移除
                removedFruits = removedFruits + 1
            else
                -- 如果水果下有空缺，向下移动空缺个位置
                if removedFruits > 0 then
                    newY = y - removedFruits
                    self.matrix[(newY - 1) * self.xCount + x] = temp
                    temp.y = newY
                    self.matrix[(y - 1) * self.xCount + x] = nil

                    local endPosition = self:positionOfFruit(x, newY)
                    local speed = (temp:getPositionY() - endPosition.y) / display.height
                    temp:stopAllActions() --停止之前的动画
                    temp:runAction(cc.MoveTo:create(speed, endPosition))
                end
            end
        end

        -- 记录本列最终空缺数
        emptyInfo[x] = removedFruits
    end

    -- 2. 掉落新水果补齐空缺
    for x = 1, self.xCount do
        for y = self.yCount - emptyInfo[x] + 1, self.yCount do
```

```
                self:createAndDropFruit(x, y)
            end
        end
    end
```

首先创建一个局部表 emptyInfo 来记录每个 x 轴的最终空缺数。接着从左往右逐列计算其中的水果是否需要掉落。注意每个水果的掉落偏移量是不同的，所以从下往上遍历每一列中的水果，这样能实时统计出当前水果需要的掉落偏移量。

第5章

Cocos2d-Lua 进阶

5.1 UI 控件

在第3章,已经介绍了两个最基础的 UI 控件：文本标签和按钮。它们是编写游戏所需的最基础的控件,提前介绍能帮助我们进行第4章的游戏实战。经过游戏实战的练习,相信读者已经对游戏开发有了直观的认识体验,但是依然无法完成某些界面布局,因此本章将介绍 Cocos2d-Lua 提供的其他 UI 控件。

在 Quick-Cocos2dx-Community 3.6.x 以及更早的引擎版本中存在着三套 UI 框架：一套是 Cocos2d-x 2.x 时期的 UI 框架,在3.x 引擎中已停止维护；一套是 Cocos2d-x 3.x 的 ccui,也是契合 Cocos Studio 工具的 UI 框架；一套是 Quick 用纯 Lua 代码实现的 cc.ui 框架。cc.ui 没有输入控件,混用 cc.ui 控件和 ccui 的输入控件将会产生触摸事件冲突。为了结束 API 的混乱情况,从 Quick-Cocos2dx-Community 3.7 开始,引擎去掉了冗余的 UI 框架,只保留了与 Cocos Studio 匹配的 ccui 框架。本节将介绍 ccui 控件的基本用法。

5.1.1 输入控件

游戏中,有时需要让玩家输入用户名、密码或聊天消息等,这时需要输入控件来完成这些功能。输入控件内部调用手机系统提供的输入法接口,获取系统输入控件返回值,再传递给游戏中对应的界面。

引擎有两个输入控件 ccui.TextField 和 ccui.EditBox,与 Cocos Studio 编辑器中的 TextField 控件对应的是 ccui.TextField。ccui.EditBox 是 Cocos2d-x 3.x 中的新输入控件,比 ccui.TextField 接口更丰富,平台嵌合性更好,底层实现也更复杂。

ccui.TextField 已不进行维护,建议使用 ccui.EditBox。由于 Cocos Studio 编辑器不提供 EditBox 的控件布局,本节后面提供了一个便捷函数,可以在项目中方便地把 ccui.TextField 转化为 ccui.EditBox。

输入控件显示效果如图5-1所示。

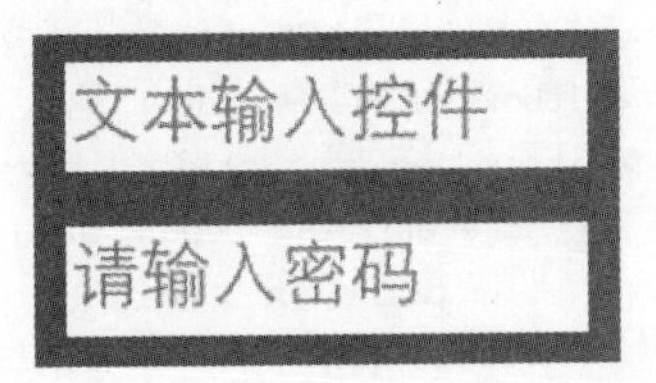

图5-1　输入控件(ccui.EditBox)显示效果

1. 创建输入控件

输入控件创建函数为 ccui.EditBox：create(size,backgroundImage,textType)。

参数说明如下：

(1) size：输入框的大小,cc.size 类型。

(2) backgroundImage：输入框背景图片。

(3) textType：图片来源(可选)。0 从文件,1 从精灵帧缓存。

```
local editbox = ccui.EditBox:create(cc.size(134, 43), "editbox.png", 0)
```

2. 获取文本

可以使用 getText()方法获取输入控件的文本内容。

```
local text = editbox:getText()
```

3. 设置提示信息

可以设置输入字段预期值的提示信息,该提示会在输入字段为空时显示,并会在控件获得焦点时消失。

假如输入框期望输入的是密码,设置提示信息的代码如下：

```
editbox:setPlaceHolder("请输入密码")
```

4. 设置显示文本

也可以给输入控件设置默认值。例如想让玩家给游戏角色起名称,在输入框中可以预留一个默认名字,用户可以偷懒不输入新名字,直接单击"确认"按钮开始游戏。

```
editbox:setText("路人甲")
```

5. 监听输入事件

通过 editbox：registerScriptEditBoxHandler()可以设置输入控件事件回调函数,监听系统输入法在整个输入过程中的状态变化情况。

含事件监听的完整示例代码如下：

```
local editbox = ccui.EditBox:create(cc.size(134, 43), "editbox.png", 0)
editbox:setInputMode(cc.EDITBOX_INPUT_MODE_SINGLELINE)
editbox:setPlaceholderFontSize(22)
editbox:setFontSize(22)
editbox:setPosition(display.width / 2, display.height / 2)
self:addChild(editbox)
-- editbox:setText("默认文本")
editbox:setPlaceHolder("输入文本") -- 提示输入文本
editbox:registerScriptEditBoxHandler(function(event, target)
    if event == "began" then
        print("开始输入")
    elseif event == "changed" then
        print("输入框内容发生变化")
```

```
            local text = editbox:getText()
            print(text)
        elseif event == "ended" then
            print("输入结束")
        elseif event == "return" then
            print("从输入框返回")
        end
    end)
```

监听回调函数有两个参数。

（1）event，事件类型。它有4个参数：

① began，开始输入。在iOS或Android上，单击输入框，会弹出系统输入法界面，began事件产生。

② changed，输入框内容发生变化。通常用来检测输入字符串长度和合法性。

③ ended，输入结束。

④ return，从输入框返回。return事件通常紧跟ended事件之后。单击手机键盘上的return按钮，或单击输入控件之外的地方，都会关闭输入框，触发这两个事件。一般地，可以在return事件中获取最终的字符串，并作界面切换。

（2）target，产生事件的输入框实例。

6. 密码输入

在输入密码的时候，通常希望用“*”来显示输入的文字。可以通过setInputFlag()方法来启动密码输入模式。

```
editbox:setInputFlag(cc.EDITBOX_INPUT_FLAG_PASSWORD)
editbox:setPlaceHolder("请输入密码")
```

7. ccui.TextField转ccui.EditBox

加载Cocos Studio布局的界面，如果界面中含有TextField控件，那么可以获取控件对象作为参数传入下面的函数，把ccui.TextField转化为ccui.EditBox使用。在textFieldToEditbox()函数中，自动读取TextField控件的各项属性并设置到新创建的ccui.EditBox对象，然后删除TextField控件并返回ccui.EditBox对象。

转化函数的完整实现如下：

```
Local function textFieldToEditbox(textfield, imageBG)
    local editbox = ccui.EditBox:create(textfield:getContentSize(), imageBG, 1)
    editBox:setAnchorPoint(textfield:getAnchorPoint())
    editBox:setScale(textfield:getScale())
    editBox:setRotation(textfield:getRotation())
    editBox:setPlaceHolder(textfield:getPlaceHolder())
    editBox:setPlaceholderFontColor(textfield:getPlaceHolderColor())
    editBox:setPlaceholderFontSize(textfield:getFontSize())
    editBox:setPlaceholderFontName(textfield:getFontName())
    editBox:setFontSize(textfield:getFontSize())
```

```
    editBox:setText(textfield:getString())
    editBox:setFontName(textfield:getFontName())
    if textfield:isPasswordEnabled() then
        editBox:setInputFlag(cc.EDITBOX_INPUT_FLAG_PASSWORD)
    end

    -- mac 平台 editbox 需 SetMaxLength
    local maxLen = textfield:getMaxLength()
    if 0 == maxLen then maxLen = 10 end
    editBox:setMaxLength(maxLen)

    editBox:setPosition(textfield:getPositionX(),
    textfield:getPositionY())
    editBox:addTo(textfield:getParent())
    textfield:removeSelf()
    return editBox
end
```

5.1.2 图片控件

为了优化 UI 占用的图片资源，通常会使用九宫格缩放图片，图片控件 ccui. Image 可以理解为支持九宫格缩放的精灵。ccui. Image 是 ccui 框架的一个基础控件，其他高级控件如按钮等内部都使用了 ccui. Image 做九宫格缩放支持。

ccui. Image 还有一个有别于 cc. Sprite 的特性，在调用 image：setContentSize()的时候会自动缩放图片到指定的大小。

图片控件创建示例如下：

```
local img = ccui.ImageView:create("image.png", 0)      -- 0 从文件加载图片
    :center()
    :addTo(self)
img:ignoreContentAdaptWithSize(false)                   -- contentSize 会影响图像大小
img:setContentSize(cc.size(100, 200))
```

九宫格缩放通过 image：setScale9Enabled()来开启，然后通过 image：setCapInsets(rect)来设置九宫格缩放的纹理坐标位置。

注：setCapInsets 的参数不建议代码设置，在 Cocos Studio 中可视化编辑更方便。

5.1.3 进度条控件

进度条通常用来展示下载和解压等比较耗时间的事务进度。在游戏中，计数器或升级经验条也可以用进度条控件来展示。

ccui. LoadingBar 对应 Cocos Studio 中的 ProgressBar 控件，显示效果如图 5-2 所示。

图 5-2 ccui. LoadingBar 显示效果

1. 创建

通过 ccui. LoadingBar：create(image,precent)新建一个进度条。参数说明如下：

(1) image,图片路径(可选)。

(2) precent,初始百分比(可选)。

通过 create 参数传入图片不能设置图片来源,可以先创建实例,然后通过 loadbar：loadTexture(image,resType)来加载图片。

注：LoadingBar 并不自带底图,通常需要单独创建一张底图放在进度条的下面。LoadingBar 也不支持九宫格的图像,如果需要九宫格的进度条,开发者需独立封装实现。

2. 更新进度

进度条创建后,并不会自动地周期更新进度显示。所有 UI 控件只负责显示,逻辑层面的处理由开发者的其他模块完成。当底层模块数字更新后,需要同步更新进度条的显示,可以用下面的接口来更新 UI。

```
loadBar:setPercent(percent)
```

percent 取值范围为 0～100。

3. 进度增长方向

默认进度条从左到右增长,下面的函数修改为从右到左增长。

```
loadBar:setDirection(ccui.LoadingBarDirection.RIGHT)
```

进度条控件创建示例如下：

```
local loading = ccui.LoadingBar:create()
loading:loadTexture("LoadingBar.png", 0)
loading:addTo(self):center()
loading:setPercent(50)
loading:setDirection(ccui.LoadingBarDirection.RIGHT)
```

4. 圆形进度条

ccui. LoadingBar 并不能创建圆形的进度条,在引擎里有一个古老而有效的 cc. ProgressTimer 控件可以实现圆形进度条。

圆形进度条创建示例如下：

```
local sp = display.newSprite("circle.png")
local circlePB = cc.ProgressTimer:create(sp)
circlePB:setType(cc.PROGRESS_TIMER_TYPE_RADIAL)
circlePB:addTo(self):center()
circlePB:setPercentage(45)
```

ccui. LoadingBar 不仅仅可以实现圆形进度条,通过 circlePB：setMidpoint()还可以调整中心点,然后在帧事件中改变进度达到特定的动画效果。

5.1.4 滑动条控件

滑动条控件也叫轨道条控件，它有一条轨道和可以滑动的块。它的功能和进度条控件相反，进度条是以图形的方式量化展现底层逻辑进度，而滑动条能与用户交互，通过图像量化的方式改变底层逻辑的数值。

ccui.Slider 对应 Cocos Studio 中的 Slider 控件，显示效果如图 5-3 所示。

图 5-3 ccui.Slider 显示效果

1. 创建

通过 ccui.Slider：create()新建一个滑动条，此函数没有参数，滑动条的相关图片资源需要用成员函数来设置。

2. 设置底图

底图可以理解为滑动条的凹槽，它是不随拖动而改变的。

```
slider:loadBarTexture(image, resType)
```

3. 设置进度条图

滑动条的上层其实就是一个进度条，通过下面的函数设置图片。

```
slider:loadProgressBarTexture(image, resType)
```

4. 设置滑块图片

最上面可单击拖动的滑块其内部就是一个按钮，通过下面的函数设置图片。

```
slider:loadSlidBallTexture(imgNormal, imgPress, imgDisable, resType)
```

5. 滑块位置

通过 setPercent 设置滑块位置，通过 getPercent 获取滑块当前位置。

```
slider:setPercent(50) -- 取值范围为 0 ~ 100
slider:getPercent()
```

6. 事件监听

滑动条的事件监听依然是 addEventListener 函数，区别在于事件的类型不一样。

```
slider:addEventListener(function(sender, eventType) end)
```

含事件监听的完整示例代码如下：

```
local slider = ccui.Slider:create()
-- 底图
slider:loadBarTexture("slider/Slider_Back.png", 0)
```

```
-- 变动的条
slider:loadProgressBarTexture("slider/Slider_PressBar.png", 0)
-- 响应用户触摸拖动的球形按钮
slider:loadSlidBallTextures("slider/SliderNode_Normal.png",
                            "slider/SliderNode_Press.png",
                            "slider/SliderNode_Disable.png", 0)
slider:addTo(self):center()
slider:addEventListener(function(sender, eventType)
    if eventType == ccui.SliderEventType.percentChanged then
        print(slider:getPercent())
    end
end)
```

5.1.5 富文本控件

富文本控件是多样式文本和图片进行混合排版的渲染控件，最常见的应用场景是聊天大厅里面的信息显示。一行聊天信息，包含了不同颜色、大小的文本以及表情图片等，这些信息的排布，不使用富文本也能通过大小、位置等信息计算出来。但是在 Lua 层计算渲染逻辑性能不是最优化的方案，应对这类需求不妨把排版工作丢给富文本控件，业务逻辑层专注于数据信息的解析。

1. 创建

通过 ccui.RichText：create()新建一个富文本，此函数没有参数。富文本只是一个容器，还需要向里面添加元素才能进行排版。

2. 文本元素

文本元素描述了一段文本的字体、大小和颜色等渲染信息。

```
local element = ccui.RichElementText:create(tag, color, opacity, text, fontName, fontSize)
```

参数说明如下。

(1) tag：元素标识。通常为 0。

(2) color：cc.c3b 类型，元素节点的颜色。

(3) opacity：元素节点的透明度。

(4) text：要显示的文本。

(5) fontName：文本的字体名称或路径。

(6) fontSize：字体大小。

3. 图片元素

图片元素描述了一张图片的渲染信息。

```
local element = ccui.RichElementImage:create(tag, color, opacity, image)
```

前 3 个参数同文本元素，第 4 个参数 image 是要显示的图片路径。

4. 自定义元素

自定义元素可以描述任意节点的渲染信息，让富文本不局限于文本和图片的排版布局。

```
local element = ccui.RichElementCustomNode:create(tag, color, opacity, node)
```

前3个参数同文本元素，第4个参数node是任意继承于cc.Node的节点实例。

5. 换行元素

换行元素不进行任何渲染，是让富文本在这个元素的位置进行一次换行处理。

```
local element = ccui.RichElementNewLine:create(tag, color, opacity)
```

其中的3个参数同文本元素，但是对于换行元素并没有实际意义，它们的存在是为了符合富文本元素的基本参数设定。

6. 添加元素

元素创建后需要添加到富文本中进行排版，richText：insertElement()添加到指定位置，richText：pushBackElement ()则添加到末尾。

```
richText:insertElement(element, 0) -- 位置从0开始
richText:pushBackElement(element)
```

7. 主动排版

富文本添加到父节点后，在下一帧循环中进行排版渲染。如果想在当前帧就拿到排版后的富文本区域大小信息，就需要主动排版。

```
richText:formatText()
```

富文本完整示例代码如下：

```
local richText = ccui.RichText:create()
-- 自定义节点
local lable = display.newTTFLabel({
    text = "RichElementCustomNode.",
    font = "",
    color = cc.c3b(0, 255, 0),
    size = 25,
})
richText:pushBackElement(ccui.RichElementCustomNode:create(0, display.COLOR_WHITE, 255,
lable))
-- 文本节点
richText:pushBackElement(ccui.RichElementText:create(0, display.COLOR_RED, 255,
"RichElementText.", "", 18))
-- 换行节点
richText:pushBackElement(ccui.RichElementNewLine:create(0, display.COLOR_WHITE, 255))
-- 图片节点
richText:pushBackElement(ccui.RichElementImage:create(0, display.COLOR_WHITE, 150, "image.
png"))
```

```
richText:addTo(self):center()
richText:formatText() -- force layout to get real contentSize
dump(richText:getContentSize())
```

显示效果如图 5-4 所示。

5.1.6 面板容器

面板容器是其他 UI 容器的基础，它封装了 UI 容器最重要的功能：矩形裁剪。同时还支持多种的背景设置方式。

ccui.Layout 对应 Cocos Studio 中的 Panel 控件，显示效果如图 5-5 所示。

图 5-4 ccui.RichText 显示效果

图 5-5 ccui.Layout 显示效果

1. 创建

通过 ccui.Layout：create()新建一个面板容器，此函数没有参数。面板容器装载继承于 cc.Node 的任意节点。

2. 背景色

ccui.Layout 支持单色背景和渐变背景两种模式。单色背景设置如下：

```
layer:setBackGroundColorType(ccui.LayoutBackGroundColorType.solid)
layer:setBackGroundColor(cc.c3b(0, 0, 255))
```

渐变背景设置如下：

```
layer:setBackGroundColorType(ccui.LayoutBackGroundColorType.gradient)
layer:setBackGroundColor(cc.c3b(255, 0, 0), cc.c3b(0, 255, 0))
layer:setBackGroundColorVector(cc.p(1, 1)) -- 渐变方向
```

两种背景色均可设置透明度：

```
layer:setBackGroundColorOpacity(100)
```

3. 背景图

背景图与背景色是独立渲染，背景图显示在背景色的上层，通常只需设置一种背景显示方案。背景图设置代码如下：

```
layer:setBackGroundImage("editbox.png", 0)
```

```
layer:setBackGroundImageColor(cc.c3b(0, 0, 255))
layer:setBackGroundImageOpacity(200)
```

背景图支持九宫格拉伸，接口如下：

```
layer:setBackGroundImageScale9Enabled(true)
layer:setBackGroundImageCapInsets(cc.rect(5, 5, 5, 5))
```

4. 裁剪

裁剪在UI框架中非常重要。容器盛装的内容通常都会超出容器的显示窗口大小，这时就需要裁剪功能把超出范围的裁剪掉。ccui.Layout支持矩形区域范围的裁剪，并支持ccui.Layout裁剪的嵌套。默认裁剪是关闭的，通过下面的接口打开：

```
layer:setClippingEnabled(true)
```

裁剪的底层实现有两种方案：STENCIL模板裁剪和SCISSOR矩形裁剪。引擎早期的SCISSOR矩形裁剪嵌套有bug，所以默认值是STENCIL模板裁剪。但是STENCIL裁剪的实现有严重的性能问题，UI嵌套多了以后渲染会很慢。新版的Quick社区版引擎已经修复了SCISSOR矩形裁剪的嵌套bug，并修改默认裁剪为SCISSOR。通常情况下，开发者不需要修改裁剪方式。ccui.Layout保留了裁剪方案的切换接口如下：

```
layer:setClippingType(1) -- 0 STENCIL, 1 SCISSOR(默认值)
```

裁剪的区域范围等同于ccui.Layout的渲染范围。

5.1.7 滚动容器

滚动容器可以用于显示多于一个屏幕(或区域)的内容，超出屏幕(或区域)范围的内容可以通过滑动进行查看。

ccui.ScrollView对应Cocos Studio中的ScrollView控件，显示效果如图5-6所示。

1. 创建

通过ccui.ScrollView:create()新建一个滚动容器，此函数没有参数。滚动容器装载继承于cc.Node的任意节点。

2. 滚动方向

滚动容器支持水平、垂直和双向三种滚动属性，设置函数如下：

图5-6 ccui.ScrollView显示效果

```
-- ccui.ScrollViewDir.vertical
-- ccui.ScrollViewDir.horizontal
scrollView:setDirection(ccui.ScrollViewDir.both)
```

3. 内部容器节点

ScrollView 的 addChild 函数被重写过,所有子节点都被添加到 ScrollView 的 Protected 子节点_innerContainer 上。ScrollView 的触摸事件默认打开,并有相应的处理函数来控制_innerContainer 的移动。内部节点通过下面的函数获取其引用:

```
local inner = scrollView:getInnerContainerSize()
```

由于 ScrollView 并不自动计算_innerContainer 中子节点所占的大小和位置,因此使用 ScrollView 都需要手动设置_innerContainer 的大小,以保证子节点被渲染到正确的位置。

```
scrollView:setInnerContainerSize(cc.size(100, 100))
```

4. 滚动

ScrollView 不仅响应用户触摸而滚动,也可以代码实现滚动到某个位置。ScrollView 提供了一系列的滚动函数,列举如下:

```
scrollView:scrollToBottom(time, attenuated)            -- 滚动到底部
scrollView:scrollToTop(time, attenuated)               -- 滚动到顶部
scrollView:scrollToLeft(time, attenuated)              -- 滚动到最左边
scrollView:scrollToRight(time, attenuated)             -- 滚动到最右边
scrollView:scrollToTopLeft(time, attenuated)           -- 滚动到左上角
scrollView:scrollToTopRight(time, attenuated)          -- 滚动到右上角
scrollView:scrollToBottomLeft(time, attenuated)        -- 滚动到左下角
scrollView:scrollToBottomRight(time, attenuated)       -- 滚动到右下角
scrollView:scrollToPercentVertical(percent, time, attenuated)        -- 滚动到垂直方向百分
                                                                        比的位置
scrollView:scrollToPercentHorizontal(percent, time, attenuated)      -- 滚动到水平方向百分
                                                                        比的位置
scrollView:scrollToPercentBothDirection(percent, time, attenuated)   -- 滚动到垂直和水平方
                                                                        向百分比的位置
```

滚动函数参数名说明如下:

(1) percent:滚动百分比(0~100)。

(2) time:滚动到指定位置的时间。

(3) attenuated:是否做惯性衰减。

5. 跳跃

滚动是段动画,需要一段时间来执行,而跳跃是瞬间完成内部节点的位置切换。同样 ScrollView 提供了一系列的跳跃函数,列举如下:

```
scrollView:jumpToBottom()                              -- 跳到底部
scrollView:jumpToTop()                                 -- 跳到顶部
scrollView:jumpToLeft()                                -- 跳到最左边
scrollView:jumpToRight()                               -- 跳到最右边
scrollView:jumpToTopLeft()                             -- 跳到左上角
scrollView:jumpToTopRight()                            -- 跳到右上角
```

```
scrollView:jumpToBottomLeft()                        -- 跳到左下角
scrollView:jumpToBottomRight()                       -- 跳到右下角
scrollView:jumpToPercentVertical(percent)            -- 跳到垂直百分比的位置
scrollView:jumpToPercentHorizontal(percent)          -- 跳到水平百分比的位置
scrollView:jumpToPercentBothDirection(percent)       -- 跳到垂直、水平百分比的位置
```

6. 回弹特效

当滚动超出边界的时候，可以有一个回弹特效。设置和检测函数如下：

```
scrollView:setBounceEnabled(enabled)                 -- 是否开启回弹
scrollView:isBounceEnabled()                         -- 当前的回弹状态
```

7. 事件监听

滚动容器的事件监听依然是 addEventListener 函数，区别在于事件的类型不一样。

```
scrollView:addEventListener(function(sender, eventType)
end))
```

滚动事件 eventType 的类型列举如下：

```
ccui.ScrollviewEventType = {
    scrollToTop =   0,
    scrollToBottom =   1,
    scrollToLeft = 2,
    scrollToRight = 3,
    scrolling = 4,
    bounceTop = 5,
    bounceBottom = 6,
    bounceLeft = 7,
    bounceRight = 8,
}
```

含事件监听的完整示例代码如下：

```
local scrollView = ccui.ScrollView:create()
scrollView:setContentSize(cc.size(400, 300))
scrollView:addTo(self):center()
scrollView:setAnchorPoint(cc.p(0.5, 0.5))
-- 纯色填充，方便查看 content size
scrollView:setBackGroundColorType(ccui.LayoutBackGroundColorType.solid)
scrollView:setBackGroundColor(cc.c3b(0, 0, 255))
scrollView:setDirection(ccui.ScrollViewDir.both)

-- 添加一张图片到滚动容器
local sp = display.newSprite("scrollimg.png")
    :addTo(scrollView)
sp:setAnchorPoint(cc.p(0, 0))
-- 更新内部节点大小，让滚动可以查看整个图片
```

```
scrollView:setInnerContainerSize(sp:getContentSize())
-- 监听滚动事件
scrollView:addEventListener(function(sender, eventType)
    if eventType == ccui.ScrollviewEventType.scrolling then
        print(sender:getInnerContainer():getPosition())
    end
end)
```

5.1.8　列表容器

列表容器是在滚动容器基础上进行扩展的，它是滚动容器典型应用场景的一个实现。列表容器把子节点抽象为 item 项，内部有序排列 item 并自动计算每个 item 的位置和 _innerContainer 的大小，开发者省去了计算位置和大小的烦琐，专注于功能的实现。列表容器能垂直或水平滚动，不能双向滚动。

ccui.ListView 对应 Cocos Studio 中的 ListView 控件，显示效果如图 5-7 所示。

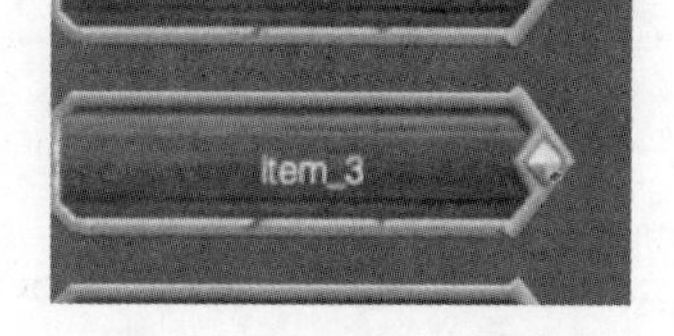

图 5-7　ccui.ListView 显示效果

1. 创建列表

通过 ccui.ListView：create()新建一个列表容器，此函数没有参数。列表容器不同于滚动容器，装载的项目是通过单独封装的函数来添加的。

2. 滚动方向

列表容器支持水平和垂直两种滚动属性，设置函数如下：

```
-- ccui.ListViewDirection.vertical
-- ccui.ListViewDirection.horizontal
listView:setDirection(ccui.ListViewDirection.vertical)
```

3. Item

ListView 容纳的是子项，而不是子节点，不能通过 addChild 函数来添加。子项必须是 ccui.Widget 的实例，而不是普通的 cc.Node。与子项相关的函数列举如下：

```
listView:pushBackDefaultItem(item)          -- 在列表最后添加默认项
listView:insertDefaultItem(index)           -- 在指定位置添加默认项
listView:pushBackCustomItem(item)           -- 在列表最后添加用户项
listView:insertCustomItem(item, index)      -- 在指定位置添用户项
listView:removeLastItem()                   -- 删除最后一项
listView:removeItem(index)                  -- 删除指定位置的项
listView:removeAllItems()                   -- 删除所有项
listView:getItem(index)                     -- 获取指定位置的项
listView:getItems()                         -- 获取所有项
listView:getIndex(item)                     -- 获取项的位置
```

注：ccui 是 C++ 中封装的控件，这里的 item 位置是从 0 开始，不要把它和 Lua 的下标

起点混淆。

4. Item 间隙

ListView 计算子项的大小自动排版子项，默认子项直接是没有间隙的。下面的函数用来修改间隙。

```
listView:setItemsMargin(margin)
```

获取间隙通过下面的函数：

```
local margin = listView:getItemsMargin()
```

5. 事件监听

列表容器的事件监听依然是 addEventListener 函数。

```
listView:addEventListener(function(sender, eventType)
end))
```

列表事件 eventType 的类型列举如下：

```
ccui.ListViewEventType = {
    ONSELECTEDITEM_START =  0,
    ONSELECTEDITEM_END =   1,
}
```

由于 ListView 继承于 ScrollView，如果要监听 ScrollView 的事件，得用另一个函数注册监听。

```
listView:addScrollViewEventListener(function(sender, eventType)
end))
```

含事件监听的完整示例代码如下：

```
local listView = ccui.ListView:create()
listView:setContentSize(cc.size(200, 200))
listView:setDirection(ccui.ListViewDirection.vertical) -- 默认值
listView:center():addTo(self)

-- 纯色填充,方便查看 content size
listView:setBackGroundColorType(ccui.LayoutBackGroundColorType.solid)
listView:setBackGroundColor(cc.c3b(0, 0, 255))

-- 添加元素
for i = 1, 5 do
    local btn = ccui.Button:create("btn.png", "", "", 0)
    btn:setTitleText("item_" .. i)
    btn:setScale9Enabled(true)
    btn:addTouchEventListener(function(ref, eventType)
        if cc.EventCode.ENDED == eventType then
```

```
            print("touched" .. i)
        end
    end)

    listView:pushBackCustomItem(btn) -- 必须是继承 ccui.Layout 的控件
end

-- Listview 要监听 ScrollView,方法不一样
listView:addScrollViewEventListener(function(sender, eventType)
    print("ScrollView event:", eventType)
end)

-- Listview 自己的事件
listView:addEventListener(function(sender, eventType)
    print("ListView event:", eventType)
end)
```

注：ListView 继承于 ScrollView，ScrollView 中介绍的滚动、跳跃等接口也适用于 ListView。

5.1.9 分页视图控件

分页视图控件的内容是视窗区域的 1～n 倍，一个视窗的内容叫一页。创建分页视图后，默认显示第一页，用户可以左右滑动切换显示其他页。当用户松开触摸后，控件自动判断当前应该显示哪一页，然后自动滚动该页使它居中显示在视窗中。分页视图非常适合用于做游戏的帮助引导界面，玩家可以左右滑动切换逐页地查看帮助引导。

ccui.PageView 对应 Cocos Studio 中的 PageView 控件，显示效果如图 5-8 所示。

图 5-8 ccui.PageView 显示效果

1. 创建分页视图

通过 ccui.PageView：create()新建一个分页视图控制，此函数没有参数。

2. Page

PageView 容纳的是页，而不是子节点，不能通过 addChild 函数来添加。子项必须是 ccui.Layout 的实例，而不是普通的 cc.Node。与子项相关的函数列举如下：

```
pageView:addWidgetToPage(widget, idx, forceCreate)    -- 自动创建页到指定位置,并添加
                                                         widget 到页上
pageView:addPage(page)                                -- 添加页到末尾
pageView:insertPage(page, idx)                        -- 添加页到指定位置
pageView:removePage(page)                             -- 删除页
pageView:removePageAtIndex(idx)                       -- 删除指定位置的页
pageView:removeAllPages()                             -- 删除所有页
```

```
local pages = pageView:getPages()                               -- 获取所有页
local page = pageView:getPage(idx)                              -- 获取指定位置的页
```

3. 跳跃

PageView 默认显示第一页，通过下面接口改变初始显示位置：

```
pageView:scrollToPage(idx)
```

4. 页号

页号从 0 开始。当用户触摸滑动切换显示的页后，需要用到下面的接口查询当前的页号：

```
local idx = pageView:getCurPageIndex()
```

5. 翻页阈值

用户左右推动当前页面进行翻页操作，默认是滑动一半页宽之后松手就会进行页面切换。可以调整这个值，改进用户体验。

```
pageView:setCustomScrollThreshold(threshold)
```

6. 事件监听

分页容器的事件监听依然是 addEventListener 函数。eventType 只有一个值：ccui.PageViewEventType.turning。

```
listView:addEventListener(function(sender, eventType)
end))
```

含事件监听的完整示例代码如下：

```
local WIDTH = 300
local pageView = ccui.PageView:create()
pageView:setContentSize(cc.size(WIDTH, WIDTH))
pageView:center():addTo(self)
pageView:setAnchorPoint(cc.p(0.5, 0.5))
-- 纯色填充,方便查看 content size
pageView:setBackGroundColorType(ccui.LayoutBackGroundColorType.solid)
pageView:setBackGroundColor(cc.c3b(0, 0, 255))

for i = 1, 6 do
    local txt = ccui.Text:create("It's page " .. i, "", 30)
    txt:pos(WIDTH / 2, WIDTH / 2)
    if i <= 3 then
        -- addPage 方式添加 page, 需手动创建 Layout
        local layout = ccui.Layout:create()
        layout:setContentSize(WIDTH, WIDTH)
        txt:addTo(layout)
        pageView:addPage(layout)                          -- 必须继承于 Layout 的控件
```

```
        else
            -- addWidgetToPage 方式添加 page
            pageView:addWidgetToPage(txt, i - 1, true) -- 自动创建 Layout
        end
    end

    -- 跳转到对应 page,下标从 0 开始
    pageView:scrollToPage(4)
    -- 设置滑动翻页的阈值,调整手感.默认是 pageView 宽的一半
    pageView:setCustomScrollThreshold(WIDTH / 3)

    pageView:addEventListener(function(sender, event)
        if event == ccui.PageViewEventType.turning then
            print("current page " .. pageView:getCurPageIndex())
        end
    end)
```

5.1.10 视频播放控件

越来越多的游戏会在开头播放公司 logo,或游戏的片头视频,增加公司的知名度和游戏体验。为了迎合这类需求,引擎通过封装移动平台提供的播放器开发接口,实现了游戏中的基本视频播放功能。这种实现方案以最小开发代价快速解决了视频播放需求,但是也有缺点：只支持 Android 和 iOS,Mac 和 Win32 上不能进行播放。

1. 创建

通过 ccexp.VideoPlayer：create()新建一个视频播放器,此函数没有参数。

2. 显示属性

视频播放显示区域通过 setContentSize 来调整,但是视频自身有一定的宽高比和大小,为了缩放填满 ContentSize,需要设置下面两个属性：

```
videoPlayer:setKeepAspectRatioEnabled(true)          -- 保持宽高比
videoPlayer:setFullScreenEnabled(true)               -- 开启全屏
```

3. 播放

首先要告诉播放器视频文件的位置：

```
videoPlayer:setFileName(path)
```

然后调用播放接口：

```
videoPlayer:play()
```

4. 事件监听

视频播放控件的事件监听依然是 addEventListener 函数。

```
videoPlayer:addEventListener(function(sender, eventType)
```

```
end))
```

列表事件 eventType 的类型列举如下：

```
ccui.VideoPlayerEvent = {
    PLAYING =  0,
    PAUSED =  1,
    STOPPED = 2,
    COMPLETED = 3,
}
```

含事件监听的完整示例代码如下：

```
-- 只支持 Android 和 iOS
local player = ccexp.VideoPlayer:create()
    :addTo(self)
    :center()

local function onVideoEventCallback(sener, eventType)
    if eventType == ccexp.VideoPlayerEvent.PLAYING then
        print("PLAYING")
    elseif eventType == ccexp.VideoPlayerEvent.PAUSED then
        print("PAUSED")
    elseif eventType == ccexp.VideoPlayerEvent.STOPPED then
        print("STOPPED")
    elseif eventType == ccexp.VideoPlayerEvent.COMPLETED then
        print("COMPLETED")
    end
end

player:addEventListener(onVideoEventCallback)
player:setKeepAspectRatioEnabled(true)
player:setFullScreenEnabled(true)
player:setContentSize(display.size)
player:setFileName("cocos.mp4")
player:play()
```

5.1.11 网页视图控件

在用户协议这种长篇文本的地方，如果用引擎的 Label，渲染纹理大小可能会超出硬件的限制。应对这种情况有两种解决方案：①分页处理；②使用网页视图控件。

网页视图控件通俗点叫 WebView，它是现代移动浏览器封装出来的接口。通过 WebView 能渲染复杂的图文混排，而且不占用游戏的显存空间。同视频播放控件一样，网页视图控件也只支持移动平台。

1. 创建

通过 ccexp.WebView：create()新建一个网页视图控件，此函数没有参数。

2. 显示属性

网页显示区域通过 setContentSize 来调整，但是页面本身也有一定的渲染大小，为了缩放填满 ContentSize，需要设置：

```
webView:setScalesPageToFit(true)
```

3. 加载网页

网页控件支持从内存加载页面代码：

```
webView:loadHTMLString(str)
```

也支持从 URL 地址加载页面：

```
webView:loadURL(url)
```

4. 事件监听

网页视图控件的事件监听有以下几个接口，分别监听不同的事件反馈：

```
webView:setOnShouldStartLoading(function(sender, url) end)
webView:setOnDidFinishLoading(function(sender, url) end)
webView:setOnDidFailLoading(function(sender, url) end)
webView:setOnJSCallback(function(sender, url) end)
```

完整示例代码如下：

```
local webView = ccexp.WebView:create()
webView:setContentSize(display.size) -- 必须设置
webView:addTo(self):center()
webView:setScalesPageToFit(true)
-- webView:loadURL("https://www.baidu.com")
webView:loadHTMLString([==[
<!DOCTYPE html>
<html>
<head>
<meta charset="utf-8"><title>test</title></head>
<body>
Hello World.
</body>
</html>
]==], "")

webView:setOnShouldStartLoading(function(sender, url)
    print("onWebViewShouldStartLoading: ", url)
    return true
end)

webView:setOnDidFinishLoading(function(sender, url)
    print("onWebViewDidFinishLoading: ", url)
```

```
end)

webView:setOnDidFailLoading(function(sender, url)
    print("onWebViewDidFailLoading: ", url)
end)
webView:reload() -- 刷新页面
```

5.2 Cocos Studio 编辑器

Cocos Studio 是由触控科技公司引擎团队研发的一款基于 Cocos2d-x 的免费游戏开发工具集，包含 UI 编辑器、动画编辑器、场景编辑器和数据编辑器。Cocos Studio 的推出是为了统一 Cocos2d-x 的各种开发工具，然而这个目标太大，并未能完全实现项目就停止了，最后一个 Cocos Studio 版本为 3.10。在 Cocos2d-x 整个开发工具链中，紧缺的部分是 UI 编辑器，这也是 Cocos Studio 如此重要的原因。即便 Cocos Studio 停止了开发，它仍然是开发 Cocos2d-x 游戏进行 UI 编辑的必选方案之一。

5.2.1 UI 编辑基础

1. 新建项目

打开 Cocos Studio，选择 File→New Project 命令，弹出如图 5-9 所示对话框。

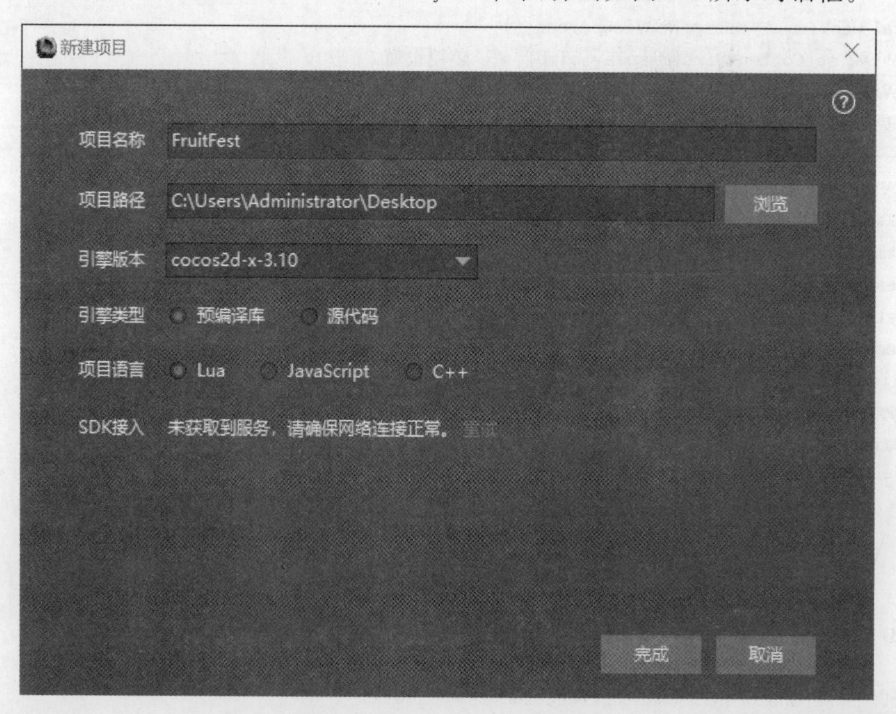

图 5-9 Cocos Studio 新建项目

在弹出的“新建项目”对话框进行如下设置：

(1) 在“项目名称”栏填入工程名称，此名称即为项目文件夹名称，建议使用英文字母与下画线的组合，不建议使用中文。

(2) 单击“项目路径”栏最右边的“浏览”按钮，选择项目创建的路径。

(3) “引擎版本”使用默认的 cocos2d-x-3.10。

(4) “引擎类型”选择“预编译库”。

(5) “项目语言”选择 Lua。

最后单击“完成”按钮，编辑器将应用设置的参数完成项目的创建。

注：Cocos Studio 3.10 是一个整合包，这里并不使用它集成的引擎，而只用它的 UI 编辑功能。所以设置的(3)～(5)项对在 Quick 社区版中的使用并没有影响。

打开自动创建的项目文件夹，可以看到如图 5-10 所示的文件目录结构。

名称	修改日期	类型	大小
.settings	2019/2/28 20:51	文件夹	
cocosstudio	2019/2/28 20:51	文件夹	
frameworks（可删除）	2019/2/28 20:51	文件夹	
res（可删除）	2019/2/28 20:51	文件夹	
src（可删除）	2019/2/28 20:51	文件夹	
.cocos-project.json	2019/2/28 20:51	JSON File	
.project	2019/2/28 20:51	PROJECT 文件	
config.json	2019/2/28 20:51	JSON File	
FruitFest.ccs	2019/2/28 20:52	Cocos Studio Project	
FruitFest.cfg	2019/2/28 20:52	CFG 文件	
FruitFest.udf	2019/2/28 20:52	UDF 文件	

图 5-10　Cocos Studio 项目目录

其中的 frameworks、res、src 三个文件夹是 3.10 引擎创建的游戏工程，可以删除。剩下的文件是 Cocos Studio 项目文件。

2. 编辑器界面

新建的工程有一个默认的 MainScene 场景文件，并已打开，如图 5-11 所示。

Cocos Studio 主界面组成：

(1) 菜单栏提供功能入口，包含文件、编辑、视图、项目、窗口、语言、帮助 7 个功能菜单块。

(2) 工具栏包含新建文件、分辨率切换、预览、发布/打包、平台运行切换、对齐排列工具、移动画布控制、鼠标左键功能切换 8 个部分。

(3) 对象面板默认分为基础对象、控件、容器、自定义控件 4 部分，拖曳一个对象到布局面板即可完成对象的添加。

(4) 资源面板展示界面布局用到的资源，可进行导入、复制和删除等操作。

(5) 布局面板中可以进行控件的位移、旋转、缩放等参数调整。按住空格，用鼠标拖动面板可以对画布进行移动调整。

(6) 属性面板展示了选中控件的所有可编辑属性，方便对属性进行精确的数值调整。

图 5-11 Cocos Studio 主界面

（7）动画面板分为节点树、时间轴、缓动界面、动画控制工具、动画编辑工具、动画列表几个部分。可调整节点层级关系，新建、编辑节点动画。

3. 新建文件

一个游戏项目通常由很多场景、层、节点组成，在 Cocos Studio 项目中可以新建场景文件、图层文件、节点文件等，来对应游戏开发所需要的界面布局。在资源面板中单击鼠标右键，从弹出的快捷菜单中选择“新建文件”命令，弹出如图 5-12 所示的对话框。

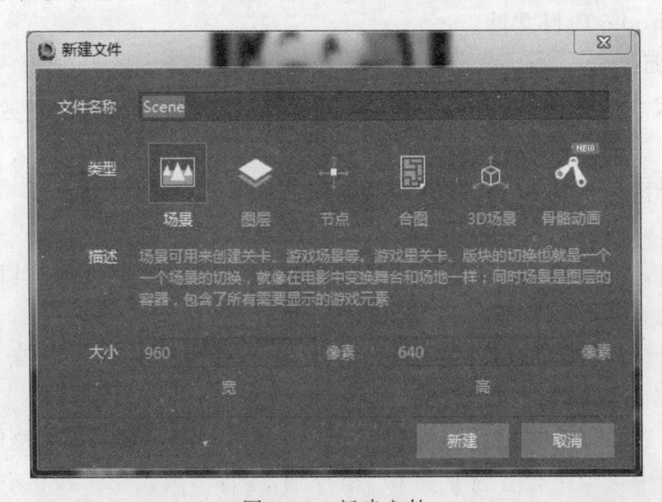

图 5-12 新建文件

Cocos Studio 的 3D 场景文件和骨骼动画文件不推荐使用，3D 编辑不成熟，而骨骼动画有更专业的 Spine 和龙骨。场景文件也不推荐使用，在 Cocos2d-x 中，场景是根容器，它不能作为子节点添加到其他节点中。当有调整显示层级关系或界面复用的时候，场景文件非常不适合。本书推荐使用图层文件和节点文件来做 UI 布局，合图文件是自动生成 plist 合图的，根据项目需求选择使用。

4. 资源导入

除了 Cocos Studio 自己新建的 csd 文件，资源面板还管理界面布局需要用到的图片和字体等资源。可以通过资源面板右键菜单选择“导入资源”，如图 5-13 所示，在弹出的文件浏览器界面中选择需要导入的资源，单击确定后开始导入。也可以拖曳需要导入的资源到资源面板，然后松开鼠标就可以完成资源的导入。

图 5-13 导入资源

导入过程会有一个锁屏的进度界面，资源会从源路径自动复制到 Cocos Studio 工程的资源文件夹。不建议手动复制资源到 Cocos Studio 工程的资源文件夹，否则 Cocos Studio 工程是不识别的。

5. 添加对象

双击资源面板中的文件，布局面板会加载并展示文件的布局，同时动画面板也会加载对应的节点树。添加对象有三种方法：

(1) 从对象面板拖曳对象到布局面板。

(2) 在布局面板按鼠标右键，从弹出的快捷菜单中选择“添加子控件”命令，如图 5-14 所示。

(3) 在节点树上按鼠标右键，从弹出的快捷菜单中选择“添加子控件”命令，如图 5-14 所示。

6. 发布

单击工具栏上的“发布”按钮，或直接使用快捷键 Ctrl + p。如果发布失败，则会在输出窗口显示出错的原因。若发布成功，则将在 Cocos Studio 项目目录下生成一个 res 文件夹，其中包含了由 csd 生成的 csb 文件和所有用到的资源文件。

发布的文件路径可以修改，选择“项目”→“项目设置”命令，弹出如图 5-15 所示对话框。

发布相关设置说明如下：

(1) 发布内容是针对资源面板中的文件而言的。若选择“全部发布”，则不管图片用没用在界面中，都会被发布；若选择“发布资源与项目文件”，则只发布用到的图片和 csd；选择“仅发布项目文件”，则只发布 csd，不发布图片。

(2) 发布路径，可以选择真实项目代码所在的 res 文件夹，免去手动复制的麻烦。

(3) 数据格式是针对 csd 文件的发布而言的。在 Quick 社区版中推荐使用 csb 二进制格式，加载速度快。JSON 加载比较慢，而 Lua 导出未经过测试，不保证能正确加载。

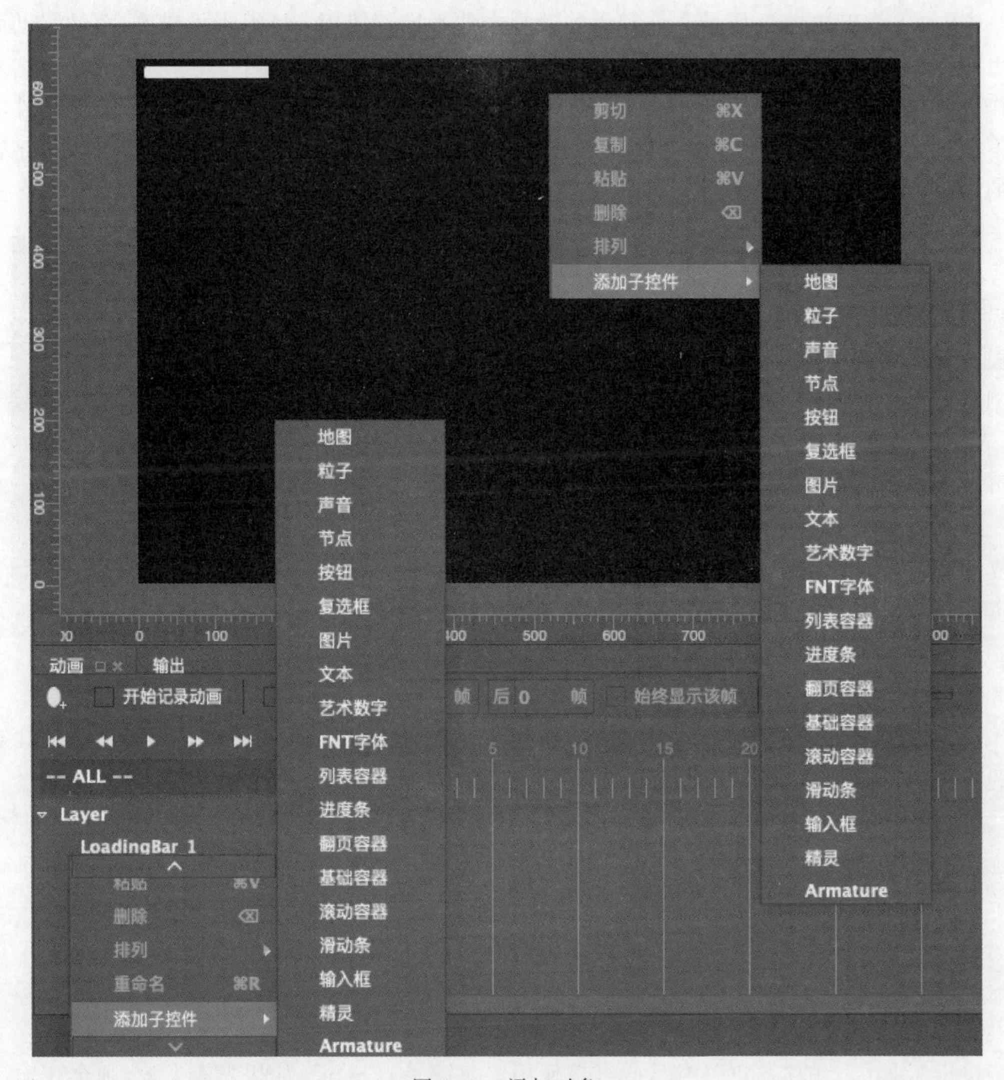

图 5-14　添加对象

注：Cocos Studio 发布的 res 文件夹中的文件结构是不能随意调整的，否则运行时加载会找不到对应的资源。

5.2.2　分辨率适配

Cocos Studio 的分辨率适配需要使用图层文件。图层文件在新建的时候需要输入大小，默认为 960×640，这个值需要和游戏代码中设置的设计分辨率一致。图层大小也可以之后再调整，在节点树中选中根节点，然后在右侧的属性面板中调整图层大小，如图 5-16 所示。

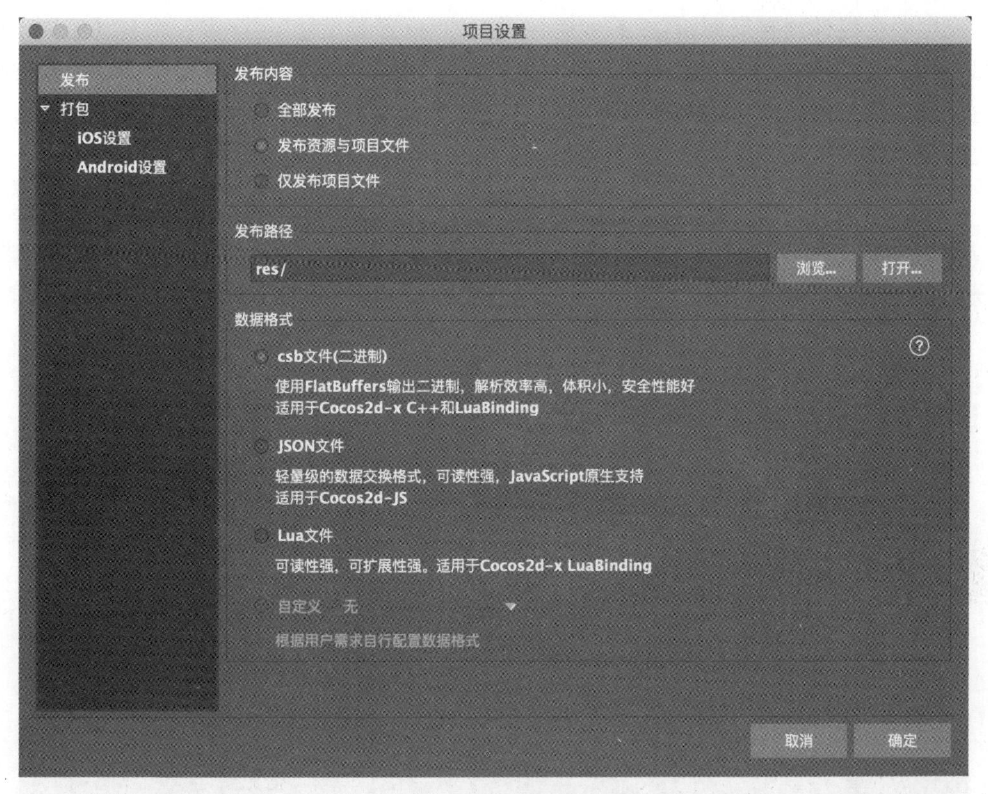

图 5-15 项目设置

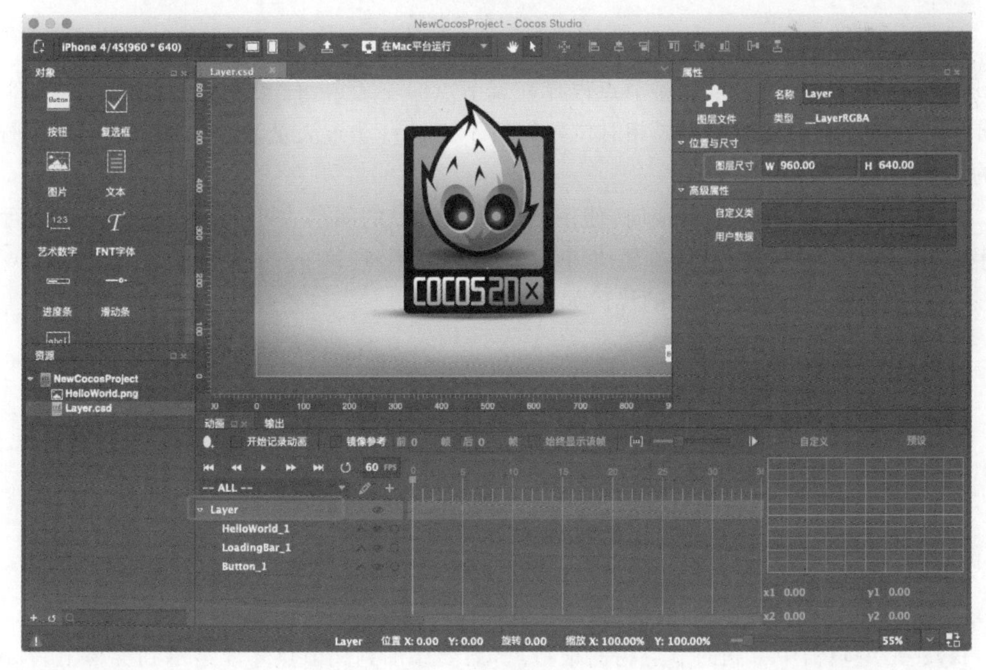

图 5-16 图层大小

拖曳一个控件到布局面板，在右侧属性面板的“位置与尺寸”栏会多一个自动布局设置，如图 5-17 所示。单击浅色图钉，使之变为深色后，对应图钉的数值调整框便可以设置，这时当前节点与父节点的对应边的距离被固定。当父节点的大小修改时，当前节点与父节点对应边的距离会保持不变。

图 5-17 自动布局

通过自动布局设置可以让子节点停靠在父节点的左上角、右上角或左下角等地方，实现当屏幕变化的时候，UI 按钮布局相对位置保持不变。自动布局是当今移动 UI 开发普遍使用的屏幕适配技术。

在引擎加载自动布局的界面时，使用图层文件设置的图层大小进行布局。但是运行时的手机分辨率并不一定匹配图层大小。需要使用代码修正一下图层大小，然后调用 doLayout 刷新布局。刷新布局的代码如下：

```
layer:setContentSize(display.size)
ccui.Helper:doLayout(layer)
```

5.2.3 加载 csb 文件

加载 Cocos Studio 发布的 csb 文件非常简单，代码如下：

```
local layer = cc.CSLoader:getInstance():createNodeWithFlatBuffersFile("Layer.csb")
```

layer 是编辑器中看到的节点树的根节点，需要添加到父节点才能显示到屏幕上。layer

中的子控件,可以通过 ccui. Helper 提供的函数进行查找。列举如下：

```
ccui.Helper:seekWidgetByTag(widget, nodeName)              -- 通过标签查找控件
ccui.Helper:seekWidgetByName(widget, nodeName)             -- 通过名称查找控件
ccui.Helper:seekActionWidgetByActionTag(widget, nodeName)  -- 通过动作标签查找控件
```

控件的名称和标签在 Cocos Studio 编辑器中可以查看并修改,如图 5-18 所示。通过标签或名称查找子控件,务必确保标签和名称在节点树中的唯一性。

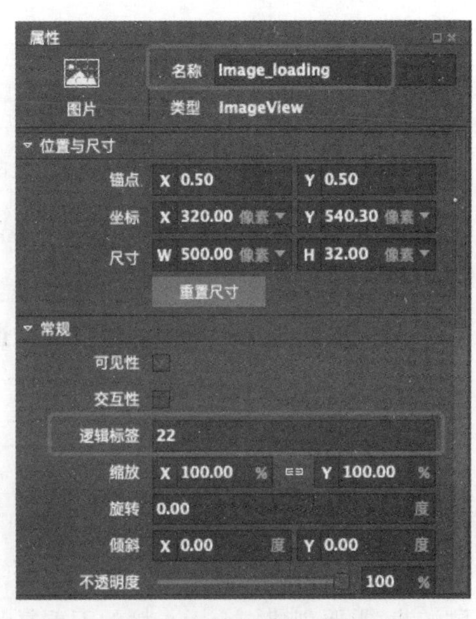

图 5-18　控件标签、名称

ccui. Helper 提供的三个查找函数有以下缺点：

(1) 只能查找控件(widget),不能查找普通节点(node)。

(2) 逐级查找父节点的过程中,遇到普通节点会中断查找。

(3) 不能通过节点树路径来查找。

结合引擎内部的查找原理,本书提供一个纯 Lua 封装的 findNode 查找接口,它融合了递归查询和路径查询两种方案,可以查找任意节点。findNode 的实现代码如下：

```lua
local function findNode(node, param)
    if nil == node then return end

    if type(param) == "string" then
        -- 通过名称查找
        if node:getName() == param then
            return node
        end

        for _, child in ipairs(node:getChildren()) do
            local n = findNode(child, param)
            if n then
                return n
            end
        end
    else
        -- 通过路径表查找
        if param[1] == node:getName() then
            table.remove(param, 1)
        end
        for _, name in ipairs(param) do
            node = node:getChildByName(name)
            if nil == node then
```

```
                print("Error node not found:", name)
                return
            end
        end
        return node
    end
end
```

用法示例如下：

```
-- 遍历所有子节点进行查找
local loadingBar = findNode(node, "LoadingBar_1")
-- 节点树路径查找
local button = findNode(node, {"Layer", "Button_1"})
```

Cocos Studio 布局文件 csb 中查找到的控件符合 ccui 控件的用法，参考 5.1 节。任何节点的类型，可以通过下面的函数进行查询：

```
print(tolua.type(node))
```

5.3 瓦片地图

在很多游戏中，除了主角精灵之外，游戏的背景地图也是重头戏。一个典型的例子是跑酷游戏，需要创建一个无止境的不重复背景世界。这时如果使用整图来完成，那对游戏体积来说将是一个灾难。仔细分析，地图上都是一些重复的元素，只是摆放的位置不一样，从而构成了不同的场景，因此将几个场景无缝拼接循环起来，就形成了跑酷游戏的背景世界。

瓦片地图就是为了解决这类问题而设计的。一张大的世界地图或者背景图可以由几种地形来表示，每种地形对应一张小的图片，这些小的地形图图块称为瓦片。把这些瓦片拼接在一起，就形成一个完整的地图，这就是瓦片地图的原理。

5.3.1 用 Tiled 制作瓦片地图

Cocos2d-Lua 支持由 Tiled Map Editor 工具制作并保存为 TMX 格式的瓦片地图。Tiled Map Editor 是一个开源项目，支持 Windows、Linux 及 Mac OS X。官网下载地址为 http://www.mapeditor.org/download.html。

最新版本的 Tiled 会自动根据系统语言设置工具的语言，本书中的截图以及用法描述将以中文界面为准。

下面以一个跑酷场景地图为例，说明 Tiled 工具的使用。

(1) Tiled 安装完毕，双击运行 Tiled，显示 Tiled 工具的主界面。选择"文件"→"新文件"命令，弹出"新地图"属性设置界面，如图 5-19 所示。

① 地图方向选择"正常"。45°视角多用在 SLG 等游戏中，跑酷游戏使用正常视角。

② 地图大小是由瓦片的块数决定的，而瓦块的大小建议使用 2^n 次方大小，32×32 是比

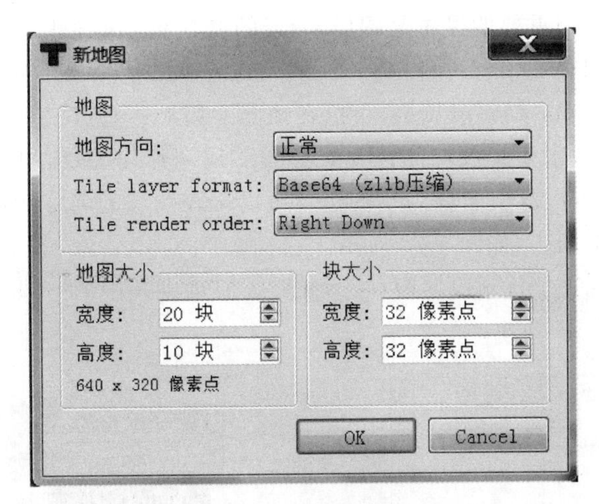

图 5-19 创建新地图

较合理的瓦块大小。假如瓦片大小不遵循这个原则，瓦片地图在缩放过程中会出现缝隙，因此效果将不理想。修改瓦片数量或瓦块大小后，左下角显示最终的地图大小。

(2) 新建地图后，进入地图编辑界面。选择"视图"→"显示网格"命令，开启网格显示以便地图编辑。

(3) 在编辑界面的左边栏中有一个"图块"编辑区域，需要导入美术预先做好的瓦片资源。单击"新图块"按钮，如图 5-20 中圆圈所示。

在弹出的"新图块"设置界面中，单击"浏览"按钮，如图 5-21 中的圆圈所示。选中后，会自动根据文件名称设置图块"名称"。一般地，如果美术拼接的瓦块之间没有缝隙，那么"边距"和"间距"都不需要修改，只需要设置"块宽度"和"块高度"。最后单击 OK 按钮完成新图块的添加。

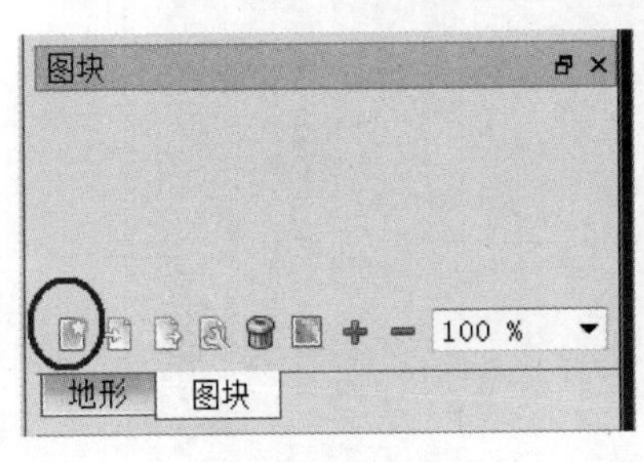

图 5-20 添加图块

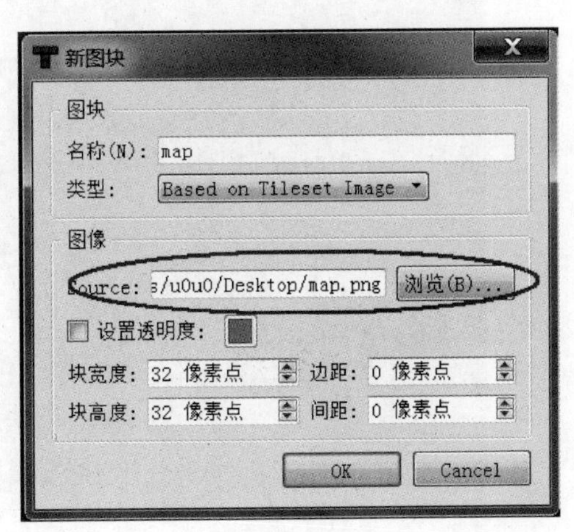

图 5-21 图块文件

(4)左边栏还有一个重要的设置是图层,图层的概念和 Photoshop 中的图层一样。可以新建多个图层叠加。Tiled 中有三种图层类型:Tile layer 是默认的图层,也就是需要的瓦片拼接图层;Object layer 是不可见层,可以在地图上描绘一些点或区域,它们不可见,但是在程序中可以获取并做很多扩展功能;Image layer 用图片作为层,很少使用到。新建的地图默认有一个 Tile layer,双击图层名字的位置可以修改图层的名称。需要把图层的名称修改为英文,以便代码中调用,如图 5-22 所示。

(5) 图块添加后,会在右侧边栏中预览,此时需要选中其中的一块或多块。选中后的图片会高亮显示,如图 5-23 所示。

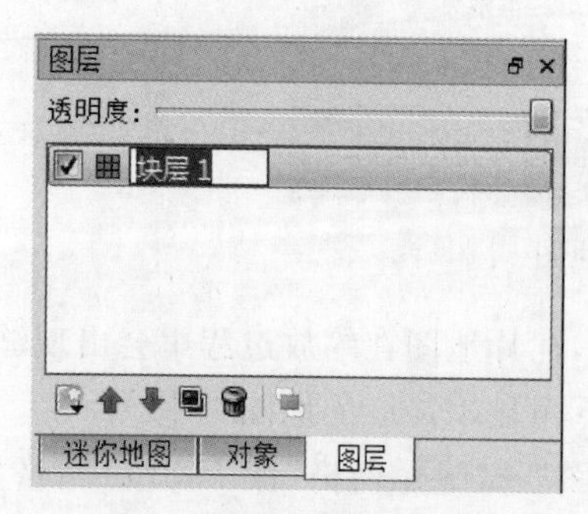

图 5-22　图层

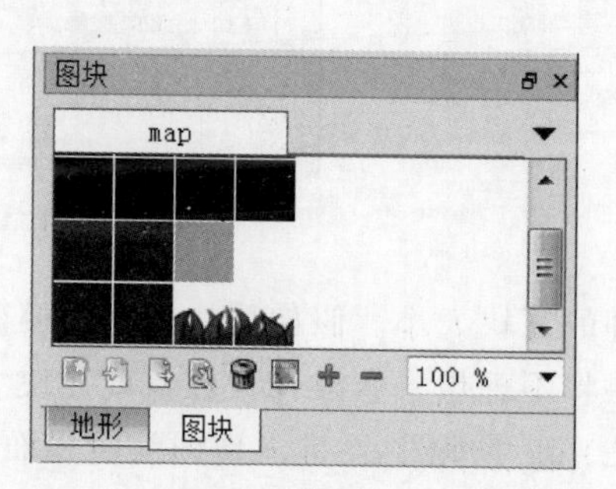

图 5-23　图块区域

(6) 块选中后,移动鼠标到左侧的地图区域,会看到指针变成了被选中的瓦块。单击相应区域放置瓦块在地图上,如图 5-24 所示。

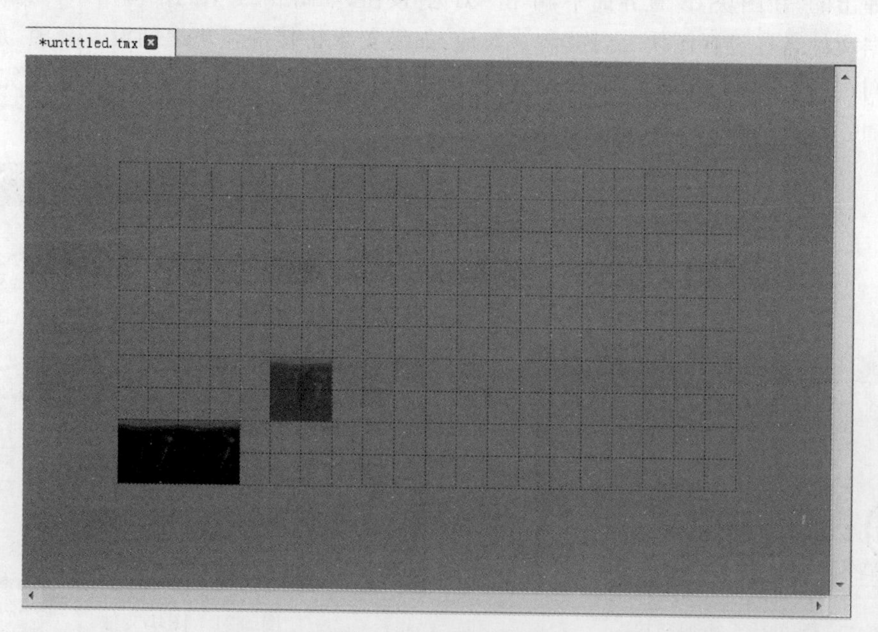

图 5-24　图块使用

(7) 重复步骤 5 和 6,直到完成整个地图。

(8) 选择“文件”→“保存”命令,将得到一个后缀为 tmx 的文件。

通过以上几个步骤,可以做出一张瓦片地图,它包含一张瓦片资源图和一个 tmx 描述文件。

5.3.2 地图视角

上例采用的是正常视角创建地图,也叫直角鸟瞰地图(90°地图)。Cocos2d-Lua 还支持另外两种视角:斜视地图(斜 45°地图)和六边形地图。

(1) 直角鸟瞰地图是最普遍的类型,原点在左上角,x 和 y 的正方向分别是向右和向下,对于一个 3×2 的瓦片地图,它的瓦片坐标如图 5-25 所示。

(2) 斜视地图中的元素一般是设计成菱形形状,它的排列也和直角鸟瞰地图不同,如图 5-26 所示。

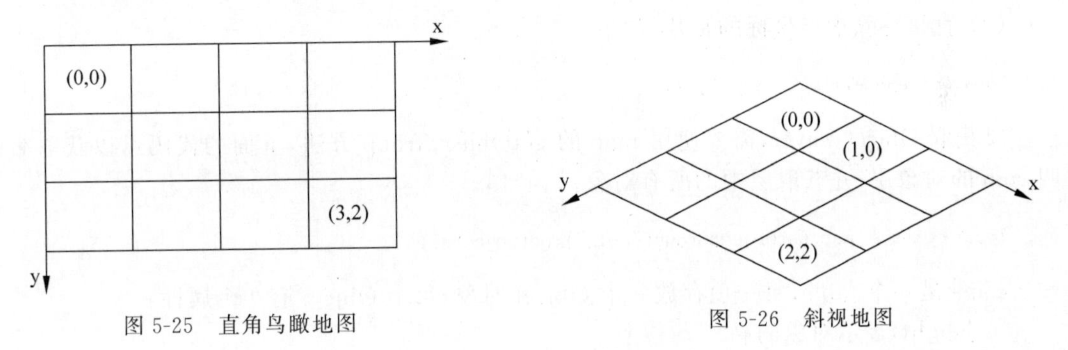

图 5-25 直角鸟瞰地图　　图 5-26 斜视地图

(3) 六边形地图中的元素一般设计成正六边形状,而六边形地图的坐标系如图 5-27 所示。

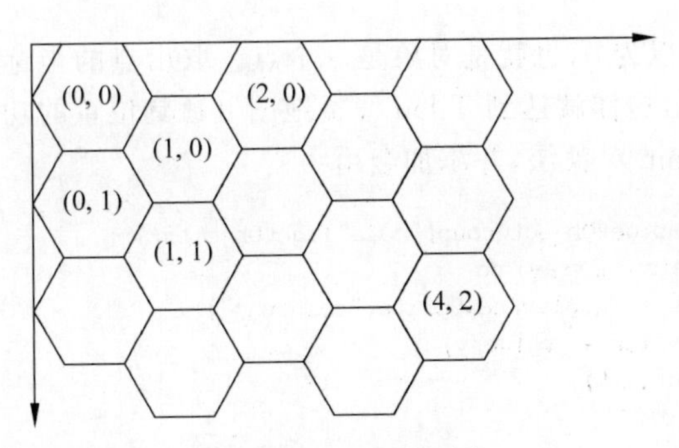

图 5-27 六边形地图

5.3.3 在 Cocos2d-Lua 中使用 TMX

首先,需要把刚才创建的 tmx 文件以及对应的资源图片复制到项目工程的 res 文件夹下。加载地图的代码非常简单,如下:

```
local map = cc.TMXTiledMap:create("map00.tmx")
self:addChild(map) -- 显示地图在屏幕上
```

获取地图中的 Tile 图层：

```
local bgLayer = map:getLayer("background")
```

获取 Tile 图层后，可以使用图层对象的 getTileAt 来获取图层上的某块瓦片。参数为瓦片坐标，瓦片坐标在不同视角上的布局参考上一节的示意图。

```
local tile = bgLayer:getTileAt(cc.p(1,2))
```

也可以从屏幕上移除指定的瓦片，有两种方法。

（1）使用上面的 getTileAt 获取瓦片后，调用如下函数：

```
bgLayer:removeChild(tile,true)
```

（2）直接移除指定坐标的瓦片，如下：

```
bgLayer:removeTileAt(cc.p(1,2))
```

要获取 Object Layer，需要使用 map 的 getObjectGroup 方法，下面的代码可以获取名叫 coin 的对象层，并获取层中的所有对象：

```
local coins = map:getObjectGroup("coin"):getObjects()
```

coins 是一个 table，每一项存放一个 Object 对象，每个 Object 有 4 个属性：

① height，表示对象的高。

② width，表示对象的宽。

③ x，表示 x 坐标。

④ y，表示 y 坐标。

height 和 width 可以为 0，也就是对象是一个点。取出点的坐标，创建一个精灵并设置其坐标为对象点的坐标，这样就达到 Tiled 编辑地图上道具位置的功能。

下面的代码遍历 coin 对象层，并添加金币：

```
local coinArray = map:getObjectGroup("coin"):getObjects()
for _, value in pairs(coinArray) do
    local coinSprite = display.newSprite("coin.png")
    coinSprite:pos(value.x, value.y)
    coinSprite:addTo(self)
end
```

5.4 精灵批处理

在学习精灵批处理之前，先来回顾一个单独精灵的绘制过程。

在 Cocos2d-x 中，精灵的绘画是通过 Node 节点的 visit 方法开始的。visit 中会有些节点 zorder 的判断和递归，然后就是调用 draw 方法绘制自己。通过观察 Sprite 的 draw 方法可以发现，每一次的 draw 调用，就会让 OpenGL 重新绑定纹理，指定各种顶点坐标、纹理坐标和颜色等，最后进行绘画。如果一个层中同时要绘制很多精灵，那么就会产生多次的 OpenGL 调用开销，这些开销积累下来就影响游戏的运行效率。精灵批处理就是为了解决该问题而诞生的。

精灵批处理，指的是把多个精灵的纹理放在同一张图片上，通过设置一次纹理绘制批处理指令给 OpenGL，来达到一次性绘制多个精灵的过程。实现该功能的类叫 SpriteBatchNode，它重写了 Node 的 addChild、visit 以及 draw 等方法。visit 中不会去调用子节点的 visit，draw 中一次性把所有子节点的数据传递给 OpenGL，即一次渲染完成了所有子节点的绘制。显然它的效率要高得多。

在 Cocos2d-x 的发展中，精灵批处理有手动批处理和自动批处理两种模式。

5.4.1　手动批处理

在 Cocos2d-x 2.x 版本中，只有手动批处理可以使用，Cocos2d-x 3.x 对这个模式进行了保留。要使用精灵批处理需要达成特定的条件才能使用。

(1) 可以批处理的精灵必须是同一张纹理图片。

(2) 精灵都必须 addChild 到同一个 SpriteBatchNode 节点。

(3) SpriteBatchNode 只能批处理 Sprite。

第一个条件，需要使用前面章节提到的 TexturePacker 来制作一个精灵表单。假设生成出来的精灵表单为 stars.plist 和 stars.pvr.ccz，star01.png 为其中一张图片。创建 100 个精灵的批处理如下：

```
display.addSpriteFrames("stars.plist", "stars.pvr.ccz")
local batch = display.newBatchNode("stars.pvr.ccz")
batch:addTo(self)
for i = 1, 100 do
    local sprite = display.newSprite("#star01.png")
    batch:addChild(sprite)
end
```

依然需要先把精灵表单加载到内存，然后使用 display.newBatchNode(imageName)生成一个批处理节点，imageName 为整合纹理的文件名。新生成的 Sprite 全部添加到 batch，这样精灵批处理节点就能工作了。

5.4.2　自动批处理

尽管有手动批处理，Cocos2d-x 2.x 时代依然有很多程序员忘记使用批处理从而导致游戏效率不高。因此在 Cocos2d-x 3.0 中实现了自动批处理。简单来讲，它通过一个算法来分类游戏每一帧需要刷新的节点，能批处理的节点归在一类一次性打包发给 OpenGL，从而减少 OpenGL 调用次数，提高游戏运行效率。

Cocos2d-x 3.0 重构了渲染逻辑，抽象了 QuadCommand 队列来管理需要渲染的数据。现在精灵的 draw 不是直接调用 OpenGL 代码，而是把渲染数据加入到 QuadCommand 队列，由 QuadCommand 队列来渲染。QuadCommand 的抽象有两个好处：

（1）渲染和逻辑分离。

（2）QuadCommand 可以做材质判断以进行自动批处理，如图 5-28 所示。

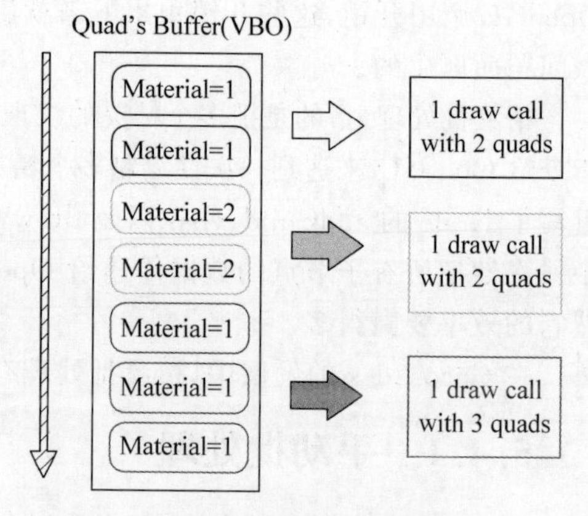

图 5-28　QuadCommand

自动批处理也需要一些条件才能触发：

（1）需确保精灵对象拥有相同的 TextureId（在同一张精灵表单上）。

（2）确保它们都使用相同的材质和混合功能。

（3）不把精灵添加到 SpriteBatchNode 上。

（4）避免打乱 QuadCommand 队列。

下面通过代码来分析几种符合自动批处理的情况。

（1）使用同一图片生成精灵，加到场景中。此种情况最简单，就是重复添加同一个精灵。

```
local layer = cc.LayerColor:create(cc.c4b(255,255,255,255))
local winSize = cc.Director:getInstance():getWinSize()

for i = 0,1000  do
    local sp = cc.Sprite:create("dog.png",cc.rect(0, 0, 105, 95))
    sp:setPosition(math.random() * winSize.width,math.random() * winSize.height)
    layer:addChild(sp)
end
```

（2）使用精灵帧表单，加载生成添加不同的精灵。在实际使用中推荐使用这种方式。

```
local winSize = cc.Director:getInstance():getWinSize()
for i = 0,10000  do
    local sp = cc.Sprite:create("crop.png",cc.rect(0 + i % 4 * frameWidth, 0, frameWidth,
frameHeight)
    sp:setPosition(math.random() * winSize.width,math.random() * winSize.height)
    layer:addChild(sp)
end
```

（3）假设在不同的 ZOrder 下添加不同的精灵，在遍历子节点之前，其实还调用了 sortAllChildren()函数对子节点进行排序，虽然重复添加不同材质生成的精灵，但是它们的 zOrder 不一样，根据 zOrder 的顺序，节点的渲染顺序被重写排序，乱序的材料 ID 会增加批处理的批次。

```
for i = 0,10000  do
    local sp = cc.Sprite:create("crop.png",cc.rect(0 + i % 4 * frameWidth, 0, frameWidth,
frameHeight))
    sp:setPosition(math.random() * winSize.width,math.random() * winSize.height)
    layer:addChild(sp)

    local sp1 = cc.Sprite:create("dog.png",cc.rect(0, 0, 105, 95))
    sp1:setPosition(math.random() * winSize.width,math.random() * winSize.height)
    layer:addChild(sp1)
    sp1:setLocalZOrder(1)
end
```

如果注释掉 sp1：setLocalZOrder(1)，会发现渲染批次会降低。

尽管自动批处理看起来很美好，但它不是最完美的渲染流程。从前面的例子已经看到ZOrder会扰乱批处理的自动化，增加渲染调用次数。同时这个自动算法也会消耗一定的CPU。总的来说，自动批处理比不用批处理快，但没有手动批处理快。如果追求极限完美，那么手动批处理是必须的。

5.5 碰撞检测

在游戏中通常需要判断两个物体的区域是否有叠加，如常见的飞机射击游戏，需要判断子弹是否和飞机发生了碰撞，以进行减血等游戏逻辑运算。判断两个物体是否叠加的算法，叫作碰撞检测。

碰撞检测是基于坐标系的纯数学算法，Cocos2d-Lua引擎的坐标系统为算法提供支撑。由于碰撞检测与物体形状有关，下面将分类对碰撞检测进行解析。

5.5.1 点与点的碰撞

在游戏中其实很少存在一个点状精灵，但通常精灵都有一个中心点。可以取两个精灵的中心点来计算它们之间的距离，如果这个距离小于某个阈值，那么就可以认为精灵之间发生了碰撞。

计算如图5-29所示的两点之间的距离用下面的方法：

```
local distance = cc.pGetDistance(startP, endP)
if disatance < 10 then
    -- 碰撞了
end
```

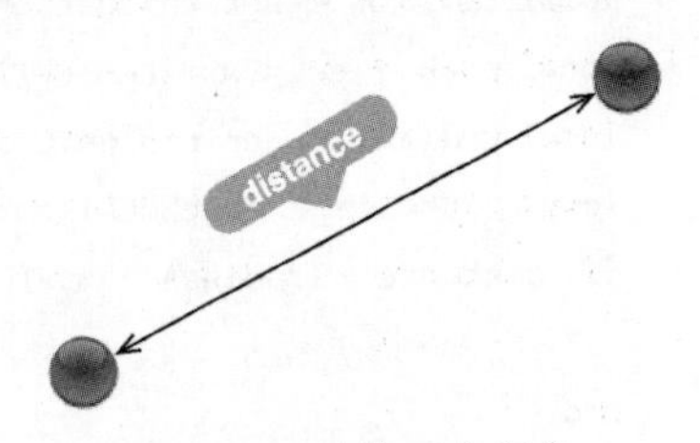

图 5-29 计算两点距离

startP、endP 均为 cc.p 类型。

获取精灵的位置使用 sprite：getPosition()方法，由于getPosition()的返回值不是 cc.p 类型，因此需要转换一下：

```
local startP = cc.p(sprite:getPosition())
```

5.5.2 点与矩形的碰撞

在一些游戏场景中，用户单击屏幕上的精灵，触发游戏事件相关逻辑。如何判断用户单击到了精灵？在 Cocos2d-x 3.x 中可以用精灵绑定触摸事件的方式来完成。但在 Cocos2d-x 2.x 版本中，引擎的触摸事件只能由层接收到，具体触摸到层上的哪个精灵，就需要点与矩形的碰撞检测来完成。图 5-30 显示了点与矩形的碰撞模型。

检测点是否在矩形区域用下面的方法：

```
local isContain = cc.rectContainsPoint(rect, point)
if isContain then
    -- 碰撞了
end
```

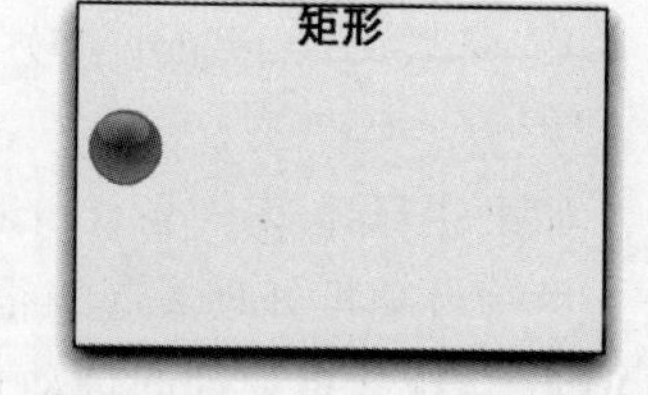

图 5-30 点与矩形碰撞

rect 为 cc.rect 类型，point 为 cc.p 类型。如果点在矩形区域内，函数返回 true。获取一个精灵的矩形区域，使用下面的方法：

```
local rect = sprite:getBoundingBox()
```

cc.rectContainsPoint 在 Cocos2d-x 3.x 中被保留下来，一些不精确的碰撞检测场合，可以用一个精灵的 CenterPoint 与另一个精灵的 BoundingBox 进行碰撞检测。

5.5.3 圆与圆之间的碰撞

两个圆形的精灵之间如何进行碰撞检测呢？如图 5-31 所示。

圆其实是放大了的点，首先计算出圆心之间的距离，然后减去两个圆的半径，如果值小于等于 0，那么两个圆就存在叠加区域，可以认为它们之间发生了碰撞。具体算法如下：

```
local posA = cc.p(spriteA:getPosition())
local radiusA = spriteA:getContentSize().width / 2
local posB = cc.p(spriteB:getPosition())
local radiusB = spriteB:getContentSize().width / 2
local distance = cc.pGetDistance(posA, posB)
if (distance - radiusA - radiusB) <= 0 then
    -- 碰撞了
end
```

图 5-31 圆与圆碰撞

注：精灵的锚点默认为(0.5,0.5)，如果修改过锚点，则需要重新计算 posA 与 posB 的值。

5.5.4　轴对齐矩形之间的碰撞

轴对齐矩形定义为：矩形的上下边与 X 轴平行，矩形的左右边与 Y 轴平行，英文名叫 Axis Aligned Bounding Box，缩写为 AABB。

AABB 之间的叠加可以做如图 5-32 所示的映射。

把矩形向 X 轴与 Y 轴投影，如果 X 轴上的投影重叠并且 Y 轴上的投影重叠，那么两个矩形发生了碰撞。根据投影的图解，有下面的 AABB 碰撞检测算法。

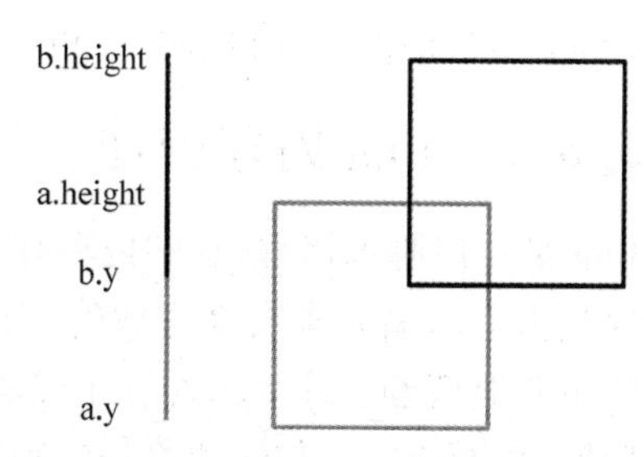

图 5-32　轴对齐矩形碰撞

```
local rectA = spriteA:getBoundingBox()
local rectB = spriteB:getBoundingBox()
if (math.abs(spriteA:getPositionX() - spriteB:
getPositionX()) * 2 <= (rectA.width + rectB.
width)) and
(math.abs(spriteA:getPositionY() - spriteB:getPositionY()) * 2 <= (rectA.height + rectB.
height)) then
-- 碰撞了
end
```

注：算法中假设精灵的锚点为(0.5,0.5)。

5.5.5　非轴对齐矩形之间的碰撞

非轴对齐矩形，简单来说就是轴对齐矩形发生了旋转，那么这样的矩形之间能否使用上面的算法进行碰撞检测呢？如图 5-33 所示。

图 5-33 所示是两个发生了旋转的矩形，它们之间是没有叠加的。如果使用 AABB 的算法，那么就会误判为它们发生碰撞了。为了得到正确的判断结果，需要加入更多的判断条件。

针对非轴对齐矩形的碰撞检测，这里建议使用物理引擎来完成，对于一些复杂的不规则的形状之间的碰撞检测，物理引擎都提供了碰撞检测机制。有关物理引擎的用法参见第 7.2 节。

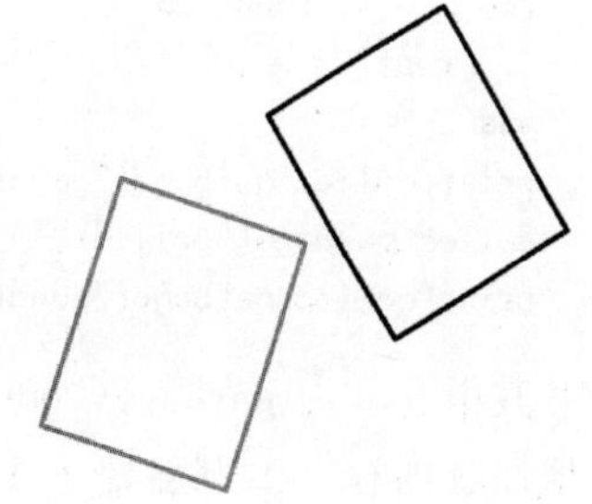

图 5-33　非轴对齐矩形碰撞

5.6　内存管理

Cocos2d-Lua 是基于 Lua 语言的框架，它的内存管理继承了 Lua 语言本身的特点。尽管 Lua 是一门脚本语言，大部分情况下不用刻意去关心内存的分配与释放，但是如果不从一开始便养成良好的编程习惯,那么依然会存在内存泄露的问题。

首先了解一下Lua本身的内存管理和需要注意的地方;然后分析Cocos2d-x C++接口映射到Lua接口中使用的内存管理方式,以及这些接口提供的内存管理方法。最后对Cocos2d-x引擎中的缓冲机制作解析。

5.6.1 Lua内存管理

Lua是一门脚本语言,它的内存是自动回收的。用户只需要新建对象并使用,使用结束的回收是由Lua解析器自动完成的,而Lua解析器回收内存的过程也叫垃圾回收。垃圾回收算法主要有两种:引用计数与标记清除。引用计数在发展过程中,由于循环计数的内存泄露问题,已被淘汰。Lua和流程的脚本语言一样,使用的是标记清除算法。

1. 避免使用全局变量

分析Lua内部的回收算法的具体过程已超出本书范围,并且我们关心的是如何使用并避免内存泄露。标记清除算法可一句话总结为:无法从全局到达的对象将被标记并清除。

基于这个原则,很容易想到Lua编码必须注意的第一准则,即避免使用全局变量,养成添加local修饰符的好习惯。

2. Lua内存监测和回收

若想查看程序当前的内存占用情况,可以使用Lua提供的collectgarbage函数。collectgarbage是Lua内部的垃圾回收模块对外提供的接口,可以监控或改变垃圾回收器的默认行为。

下面是一个collectgarbage使用的例子:

```
print(collectgarbage("count"))
local test = {}
for i = 1, 10000 do
    test[i] = {}
end
print(collectgarbage("count"))
collectgarbage("collect")
print(collectgarbage("count"))
```

其中,collectgarbage("count")打印当前的内存使用情况,collectgarbage("collect")显式地回收内存。上例新建了10 000个空table把它们添加到局部变量test中,分别打印创建前、创建后以及显式调用回收后的内存占用情况。如下:

```
cocos2d: 2145.03125
cocos2d: 3211.5341796875
cocos2d: 2064.40234375
```

我们看到这10 000个对象大概占用了3211～2145KB的内存。主动调用内存回收后,内存恢复到和分配之前差不多的水平,而且还略小于之前的内存量。这是由于内存回收是周期进行的,主动清理内存一并清理掉了一部分前期使用的内存空间。

3. Cocos2d-Lua 内存监控

基于 Lua 提供的 collectgarbage，Quick 框架封装了自己的内存监控。打开项目下的 src/config.lua 文件，修改下面的值为 true。

```
-- dump memory info every 10 seconds
DEBUG_MEM = true
```

这样 Quick 框架每隔 10s 就会在控制台窗口打印出当前的内存占用情况，如下：

```
cocos2d: [INFO] LUA VM MEMORY USED: 2490.22 KB
cocos2d: [INFO] "play_enable" rc = 1 id = 5 452 x 544 @ 32 bpp => 960 KB
"play_background" rc = 1 id = 4 800 x 1280 @ 32 bpp => 4000 KB
"/cc_fps_images" rc = 4 id = 3 999 x 54 @ 16 bpp => 105 KB
"Shine" rc = 1 id = 6 452 x 544 @ 32 bpp => 960 KB
TextureCache dumpDebugInfo: 4 textures, for 6026 KB (5.89 MB)

cocos2d: [INFO] ----------------------------------------------------
```

我们看到 Lua 虚拟机占用了 2MB 左右的内存，同时打印了纹理缓存占用内存的情况。纹理缓存是由底层的 C++代码来维护的，它的内存独立于 Lua 虚拟机的内存分配。

5.6.2 Cocos2d-Lua 内存管理

Cocos2d-x 的核心框架是由 C++实现的，然后通过一个叫 LuaBinding 的胶水代码层，把 C++ API 转换为 Lua API。

以新建场景为例，Lua 接口 local luaScene = cc.Scene:create()内部其实调用了 C++的 auto cppScene = cocos2d::Scene::create()，然后胶水代码把 cppScene 绑定在 luaScene 上。假如 Lua 解析器要释放 luaScene 变量，那么 cppScene 是不是也需要释放呢？为了解释这个问题，需要先来了解一下 Cocos2d-x C++的内存管理机制。

注：由于 Quick 是基于 Cocos2d-Lua 的封装，它的内存管理和 Cocos2d-Lua 一致。

1. Cocos2d-x C++ 内存管理

Cocos2d-x 是由 Cocos2d-iPhone 发展来的。或许是为了接口和 Cocos2d-iPhone 保持一致，或许是为了方便 Cocos2d-x 最初的原型实现，不管什么原因，Cocos2d-x 用 C++模仿了一套类似 Objective-C 的内存管理。

先来看一下在 C++中，一个精灵添加到场景的代码：

```
auto cppScene = cocos2d::Scene::create();
auto sprite = cocos2d::Sprite::create("sprite.png");
cppScene::addChild(sprite);
```

可以看到，精灵的创建都是通过封装的 create 方法来实现的。精灵在被 addChild 到场景后，会显示到屏幕上，而局部变量 sprite 在这之后没有对它作任何的释放操作，因此精灵一直显示在屏幕上，表明它并未被释放。如果要把一个精灵从屏幕上移除，需要调用

sprite::removeFromParent()这个接口，这时精灵从屏幕上移除，并释放相应的内存。在这一系列的过程中，Cocos2d-x 内部对 sprite 的生命周期做了管理。

Cocos2d-x 对 sprite 的生命周期管理，并不符合一般理解的 C++变量生命周期管理。把这套管理叫作基于引用计数的自动回收机制，这里就涉及两个概念。

(1) 引用计数(Reference Count)引擎中抽象了一个基类 Ref，需要引用计数管理的类都会 public Ref 继承这个类。Ref 的实例包含一个计数器，当新建一个 Ref 实例的时候，计数器初始化为 1。同时 Ref 提供了修改计数器的接口：

① Ref::retain()，计数器加 1。

② Ref::release()，计数器减 1。假如减 1 后计数为 0，那么触发 delete this，销毁自己。

③ Ref::autorelease()，把实例添加到 AutoreleasePool，并在游戏的下一帧对实例的计数做减 1 操作。

④ Ref::getReferenceCount()，返回实例当前的计数值。

(2) 自动回收池(AutoreleasePool)引擎默认有一个自动回收池，所有通过 create 方法生成的对象，会自动添加到这个默认的自动回收池。参考 Node 的 create 方法：

```
Node * Node::create()
{
    Node * ret = new Node();
if (ret && ret -> init())
    {
        ret -> autorelease();
    }
else
    {
        CC_SAFE_DELETE(ret);
    }
return ret;
}
```

被加入到自动回收池的对象，计数器会在游戏的下一帧自动调用 Ref::release()。这是什么意思呢？假如注释掉上面 sprite 创建示例中的 cppScene::addChild(sprite)，那么 sprite 对象就会在游戏的下一帧自动释放掉。换句话说，addChild()内部其实是调用了对象的 retain()接口来保证对象不被自动回收掉。当 Scene 被释放的时候，Scene 自动遍历所有孩子并调用 release()接口来释放内存。

总结：Cocos2d-x 引擎中的对象创建后，使用 retain()和 release()来管理对象的生命周期，取代了 new 和 delete 的显式调用。结合 AutoreleasePool 的使用，达到了对象生命周期自动管理的目的。

2. Cocos2d-Lua 内存管理

回到本章最开始的问题：luaScene 变量释放后，cppScene 变量何去何从？由第 4 章的 Lua 内存管理知道，luaScene 这个局部变量会被 Lua 解析器自动回收，然而事实上并不是这样。

真实的情况是 AutoreleasePool 先把 cppScene 释放，cppScene 的虚构函数再告诉 Lua 解析器把 luaScene 内部的 cobj 释放了。

这一切都是由 LuaBinding 层配合引擎 Ref 类中的 hacker 代码完成。LuaBinding 的代码细节会涉及 Lua 的 C API，而 C API 是一个 C 代码与 Lua 进行交互的函数集。其中细节不再深究，只需要记住 Cocos2d-x 提供的 Lua 接口生成的对象是由引擎的 C++层负责生命周期的管理。这保证了 Lua 接口和 C++接口用法的一致性。

为了说明 C++对内存的控制，这里有个小测试：

```
sprite = display.newSprite("sprite.png")
self:performWithDelay(function ()
    sprite:addTo(self)
end, 1.0)
```

sprite 是一个全局的 Lua 变量，它不应该会被销毁，但是在调度器延迟一段时间再去访问这个变量的时候，引擎将报如下错误：

```
cocos2d: LUA ERROR: [string "framework/shortcodes.lua"]:62: invalid 'cobj' in function 'lua_
cocos2dx_Node_getLocalZOrder'
```

尽管 sprite 这个 Lua 变量还在，但是它底层对应的 C++对象已被销毁。在实际开发中，应该尽量避免这种错误用法。

同 C++中一样，Cocos2d-Lua 中依然存在 cc.Ref 类：

```
cc.Ref:getReferenceCount()
cc.Ref:retain()
cc.Ref:release()
cc.Ref:autorelease()
```

5.6.3 纹理缓存

纹理缓存，是引擎对纹理的缓存。为什么需要缓存纹理？这需要先了解纹理的加载流程。

1. 纹理

在 Cocos2d-x 中显示一张图片，需要首先把它从文件读取到内存，然后针对文件格式进行解码，转换为 GPU 可以识别的格式。这块可以被 GPU 识别的、内存中的图像数据，被称为纹理。

在图像文件转化为纹理的过程中，有两个影响效率的环节。

(1) 从存储器读取到内存的速度。尽管手机存储器的读取速度已经比传统的硬盘快很多，但它们依然无法和 RAM 的速度匹敌。读取数据的 I/O 响应时间，将严重影响游戏的速度，特别是一次性加载多张离散图片的时候。

（2）图片解码速度。图片越大，需要消耗的CPU时间越多。

针对第一条因素，提出了纹理图集的优化方案。

2. 纹理图集

为了节省内存空间，并减少大量琐碎的小文件的读取引发的多次I/O操作，将多个纹理拼成为一个大的纹理图，称为纹理图集。纹理图集只是一个大的纹理图而已，想象有一大张纸，然后把自己的照片都贴在上面，在需要时从纸上把照片剪下来。如果想把所有照片一次性给别人，只需给这一大张纸就行，而不需一张张地递过去。OpenGL ES处理图像也是类似，使用纹理图集或精灵表单（Spritesheet）把所有图像一次性交给OpenGL ES来处理，比把单个图像逐个交给OpenGL ES处理要高效。

3. 缓存

另一个优化方向是把已加载的纹理缓存起来，以后再使用相同的图片做纹理的时候，直接从缓存中获取，而无须再一次进行读取解压操作。纹理缓存是典型的空间换取时间的方案。

纹理缓存管理加载到内存中的纹理资源，每一次加载图片资源，会先从纹理缓存中寻找，如果找到就直接返回，否则把图片加载到纹理缓存中再返回。纹理缓存的好处显而易见，但是场景切换后，纹理资源并不会从内存中销毁，一旦切换了多次场景，并且内容都不一样，那么纹理缓存占有的空间会快速增长。

4. 自动缓存纹理

直接使用display.newSprite(fileName)创建精灵，引擎内部会自动把纹理加载到缓存中。处理这段逻辑的C++代码片段如下：

```
bool Sprite::initWithFile(const std::string& filename)
{
    ASSERT(filename.size()> 0, "Invalid filename for sprite");
    Texture2D * texture = Director:: getInstance ( ) - > getTextureCache ( ) - > addImage
(filename);
}
```

在图片不多的情况下，可以直接创建精灵，而不需要预先加载纹理。用户并不会察觉到这其中的性能损失。

5. 手动缓存纹理

首先，需要获取引擎的纹理缓存实例。方法如下：

```
local textureCache = cc.Director:getInstance():getTextureCache()
```

然后调用textureCache的addImage方法：

```
local texture = textureCache:addImage(fileName)
```

纹理缓存内部使用文件名作为key值来检索纹理，所以可以无副作用地重复调用addImage。区别在于，第一次调用会加载图片并缓存，然后返回纹理对象；之后的调用直接返回纹理对象，即 addImage 含有 get 的功能。

addImage 是同步加载，如果图片很多，可能需要异步加载纹理，这样就可以为场景加载增加一个进度条做提示如下：

```
local function handlerLoadTex()
    print("done")
end
textureCache:addImageAsync(fileName, handlerLoadTex)
```

6. 获取纹理

addImage 和 addImageAsync 均可以获取纹理，但是它们会触发文件查找并加载到缓存，如果只想检索，并不想缓存，可以使用下面的方法：

```
local texture = textureCache:getTextureForKey(fileName)
```

如果找不到纹理，getTextureForKey 会返回 nil。

单独获取纹理的有一个很重要的功能，那就是用纹理给精灵更换皮肤：

```
sprite:setTexture(texture)
```

7. 清理缓存

Cocos2d-x 对缓存的纹理也采用引用计数的管理方式，假如游戏收到系统发出的内存警报，Cocos2d-x 会将当前未使用的纹理图（即引用计数为 1 的纹理图）全部从内存中清除。

removeUnusedTextures 则会释放当前所有引用计数为 1 的纹理，即目前没有被使用的纹理。例如场景切换后，使用此方法可以释放前一场景加载的纹理资源。

```
cc.Director:getInstance():getTextureCache():removeUnusedTextures()
```

当没有其他对象（如 sprite）持有纹理的引用的时候，纹理仍然会存在内存中。可以只用下面的方法，清除指定的引用计数为 1 的纹理。

```
cc.Director:getInstance():getTextureCache():removeTextureForKey(fileName)
```

如果说 removeUnusedTextures 仅清除计数为 1 的纹理，那么 removeAllTextures 清除所有缓存的纹理。那这是不是会触发程序异常，例如精灵正在使用，缓存清理了？事实上，由于引用计数的存在，这个问题被正确地处理了。

可以认为，removeAllTextures 和 removeUnusedTextures 在使用后的区别不会立即显示出来。removeAllTextures 的好处是，在场景切换后，无须再去调用一次 removeUnusedTextures，精灵的释放就能触发纹理的释放。

```
cc.Director:getInstance():getTextureCache():removeAllTextures()
```

5.6.4 精灵帧缓存

前面介绍了纹理缓存，那精灵帧缓存是什么呢？首先需了解清楚精灵帧的概念。

1. 精灵帧

精灵帧是在纹理基础上的进一步封装，它在纹理上定了一个矩形区域，以确定纹理的可视范围。这样同一张纹理可以变化为多个帧，精灵表单的实现就是用纹理上的矩形区域来定义的。精灵帧还有一个重要的用途：帧动画的实现。

精灵表单的加载前面已经在使用了，回顾代码如下：

```
display.addSpriteFrames("fruit.plist", "fruit.png")
```

display.addSpriteFrames 一次性加载了多个帧到帧缓存，这些帧都有共同的纹理图片 fruit.png，仅仅是区域不一样。这时如果要用其中的某一帧来创建精灵，就不能用纹理来创建了，需要使用精灵帧。

首先从精灵帧缓存获取某一帧：

```
local frame = display.newSpriteFrame("fruit01.png")
```

然后再创建精灵：

```
local sprite = display.newSprite(frame)
```

这样写略微复杂，Quick 提供了更简便的方法，在文件名前加"#"，如下：

```
local sprite2 = display.newSprite("#fruit01.png")
```

也就是 display.newSprite()为我们进行了封装，可以支持三种精灵创建方式：

(1) 从图片文件创建。

(2) 从缓存的图像帧创建。

(3) 从 SpriteFrame 对象创建。

同纹理一样，也可以用精灵帧来更换精灵的皮肤：

```
sprite:setSpriteFrame(frame)
```

2. 精灵帧缓存

SpriteFrameCache 与 TextureCache 功能类似，它将 SpriteFrame 缓存起来，在下次使用的时候直接去取。与 TextureCache 不同的是，如果内存池中不存在要查找的图片，它会提示找不到，而不会去本地加载图片。

获取精灵帧缓存实例：

```
local spriteFrameCache = cc.SpriteFrameCache:getInstance()
```

使用 SpriteFrameCache 获取指定的精灵帧，创建精灵对象：

```
local frame = cc.SpriteFrameCache:getSpriteFrame(frameName)
```

从缓存移除指定精灵表单创建的精灵帧：

```
cc.SpriteFrameCache:getInstance():removeSpriteFramesFromFile("boy.plist")
```

同样也有 removeUnusedSpriteFrames 接口，移除不再使用的精灵帧：

```
cc.SpriteFrameCache:getInstance():removeUnusedSpriteFrames()
```

5.7 数据与存储

在游戏中，经常需要存储玩家的数据信息，如玩家角色名称和最高通关分数等。本节首先介绍如何在 Cocos2d-Lua 中使用流行的 JSON 数据格式，然后介绍常用的数据编码接口，以及文件系统相关接口。

5.7.1 JSON 数据

JSON(JavaScript Object Notation)是一种轻量级的数据交换格式。它基于 JavaScript (Standard ECMA-262 3rd Edition - December 1999)的一个子集。JSON 采用完全独立于语言的文本格式，易于人类阅读和编写，同时也易于机器解析和生成。这些特性使 JSON 成为理想的数据交换语言，并被广泛应用于其他开发语言中。

1. JSON 语法

JSON 语法规则如下：

(1) JSON 本身是一个对象，由花括号包裹。

(2) 数据在名称/值对中。

(3) 数据由逗号分隔。

(4) 花括号保存对象。

(5) 方括号保存数组。

名称/值对组合中的名称写在前面(在双引号中)，值对写在后面，中间用冒号隔开。例如：

```
"Name":"John"
```

JSON 值可以有如下几种：

(1) 数字(整数或浮点数)。

(2) 字符串(在双引号中)。

(3) 逻辑值(true 或 false)。

(4) 数组(在方括号中)。

(5) 对象(在花括号中)。

(6) null。

如下代码展示了一个完整的 JSON 数据：

```
{
"people":[
    {"firstName":"Brett","lastName":"McLaughlin","email":"aaaa"},
```

```
    {"firstName":"Jason","lastName":"Hunter","email":"bbbb"},
    {"firstName":"Elliotte","lastName":"Harold","email":"cccc"}
    ]
}
```

2. Cocos2d-Lua 中使用 JSON

Cocos2d-Lua 为封装了 JSON 的编解码类,使用非常简单。

JSON 字符串解码为 Lua table 数据:

```
local tb = json.decode('{"a":1,"b":"ss","c":{"c1":1,"c2":2},"d":[10,11],"1":100}')
dump(tb)
```

Lua table 数据编码为 JSON 字符串:

```
local str = json.encode({a = 1,b = "ss",c = {c1 = 1,c2 = 2},d = {10,11},100})
print(str)
```

5.7.2 crypto 数据编码

crypto 是 Cocos2d-Lua 提供的数据加解密模块,包含 AES256、XXTEA、BASE64 以及 MD5 这几种算法。

1. AES256 对称加密

AES 是高级加密标准(Advanced Encryption Standard)的缩写,是美国联邦政府采用的一种区块加密标准。AES 标准用来替代原先的 DES(Data Encryption Standard)。

注:受限于移动系统支持限制,Cocos2d-Lua 提供的 AES256 仅支持 iOS 和 MAC 系统。跨平台方案尽量选 XXTEA 对称加密。

用法示例:

```
local encryptStr = crypto.encryptAES256("hello world!", "this is a key")
print(crypto.decryptAES256(encryptStr, "this is a key"))
```

输出:

```
cocos2d: $?????????????y
cocos2d: hello world!
```

可以看到加密后的字符串是一串不可阅读的符号。

2. XXTEA 对称加密

XXTEA 用法同 AES256,区别在于它跨平台,是游戏中的首选对称加密方案。用法示例:

```
local encryptStr = crypto.encryptXXTEA("hello world!", "this is a key")
print(crypto.decryptXXTEA(encryptStr, "this is a key"))
```

输出:

```
cocos2d: C?????????????E
cocos2d: hello world!
```

3. BASE64 编解码

BASE64 严格意义上不算是一种加密算法，它不接受 key 作为编码要素。BASE64 编码把传入的数据编码为字符串，这有利于二进制数据的文本化传输。一个典型的例子是电子名片格式标准 vCard，它使用 BASE64 来编码名片的头像信息，从而实现文本化保存。

用法示例：

```lua
local encryptStr = crypto.encodeBase64("hello world!")
print(encryptStr)
local decryptStr = crypto.decodeBase64(encryptStr)
print(decryptStr)
```

输出：

```
cocos2d: aGVsbG8gd29ybGQh
cocos2d: hello world!
```

4. MD5 哈希算法

哈希算法将任意长度的二进制值映射为较短的固定长度的二进制值，这个小的二进制值称为哈希值。哈希值是一段数据唯一且极其紧凑的数值表示形式。如果散列一段明文而且哪怕只更改该段落的一个字母，随后的哈希都将产生不同的值。要找到散列为同一个值的两个不同的输入，在计算上是不可能的，所以数据的哈希值可以检验数据的完整性。

MD5 是使用广泛的哈希算法，引擎提供两个 MD5 接口。

（1）计算指定内存数据的哈希值。

```lua
local encryptStr = crypto.md5("hello world!", false)
print(encryptStr)
```

其中第二个参数表明输出字符串，否则返回二进制的哈希值。输入如下：

```
cocos2d: fc3ff98e8c6a0d3087d515c0473f8677
```

（2）计算指定文件的哈希值。

```lua
crypto.md5file(filePath)
```

这里需要传入完整的文件路径。

5.7.3 UserDefault 数据存储

UserDefault 是 Cocos2d-x 提供的数据存储接口，可以将 UserDefault 看成是一个永久存储的字典。本质它是一个 XML 文件，它将每个键值对以节点的形式存储到外存中。键值对的值的数据类型只支持数字、字符串和布尔等基本数据类型。

获取 UserDefault 实例的接口如下：

```
local userDefault = cc.UserDefault:getInstance()
```

添加或修改数据的接口是根据存储类型来定义接口名称的,它们是:

(1) setStringForKey(key,value)value 为字符串。

(2) setIntegerForKey(key,value)value 为整数。

(3) setFloatForKey(key,value)value 为浮点数。

(4) setDoubleForKey(key,value)value 为双精度浮点数。

(5) setBoolForKey(key,value)value 为布尔类型。

每当调用完 set 接口后,应该调用 flush()接口同步内存数据到文件:

```
userDefault:flush()
```

对应的取值方法的接口名称也同类型有关,如下提示:

(1) getStringForKey(key)

(2) getIntegerForKey(key)

(3) getFloatForKey(key)

(4) getDoubleForKey(key)

(5) getBoolForKey(key)

UserDefault 用法示例:

```
-- 第一次运行程序,获取数据为空
local ret = cc.UserDefault:getInstance():getStringForKey("string")
printf("string is %s", ret)

-- 添加数据
cc.UserDefault:getInstance():setStringForKey("string", "value")

-- 再次获取数据
local ret = cc.UserDefault:getInstance():getStringForKey("string")
printf("string is %s", ret)

-- 保存到文件
cc.UserDefault:getInstance():flush()
```

第一次运行上面的代码,由于 UserDefault 中没有对应数据,第一次 getStringForKey 获取信息将为 nil,打印信息如下:

```
cocos2d: string is
cocos2d: string is value
```

以后再运行结构都将是:

```
cocos2d: string is value
cocos2d: string is value
```

由于每次 set 或 get 操作都会遍历整棵 XML 树，因此 UserDefault 工作效率不高，并且所存储的值的类型也不符合 Lua 语法的数据类型。所以，UserDefault 只适合小规模使用，复杂数据的持久化就会显得很无力。

5.7.4 FileUtils 文件读写

FileUtils 是引擎对应操作系统文件系统相关接口的跨平台封装，通过 FileUtils 可以读写自定义的文件，从而抽象出自己的数据存储模块。

1. 常用接口

FileUtils 中的接口比较多，这里只说明与文件读写相关的接口。获取 FileUtils 实例：

```
local fileUtils = cc.FileUtils:getInstance()
```

由于移动设备的特殊性，程序的可写文件夹是固定的，通过下面的接口获取可写路径：

```
cc.FileUtils:getInstance():getWritablePath()
```

读取文件：

```
loca str = cc.FileUtils:getInstance():getStringFromFile(filePath)
```

FileUtils 也提供了基于 XML 的键值对读写：

```
-- 读取到 table
local tb = cc.FileUtils:getInstance():getValueMapFromFile(filePath)
-- 写入到 XML
cc.FileUtils:getInstance():writeToFile(tb, filePath)
```

值得注意的是，FileUtils 不提供纯粹的字符串回写方式。

2. 示例代码

```
local path = cc.FileUtils:getInstance():getWritablePath()
cc.FileUtils:getInstance():writeToFile({key = "value"},path .. "filename")
local ret = cc.FileUtils:getInstance():getValueMapFromFile(path .. "filename")
print(ret.key)
local str = cc.FileUtils:getInstance():getStringFromFile(path .. "filename")
print(str)
```

首先获取可写路径，再向这个路径中的 filename 文件写入数据，最后分别用两种方式来读取写入的数据。

5.7.5 Lua 文件读写

Lua 语言本身提供有文件读写相关的接口，但在移动平台上，由于沙盒系统的存在，特别是 Android 平台读取 apk 包中的文件时，需要借助 FileUtils 封装的跨平台接口来完成。然而 FileUtils 没有封装读写二进制的接口，这就需要两者结合来构建一个完美的配置文件读写模块。

Lua 中的 io 模块提供类似 C 语言 fopen、fwrite、fread 和 fclose 类型的文件系统接口。用法示例如下：

```
local fp = io.open(filePath, "wb")
local data = fp:read("＊a")
fp:write(data)
fp:close()
```

io.open 的第 2 个参数和 fopen 一致，读取用 r，写入用 w，b 代表二进制模式。read()函数的参数有所区别，"＊a"表示一次性读取整个文件。读取的数据是以二进制 string 存在。

假设项目有一个本地配置文件存储的需求，它要求能存储 table 表数据，并能读取还原为 table 数据类型；加密存储，避免被用户修改。结合本章前面提到的 crypto 加密、FileUtiles 可写路径和 Lua io 接口，本书提供一个封装好的 LocalStorage 供参考。LocalStorage 源码如下：

```
local LocalStorage = {}
local FileUtils = cc.FileUtils:getInstance()

function LocalStorage.profileSave(fileName, data, key)
    if type(data) ~= "table" then
        print("Error, LocalStorage.profileSave ONLY save table data")
        return false
    end

    fileName = FileUtils:getWritablePath() .. filename
    key = tostring(key)
    data = json.encode(data)
    data = crypto.encryptXXTEA(data, key)
    if nil == data then
        print("Error: profileSave Fail for encryptXXTEA")
        return false
    end

    local fp = io.open(fileName, "wb")
    if not fp then
        print("Error: profileSave Fail " .. fileName)
        return false
    end
    fp:write(data)
    fp:close()

    return true
end
```

```
function LocalStorage.profileLoad(fileName, key)
    fileName = FileUtils:getWritablePath() .. filename
    key = tostring(key)

    local fp = io.open(fileName, "rb")
    if not fp then
        print("Error: profileLoad Fail " .. fileName)
        return
    end

    local data = fp:read("*a")
    fp:close()
    if data then
        data = crypto.decryptXXTEA(data, key)
    end

    if data then
        return json.decode(data)
    end
end

return LocalStorage
```

LocalStorage 用法示例如下：

```
local LocalStorage = require("app.utils.LocalStorage")
local config = LocalStorage.profileLoad("game.data", "this is a key") or {}
config.username = "hello" -- add a value to table
LocalStorage.profileSave("game.data", config, "this is a key")
```

5.8 背景音乐与音效

游戏被称为第九种艺术，是各项艺术的集合体。一个完整的游戏，音乐是不可或缺的因素。它能增强游戏的代入感，提升玩家的游戏感受。

在游戏中，通常有如下两种音乐：

(1) 背景音乐。音乐持续时间长，大多情况下在场景中循环播放。

(2) 音效。持续时间短，事件触发后播放，并叠加在背景音乐上。例如：按键音、爆炸声效等。

Cocos2d-x 最早提供的跨平台音乐播放接口是 SimpleAudioEngine 模块。正如其名，它的实现很简单，直接使用各平台提供的高级音频播放接口来实现声音文件的播放。但是缺点也很明显，每个平台对音频格式的支持不一样：iOS 上支持 mp3 和 aac 等格式；而 Android 支持 mp3 和 ogg 等格式；而在 Win32 还不能进行音效的叠加，不能进行音量的设置等。

在 Quick 社区版 3.7 中重写了 audio 模块，去掉了原有的 SimpleAudioEngine。新的 audio 模块采用 OpenAL 作为底层输出，具有以下特点：

(1) 集成 ogg 软解码，使得各平台的音频格式一致。

(2) 核心用 cpp 实现，封装代码用 Lua 实现，完全为 Lua 设计，并且易于扩展。

(3) 所有音频强制预加载后才能播放，预加载不区分音乐和音效，预加载使用异步接口。

(4) 每个音乐和音效都可以独立控制播放、暂停、音量等操作。

audio 模块使用说明如下。

1. 预加载

音频文件的播放，类似于图片的渲染，都需要经过文件读取、解码、内存传输几个过程，这些过程都是比较耗时的，特别是解码，直接同步播放音频必然感受到界面的卡顿。解决办法就是使用预加载技术，播放阶段直接使用内存数据进行播放。

```
local callback = function(fn, success)
    if not success then
        print("Fail to load audio:" .. fn)
        return
    end
end
audio.loadFile(path, callback)
```

2. 背景音乐

背景音乐同一时刻只能播放一个，相关接口如下：

```
audio.playBGM(path, isLoop)                   -- 播放背景音乐，需要预加载
audio.playBGMSync(path, isLoop)               -- 播放背景音乐，自动预加载
audio.stopBGM()                               -- 停止背景音乐
audio.setBGMVolume(vol)                       -- 设置背景音乐音量(0~1)
```

3. 音效

音效通常是一些短暂的音乐，它们可以叠加在背景音乐上，可以一个时刻存在多个音效。同一时刻能播放的最大音效数量受限于各平台限制。播放音效的接口 audio.playEffect 会返回当前音效的播放实例，通过播放实例可以单独控制音效的音量等。音效相关的接口列举如下：

```
local effect = audio.playEffect(path, isLoop)   -- 播放音效，需要预加载，返回实例
audio.playEffectSync(path, isLoop)              -- 播放音效，自动预加载，无返回值
audio.stopEffect()                              -- 停止所有音效
audio.setEffectVolume(vol)                      -- 设置默认音效音量(0~1)
effect:pause()                                  -- 暂停当前音效
effect:resume()                                 -- 恢复当前音效
effect:stop()                                   -- 停止当前音效
```

```
effect:setVolume(vol)                    -- 设置当前音效的音量
local stat = effect:getStat()            -- 获取当前音效的播放状态：1 初始化、2 播
                                            放中、3 暂停中、4 已停止
```

4. 统一控制接口

背景音乐和音效可以一起暂停、播放或停止，接口如下：

```
audio.stopAll()                          -- 停止背景音乐和所有音效
audio.pauseAll()                         -- 暂停背景音乐和所有音效
audio.resumeAll()                        -- 恢复背景音乐和所有音效
```

5.9 粒子系统

5.9.1 什么是粒子系统

粒子系统是指计算机图形学中模拟特定现象的技术，它在模仿自然现象、物理现象及空间扭曲上具备得天独厚的优势，为我们实现一些真实自然而又带有随机性的特效（如爆炸、烟花和水流）提供了方便。

很多特定现象是用其他传统的渲染技术都难以实现的真实的效果，这也是游戏中引入粒子系统的原因之一。

5.9.2 Cocos2d-Lua 中的粒子系统

首先来看一下 Cocos2d-Lua 中粒子系统的基础关系，如图 5-34 所示。

cc.ParticleSystem 是粒子的基类，定义了粒子系统的各种基本属性。在 cc.ParticleSystem 之上派生出了 cc.ParticleSystemQuad，除了具有 cc.ParticleSystem 的所有特性，它还有以下特点：

（1）粒子大小可以是任意浮点数。

（2）系统可缩放。

（3）粒子可旋转。

（4）支持子区域。

（5）支持批量渲染。

基于 cc.ParticleSystemQuad，引擎还派生出了多个特定效果的粒子类，可以方便用户创建这些粒子系统的实例来实现特定的效果。内置粒子列表如下：

（1）cc.ParticleExplosion，爆炸粒子效果。

（2）cc.ParticleFire，火焰粒子效果。

（3）cc.ParticleFireworks，烟花粒子效果。

（4）cc.ParticleFlower，花束粒子效果。

（5）cc.ParticleGalaxy，星系粒子效果。

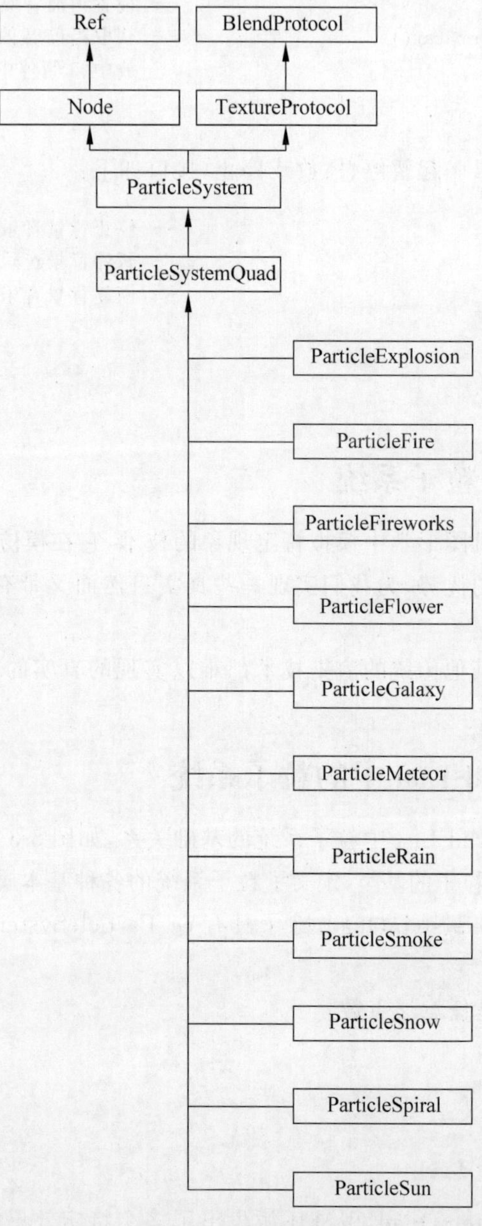

图 5-34 粒子系统

(6) cc. ParticleMeteor，流星粒子效果。

(7) cc. ParticleRain，雨粒子效果。

(8) cc. ParticleSmoke，烟粒子效果。

(9) cc. ParticleSnow，雪粒子效果。

(10) cc. ParticleSpiral，旋涡粒子效果。

(11) cc. ParticleSun,太阳粒子效果。

用户自定义的粒子效果使用 cc. ParticleSystemQuad 来创建粒子。

5.9.3 粒子系统批处理节点

粒子系统批处理节点和精灵批处理节点一样,它将通过一次调用 OpenGL 来绘制它的子节点。ParticleBatchNode 实例可以引用一个且只能引用一个 texture 的对象。只有 ParticleSystem 包含 texture 的时候它才可以被添加到 ParticleBatchNode 中。所有添加到 ParticleBatchNode 中的 ParticleSystem 都会在同一 OpenGL 调用里面被绘制。如果 ParticleSystem 没有被添加到 ParticleBatchNode 中,那么 OpenGL ES 会调用每个粒子系统的绘图函数,这样做效率会很低。

关于 cc. ParticleBatchNode 的使用示例,在本章最后的实例中介绍。

5.9.4 粒子属性

尽管前面讲到 Cocos2d-Lua 中内置的预制粒子,但如果想要得到理想的粒子效果,还是需要自己手动调配。后面会介绍粒子编辑工具,通过图形化的方式来调整粒子属性,在这之前,需要了解各个属性的用途。

一个强大的粒子系统必然具备了各种属性,这样才能配置出多种多样的粒子效果。所以下面将介绍 Cocos2d-Lua 中粒子系统的常用属性。

注:修改属性使用"set+属性名",获取属性使用"get+属性名"。例如,Duration 属性对应的方法为 setDuration()、getDuration()。

1. 基本属性

(1) Duration,表示发射器生存时间。注意这个时间和粒子生存时间不同。单位为秒,-1 表示永远。

(2) EmissionRate,表示每秒喷发的粒子数目。

(3) EmitterMode,表示喷发模式,有重力模式(cc. PARTICLE_MODE_GRAVITY)和半径模式(cc. PARTICLE_MODE_RADIUS 也叫放射模式)两种。

(4) TotalParticles,表示场景中存在的最大粒子数目,与 EmissionRate 配合使用。

(5) setAutoRemoveOnFinish(),表示粒子结束时是否自动删除。获取属性使用 isAutoRemoveOnFinish()。

2. 半径模式特有属性

半径模式可以使粒子以圆圈方式旋转,它也可以创造螺旋效果让粒子急速前进或后退。下列各属性只在半径模式下起作用。

(1) EndRadius,表示结束半径。

(2) EndRadiusVar,表示结束半径变化范围,即结束半径值的范围在(EndRadius - EndRadiusVar)和(EndRadius + EndRadiusVar)之间,下面类似。

(3) RotatePerSecond,表示粒子每秒围绕起始点的旋转角度。

(4) RotatePerSecondVar,表示粒子每秒围绕起始点的旋转角度变化范围。

(5) StartRadius,表示初始半径。

(6) StartRadiusVar,表示初始半径变化范围。

3. 重力模式特有属性

重力模式模拟重力,可让粒子的运动受指定方向的重力影响,优点是动态性强且移动方向有规律。下列各属性只在重力模式下起作用:

(1) Gravity,表示重力。

(2) RadialAccel,表示粒子径向加速度,即平行于重力方向的加速度。

(3) RadialAccelVar,表示粒子径向加速度变化范围。

(4) Speed,表示速度。

(5) SpeedVar,表示速度变化范围。

(6) TangentialAccel,表示粒子切向加速度,即垂直于重力方向的加速度。

(7) TangentialAccelVar,表示粒子切向加速度变化范围。

4. 生命属性

(1) Life,表示粒子生命,即粒子的生存时间。

(2) LifeVar,表示粒子生命变化范围。

5. 大小属性

(1) EndSize,表示粒子结束时的大小,-1 表示和初始大小一致。

(2) EndSizeVar,表示粒子结束大小的变化范围。

(3) StartSize,表示粒子的初始大小。

(4) StartSizeVar,表示粒子初始大小的变化范围。

6. 角度属性

(1) Angle,表示粒子角度。

(2) AngleVar,表示粒子角度变化范围。

7. 颜色属性

(1) EndColor,表示粒子结束颜色。

(2) EndColorVar,表示粒子结束颜色变化范围。

(3) StartColor,表示粒子初始颜色。

(4) StartColorVar,表示粒子初始颜色变化范围。

如果不想编辑出五颜六色的粒子效果,可以把 EndColorVar、StartColorVar 尽量设置为(0,0,0,0)。

8. 位置属性

(1) PositionType,表示粒子位置类型。

① 0 表示自由模式,相对于屏幕自由,不会随粒子节点移动而移动(可产生火焰、蒸汽等效果)。

② 1 表示相对模式,相对于被绑定的 Node 静止,粒子发射器会随 Node 移动而移动,可

用于制作移动角色身上的特效等。

③ 2 表示组模式，相对于发射点的，粒子随发射器移动而移动。

(2) PosVar，表示发射器位置的变化范围，包括横向和纵向。

(3) SourcePosition，表示发射器原始坐标位置。

9. 自旋属性

(1) EndSpin，表示粒子结束自旋角度。

(2) EndSpinVar，表示粒子结束自旋角度变化范围。

(3) StartSpin，表示粒子开始自旋角度。

(4) StartSpinVar，表示粒子开始自旋角度变化范围。

10. 纹理渲染属性

(1) Texture，表示粒子贴图纹理

(2) setBlendAdditive()，表示是否启用 ADDITIVE 混合模式，获取使用 isBlendAdditive()。

5.9.5 粒子编辑器

借助粒子编辑器可以提高开发效率。有许多支持 Cocos2d-Lua 的粒子编辑器，其中比较有名的是 Particle Designer，不过它只支持在 Mac 系统下使用。还有一种使用较多的粒子编辑器是 Particle Editor，它的功能同样强大，而且还支持在 Windows 系统下使用。两种编辑器的用法大同小异，都是采用如下的步骤进行粒子特效的编辑的。

首先找到粒子库中和需要的效果相近的粒子效果，然后编辑相关的属性，直到达到需要的效果，最后存储成 plist 文件。

1. Particle Designer for Mac

Particle Designer 是为 Cocos2D 系列引擎和 iOS 系统的 OpenGL 程序设计粒子系统开发的工具。Particle Designer 编辑器界面是很漂亮的，而且它提供了很多粒子效果范例，在范例的基础上修改可以节省粒子调试时间。

注：下述使用步骤与截图基于 Particle Designer 1、Particle Designer 2 的界面有较大变化。

Particle Designer 的整个界面分为两部分，一部分是粒子系统在 iPhone 模拟器上的运行效果，另一部分展示了现有粒子效果例子的列表，如图 5-35 所示。

不过，当双击现有的粒子效果项时，这部分会变为粒子属性的编辑模式，如图 5-36 所示。

粒子属性界面中的各项参数调整和 Cocos2d-x 中的粒子系统的封装的属性一一对应。推荐使用步骤如下：

(1) 选择某个范例，双击进入粒子属性编辑界面。

(2) 单击 Save As 按钮。然后进行如下操作：

① 填入文件名。

② File Format 选择 cocos2d(plish)。

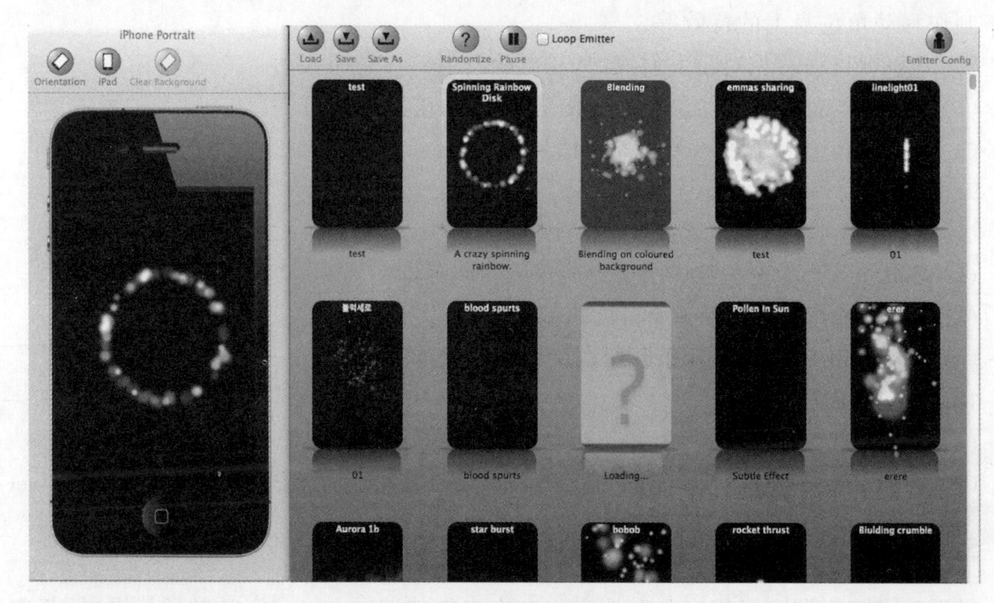

图 5-35 粒子编辑器

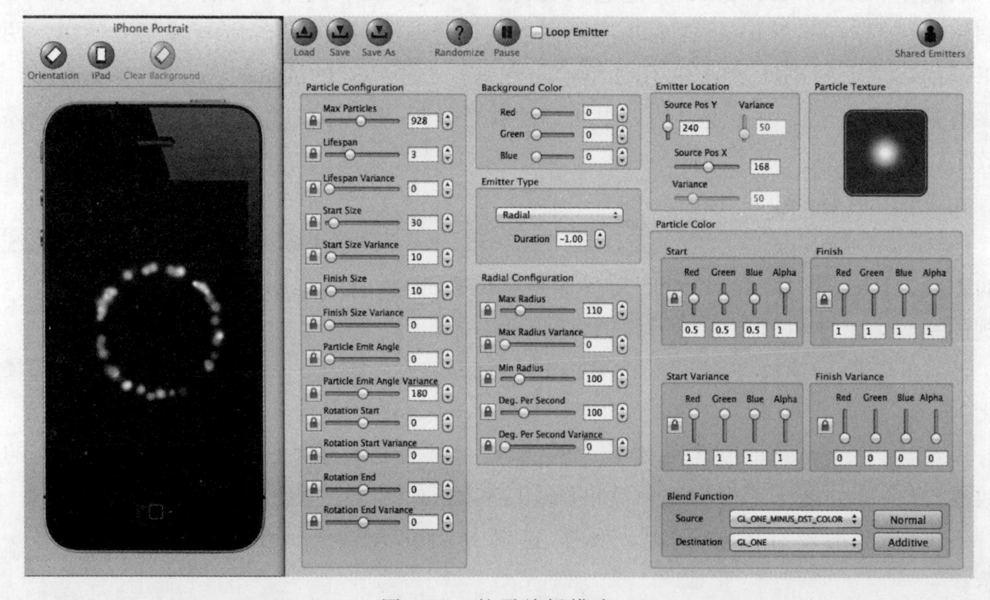

图 5-36 粒子编辑模式

③ 取消选中 Embed texture 复选框。

④ Texture File Name 填入 stars。

如图 5-37 所示。

(3) 替换导出的 stars. png 为其图片。

(4) 单击 Load 按钮加载导出的 stars. plist，继续调整参数直到满足需求，单击 Save 按

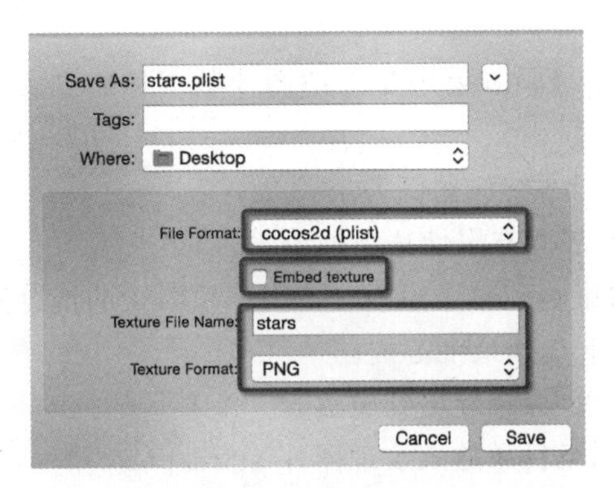

图 5-37 导出设置

钮保存修改。

2. Particle Editor for Windows

Particle Editor 是 Windows 下的粒子编辑器。下载地址为 https://code.google.com/p/cocos2d-windows-particle-editor/。无须安装,解压后即可使用。运行后编辑界面如图 5-38 所示。

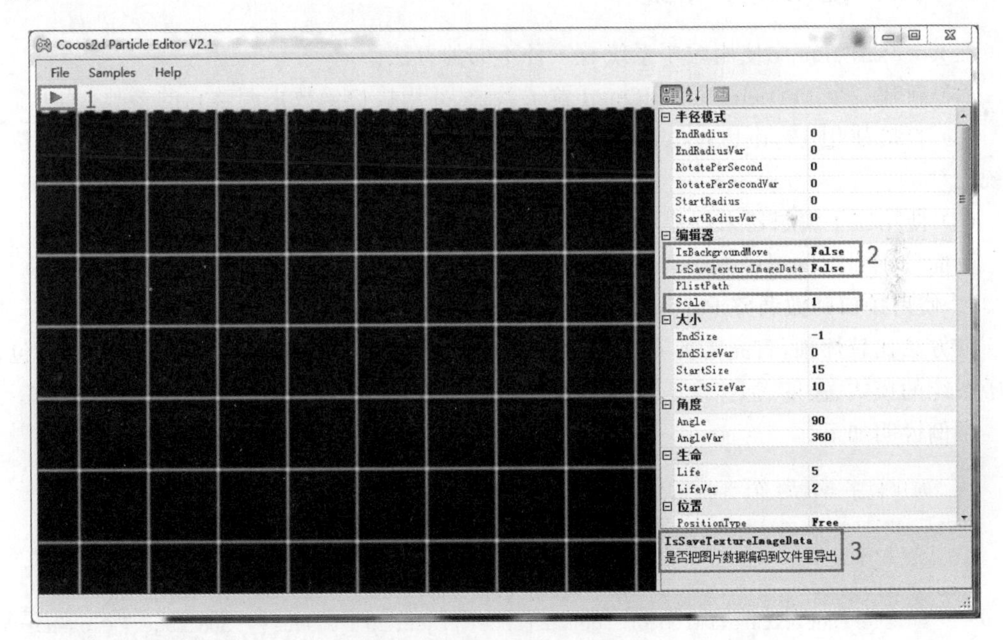

图 5-38 Particle Editor for Windows

图 5-38 上标记的重点功能说明如下:

(1) 播放粒子效果。

(2) 右边栏是粒子的属性,但标记为 2 的区域是编辑器本身的设置。

① IsBackgroundMove,建议修改为 False,否则粒子效果预览区不停晃动,影响效果

预览。

② IsSaveTextureImageData，表示是否把图片数据编码到文件里导出，这里建议将其设置为 False。

③ Scale，表示编辑器画布缩放比例大小。

(3) 选中某个属性，底部会有属性选项的说明。

为了不让修改的参数影响到粒子模板，Particle Editor 的推荐使用步骤如下：

(1) 在菜单 Samples 下选择某个范例。

(2) 选择 File→Save As 命令导出到磁盘。

(3) 在导出的. plist 同级目录放入纹理图片 stars. png。

(4) 选择 File→Open 命令导入. plist，然后修改“纹理渲染”的 TexturePath 属性为 stars. png，如图 5-39 所示。

(5) 修改其他属性直到满足需求，然后选择 File→Save 命令保存修改。

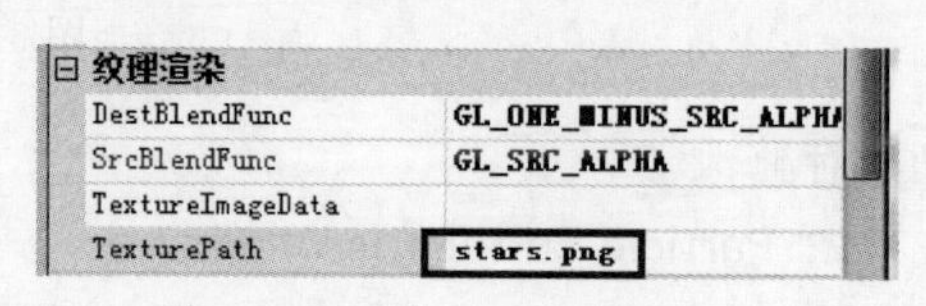

图 5-39 导入文件

5.9.6 使用粒子系统

在 Cocos2d-Lua 中使用粒子系统有三种不同的方法。

(1) 新建一个 ParticleSystemQuad 粒子系统，并用接口函数来调整它的参数。

(2) 直接使用 ParticleSystemQuad 类的子类(也就是预置粒子)来创建相关的粒子系统。

(3) 使用粒子编辑器来创建粒子系统。

下面分别介绍这三种方法。

1. 使用接口函数调整 ParticleSystemQuad 粒子系统

该方法比较烦琐，首先需要新建粒子系统，然后设置粒子的贴图和其他相关参数，包括粒子系统的模式、速度、加速度、大小、尺寸、颜色和生命周期等一系列的属性。

举例说明如下：

```
-- 创建粒子系统对象,并初始化粒子个数
local _emitter = cc.ParticleSystemQuad:createWithTotalParticles(50)
-- 设置粒子贴图
local texture = cc.Director:getInstance():getTextureCache():addImage("stars.png")
-- _emitter:setTexture(Director::getInstance():getTextureCache():addImage("CloseNormal.
png"))
_emitter:setTexture(texture)

-- 添加到场景
self:addChild(_emitter, 10)

-- 粒子生命周期
```

```
_emitter:setDuration(cc.PARTICLE_DURATION_INFINITY)

-- 半径模式
_emitter:setEmitterMode(cc.PARTICLE_MODE_RADIUS)

-- 半径模式：半径大小
_emitter:setStartRadius(40)
_emitter:setStartRadiusVar(1)
_emitter:setEndRadius(cc.PARTICLE_START_RADIUS_EQUAL_TO_END_RADIUS)
_emitter:setEndRadiusVar(0)

-- 半径模式：旋转速率
_emitter:setRotatePerSecond(100)
_emitter:setRotatePerSecondVar(0)

-- 角度
_emitter:setAngle(90)
_emitter:setAngleVar(360)

-- 发射器位置
local size = display.size
_emitter:setPosVar(cc.p(0,0))

-- 生命
_emitter:setLife(0.5)
_emitter:setLifeVar(0)

-- 粒子旋转
_emitter:setStartSpin(0)
_emitter:setStartSpinVar(0)
_emitter:setEndSpin(0)
_emitter:setEndSpinVar(0)

-- 粒子颜色
_emitter:setStartColor(cc.c4f(0.0, 0.8, 0.9, 1.0))
_emitter:setStartColorVar(cc.c4f(0.0, 0, 0, 1.0))
_emitter:setEndColor(cc.c4f(1.0, 1.0, 1.0, 0.1))
_emitter:setEndColorVar(cc.c4f(0, 0, 0, 0.1))

-- 大小
_emitter:setStartSize(20)
_emitter:setStartSizeVar(1)
_emitter:setEndSize(0)

-- 粒子出现速率
_emitter:setEmissionRate(_emitter:getTotalParticles() / _emitter:getLife())

print(_emitter:getTotalParticles() / _emitter:getLife())
print(_emitter:getLife())
```

```
-- 颜色混合
_emitter:setBlendAdditive(false)

-- 设置位置
_emitter:setPosition(display.cx,display.cy)
```

运行代码将在屏幕中央产生一个由星星组成的逆时针转动的圆圈，如图 5-40 所示。

图 5-40 粒子示例效果图

2. 直接使用预置粒子来创建粒子系统

这种方法比较简单，直接设置贴图便可使用。代码如下：

```
-- 创建粒子系统对象
_emitter = cc.ParticleSun:create();
self:addChild(_emitter, 10);

-- 设置粒子贴图
local sprite = display.newSprite("stars.png")
_emitter:setTexture(sprite:getTexture());

-- 设置位置
_emitter:setPosition(display.cx,display.cy)
```

预置粒子是已经调整好参数的粒子系统，和粒子编辑器编辑出来的类似。依然可以对_emitter 进行代码级参数调整。

3. 使用粒子编辑器来创建粒子系统

粒子系统相关的属性经过编辑器的调整保存在 plist 文件中，程序中使用时直接获得这些相关的属性值就可以了。这样避免了程序中大量的设置内容，同时也方便调整。

例子如下：

```
-- 读入 plist 文件
local _emitter = cc.ParticleSystemQuad:create("stars.plist")
-- 获得粒子节点列表
local batch = cc.ParticleBatchNode:createWithTexture(_emitter:getTexture())
batch:addChild(_emitter)
self:addChild(batch, 10)

_emitter:setPosition(display.cx,display.cy - 200)
```

5.10 骨骼动画

在 3.10 节介绍了序列帧动画，它实现简单，但是占用存储空间大，并且播放有跳帧感。骨骼动画则是把动画中的元素拆分为骨骼，在编辑器中移动、旋转或缩放每个骨骼，形成轨迹等信息,并存储为数据文件,在运行时通过实时演算还原动画过程。

支持 Cocos2d-x 的 2D 骨骼动画编辑器有 Spine 和 DragonBones。

5.10.1 Spine

Spine 是一款针对游戏开发的 2D 骨骼动画编辑工具。Spine 旨在提供更高效和简洁的工作流程,以创建游戏所需的动画。

在 Spine 中通过将图片绑定到骨骼上,然后再控制骨骼实现动画。2D 骨骼动画相对于传统的逐帧动画有以下优势:

(1) 最小的体积。传统的动画需要提供每一帧图片。而 Spine 动画只保存骨骼的动画数据,它所占用的空间非常小,并能为你的游戏提供独一无二的动画。

(2) 美术需求。Spine 动画需要的美术资源更少,能为您节省出更多的人力物力,以便更好地投入到游戏开发中去。

(3) 流畅性。Spine 动画使用差值算法计算中间帧,这能让你的动画总是保持流畅的效果。

(4) 装备附件。图片绑定在骨骼上来实现动画。可以方便地更换角色的装备满足不同的需求,甚至改变角色的样貌来达到动画重用的效果。

(5) 混合。动画之间可以进行混合。例如一个角色可以开枪射击,同时也可以走、跑、跳或者游泳。

(6) 程序动画。可以通过代码控制骨骼,例如可以实现跟随鼠标的射击,注视敌人,或者上坡时的身体前倾等效果。

Spine 分为编辑器和运行库两部分:美术人员使用编辑器制作骨骼动画;游戏开发工程师使用游戏引擎中集成的运行库播放骨骼动画。

Spine 官方运行库网址为 http://zh.esotericsoftware.com/spine-runtimes。Spine 提供了很多引擎的支持,Cocos2d-x 是 Spine 最早支持的游戏引擎。在 Quick-Cocos2dx-Community 3.7.6 中有集成的 Spine 运行库对应 Spine 编辑器 3.6 版本。由于 Spine 的运行库是 C 语言的,早期 Cocos2d-Lua 中绑定的 Spine Lua 接口并不完善,Cocos2d-Lua 社区版对这块进行了一些补充。下面就 Spine 运行库常用接口用法做示例展示。

注: 以下示例中使用 Spine 官方的示例项目 SpineBoy,导出的资源文件为 spineboy-pro.json、spineboy-pma.atlas、spineboy-pma.png。

1. 从 json 文件创建骨骼动画

```
local spineAnimation = sp.SkeletonAnimation:createWithJsonFile("spineboy-pro.json",
"spineboy-pma.atlas")
```

直接从 json 描述文件创建骨骼动画,每次都需要解析 json 文件,运行性能较差。

2. 从 skel 文件创建骨骼动画

```
local spineAnimation = sp.SkeletonAnimation:createWithBinaryFile("spineboy-pro.skel",
```

```
"spineboy-pma.atlas")
```

skel 是 Spine 3.6 开始推出的二进制导出格式，相比 json 文件，解析速度更快。

3. 从 sp.SkeletonData 对象创建骨骼动画

Spine 导出的 json 配置信息，运行库提供有一个预加载方法，把 json 描述信息传化为 sp.SkeletonData 对象，然后创建骨骼动画可以直接从 sp.SkeletonData 创建。开发者只需缓存 sp.SkeletonData 对象，即可达到优化加载速度的问题。

sp.SkeletonData 对象创建方法如下：

```
cachedData = sp.SkeletonData:create("spineboy-pro.json", "spineboy-pma.atlas")
```

注意到 cachedData 是全局变量，cachedData 不能在骨骼动画销毁前销毁。sp.SkeletonData 遵从 Lua 的内存管理方式。如果要销毁 sp.SkeletonData，用下面的方法：

```
cachedData = nil
```

从 sp.SkeletonData 创建骨骼动画的方法如下：

```
local spineAnimation = sp.SkeletonAnimation:createWithData(cachedData)
```

4. 播放骨骼动画

播放动画使用 setAnimation 接口，如下所示：

```
spineAnimation:setAnimation(trackIndex, animationName, isLoop)
```

setAnimation 参数说明如下：

(1) trackIndex，轨道编号(0～5)。Spine 支持同时播放多个动画于不同轨道上，以达到动画融合的效果，trackIndex 高的骨骼数据会覆盖 trackIndex 低的，骨骼数据。

(2) animationName，动画名称，与 Spine 编辑器中的名称对应。

(3) isLoop，是否循环播放。

5. 动画反转

动画 x 轴反转：

```
spineAnimation:setFlippedX(true)
```

或使用：

```
spineAnimation:setScaleX(-1)
```

动画 y 轴反转：

```
spineAnimation:setFlippedY(true)
```

或使用：

```
spineAnimation:setScaleY(-1)
```

6. 判断动画是否存在

```
spineAnimation:findAnimation("animation")
```

返回值为布尔值。

7. 获取区域大小

```
spineAnimation:getBoundingBox()
```

获取动画的 rect 区域，需要在第一次 draw 之后调用才能正确获取数据。

8. 换装接口

换装需要在 Spine 编辑器中做配合。制作骨骼的时候，需要给一个 slot 设置多个 attachment，Spine 在一个时刻只会显示其中的一个 attachment，动态切换 attachment 达到换装的效果。

```
local hero = sp.SkeletonAnimation:createWithJsonFile("build_yellowlightfinished.json",
"build_yellowlightfinished.atlas")
hero:setAttachment("changegun", "pc_gungirl_crossbow3")
```

注：第 2 个参数为 nil 时，表示去掉 slot 的 Attachment，不显示图片。

9. 获取 bone 信息

```
hero:findBone("changegun")
```

返回值为 table。

10. 更新 bone 信息

```
hero:updateBone("crosshair", {x = 400, y = y})
```

11. 状态回调

骨骼动画对象通过 registerSpineEventHandler 来绑定状态回调函数。如下：

```
spineAnimation:registerSpineEventHandler(function (event)
end, sp.EventType.ANIMATION_END)
```

Spine 动画的状态类型有以下 4 种：

```
sp.EventType = {
    ANIMATION_START = 0,
    ANIMATION_END = 1,
    ANIMATION_COMPLETE = 2,
    ANIMATION_EVENT = 3,
}
```

注：不能在 Spine 骨骼动画回调事件中调用 spineAnimation：removeFromParent()，否则 spine runtime 会抛出异常。可以在回调中使用调度器来解决这个问题。

12. 清理轨道

```
spineSP:clearTrack(trackIndex)
```

当一个轨道的动画播放完毕的时候，清理轨道使之不影响其他轨道的数据计算。

13. 播放空动画

```
spineSP:setEmptyAnimation(trackIndex, fadeTime)
```

在一个轨道上播放空动画，可直接清理轨道。

14. 完整示例

示例中使用 SpineBoy pro 导出的骨骼动画，这个骨骼动画中的 aim 动画使用了 IK 约束，基本涵盖了 Spine 骨骼动画最复杂的应用场景。在 0 轨道循环播放 run 动画，在 1 轨道播放 aim 动画，aim 动画只演算了手部的瞄准动作，这样达到了边跑边瞄准的效果；也可以把 0 轨道的动画切换成 idle，保持 1 轨 aim 动画不变，达到站立瞄准的效果。多轨之间的组合可以减少美术在编辑器中的动画制作量，也让程序能灵活地适应多样的动画需求。registerSpineUpdateHook 是为程序动画提供一个控制手段，当 Spine runtime 完成内部动画计算后，依然可以在 registerSpineUpdateHook 中覆盖之前的计算结果，达到程序动画的目的。

```
local spineSP = sp.SkeletonAnimation:createWithJsonFile("spineboy-pro.json", "spineboy-pma.atlas")

spineSP:setScale(0.5)
-- spineSP:setFlippedX(true)
spineSP:pos(display.cx, 100):addTo(self)
spineSP:setAnimation(0, "run", true)
-- aim mode
spineSP:setAnimation(1, "aim", false)

self:performWithDelay(function()
    -- track 1 用完之后清理，让 track0 正常播放
    spineSP:setAnimation(2, "shoot", false)
    spineSP:registerSpineEventHandler(function(event)
        if event.animation == "shoot" and event.trackIndex == 2 then
            spineSP:clearTrack(2)
            spineSP:setEmptyAnimation(1, 0.1)
        end
    end, sp.EventType.ANIMATION_COMPLETE)
end, 4)

local y = 0
spineSP:registerSpineUpdateHook(function(dt)
    if y > 247 then
        return
    end
    y = y + 1
    spineSP:updateBone("crosshair", {x = 400, y = y})
end)
```

SpineBoy 运行效果如图 5-41 所示。

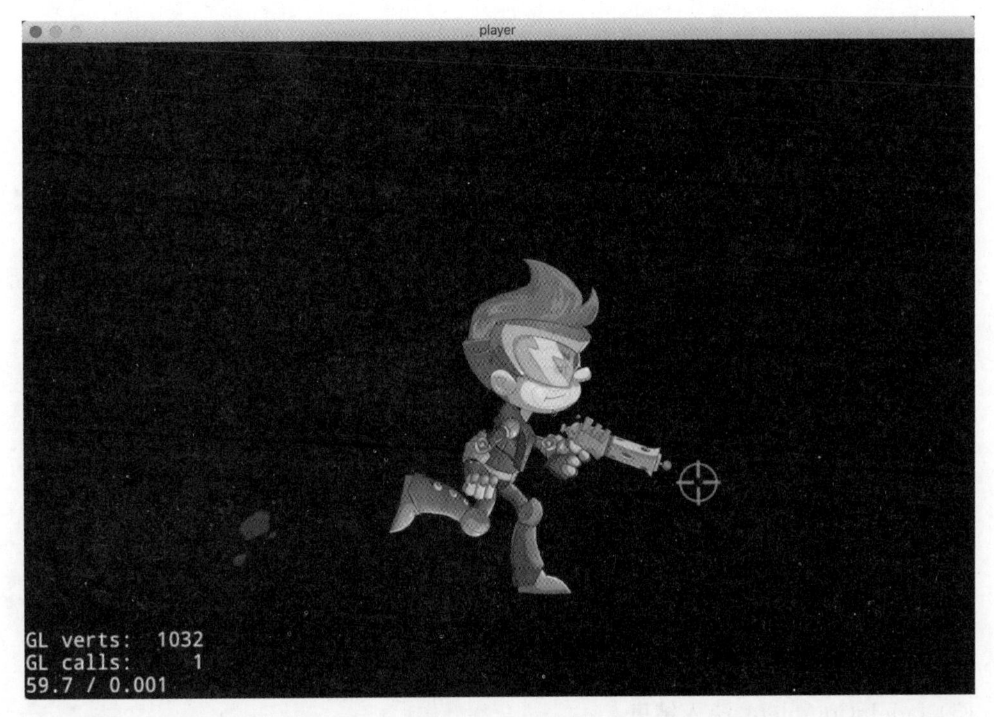

图 5-41　SpineBoy

注：Spine 运行库几乎每两个版本就会有较大的变化，开发者使用时注意确认引擎支持的版本需与 Spine 编辑器中设置的版本匹配。

5.10.2　DragonBones

DragonBones 是白鹭时代推出的面向设计师的 2D 游戏动画和富媒体内容创作平台，它提供了 2D 骨骼动画解决方案和动态漫画解决方案。不同于 Spine 的付费使用方式，DragonBones 是免费软件，对初创团队而言可以节省一笔开发经费。DragonBones 被归入白鹭时代 Egret 产品序列之后，发展迅速。不是一些特殊功能需求，完全可以用 DragonBones 替代 Spine 进行开发。Quick-Cocos2dx-Community 从 3.7.6 开始集成 DragonBones 运行时，并提供了 Lua 绑定实现。

1. 加载骨骼与纹理

```
dragonBones.CCFactory:loadDragonBonesData("mecha_1004d/mecha_1004d_ske.json")
                                                            -- 加载并缓存骨骼数据
dragonBones.CCFactory:loadTextureAtlasData("mecha_1004d/mecha_1004d_tex.json")
                                                            -- 加载并缓存纹理数据
```

骨骼描述文件和纹理描述文件只需加载一次，DragonBones 运行时自动缓存。

2. 创建骨骼动画

```
local db = dragonBones.CCFactory:buildArmatureDisplay("mecha_1004d")
```

参数为 DragonBones 骨骼项目导出时的名称。

3. 获取动画控制器

```
local ani = db:getAnimation()
```

4. 控制器播放动画

```
ani:play("walk")
```

参数为骨骼动画的名称,名称与 DragonBones 编辑器中的名称匹配。

5. 事件监听

```
db:addDBEventListener(eventName, function(event) end)
```

动画事件 eventName 有以下可选值:

(1) start,动画开始。

(2) loopComplete,一次播放结束。

(3) complete,播放结束。

(4) fadeIn,淡入中。

(5) fadeInComplete,淡入结束。

(6) fadeOut,淡出中。

(7) fadeOutComplete,淡出结束。

(8) frameEvent,帧事件。

(9) soundEvent,声音事件。

6. 获取状态控制器

```
local attackState = ani:getState("attack_01")
```

参数为骨骼动画的名称,名称与 DragonBones 编辑器中的名称匹配。

7. 控制器更新状态

```
attackState:setResetToPose(false)          -- 动画播放完不恢复到初始状态
attackState:setAutoFadeOutTime(0.1)        -- 淡出时间设置
attackState:addBoneMask("chest")           -- 进行混合覆盖的骨骼名称
```

8. 动画融合

```
ani:fadeIn("attack_01", 0.1, 1, 1)
```

参数 1:融合的动画名称。

参数 2:淡入时间。

参数 3:播放次数。

参数 4：播放图层层级，默认为 0。

9. 完整示例

从 DragonBones 运行时提供的接口可以看出，它的用法和 Spine 有较大差异，特别是多个动画融合播放的用法。下面的示例代码展示了如何使用 DragonBones 的运行时接口播放骨骼动画，并融合叠加另一个骨骼动画，形成边走边挥刀的动画效果。

```
-- json 只需解析一次, runtime 自动缓存
dragonBones.CCFactory:loadDragonBonesData("mecha_1004d/mecha_1004d_ske.json")
dragonBones.CCFactory:loadTextureAtlasData("mecha_1004d/mecha_1004d_tex.json")

local db = dragonBones.CCFactory:buildArmatureDisplay("mecha_1004d")
local ani = db:getAnimation()
ani:play("walk") -- 用于第一次播放
db:addDBEventListener("loopComplete", function(event)
    local attackState = ani:getState("attack_01")
    if not attackState then
        attackState = ani:fadeIn("attack_01", 0.1, 1, 1)
        attackState:setResetToPose(false)
        attackState:setAutoFadeOutTime(0.1)
        attackState:addBoneMask("chest")
        attackState:addBoneMask("effect_l")
        attackState:addBoneMask("effect_r")
    end
end)
db:addTo(self):center()
```

DragonBones 运行效果如图 5-42 所示。

图 5-42 DragonBones

5.11 裁剪节点

裁剪节点是根据一个模板来过滤目标节点的纹理显示区域。底层使用的是 OpenGL 的模板缓冲区技术。下面通过一个示例来展示如何使用裁剪节点。假设需要实现一个如图 5-43 所示的按钮高光特效。

美术为程序准备了图 5-44 所示的资源。

(a) wechat.png

(b) light.png

图 5-43 按钮高光特效

图 5-44 资源

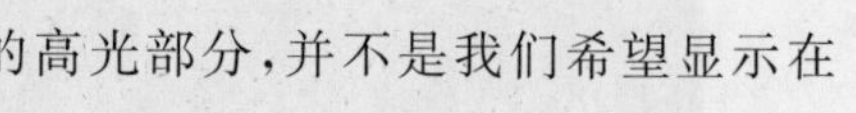

高光需要叠加在按钮图片上。但是超出按钮范围的高光部分,并不是我们希望显示在屏幕上的,这时就需要裁剪节点来完成。

先来看完整的实现代码:

```
display.newColorLayer(cc.c4b(20, 9, 39, 255)):addTo(self)

-- 创建空节点,作为高光按钮的父亲点
```

```
local lightNode = display.newNode()
    :center()
    :addTo(self)

local btn = ccui.Button:create("wechat.png", "", "", 0)
btn:addTo(lightNode)
btn:addTouchEventListener(function(ref, eventType)
    if cc.EventCode.ENDED == eventType then
        print(" == PushButton click")
    end
end)

-- 裁剪设置
local stencil = display.newSprite("wechat.png")
local light = display.newSprite("light.png")
local clip = cc.ClippingNode:create(stencil)
clip:setAlphaThreshold(0.08)
clip:addChild(light)
clip:addTo(lightNode)

-- 添加移动动画
local size = stencil:getContentSize()
local sizeLight = light:getContentSize()
light:pos( - size.width / 2 - sizeLight.width, 0)
light:runAction(cc.RepeatForever:create(
    cc.Sequence:create(
        cc.MoveTo:create(1.5, cc.p(size.width / 2 + sizeLight.width, 0)),
        cc.Place:create(cc.p( - size.width / 2 - sizeLight.width, 0)),
        cc.DelayTime:create(1)
    )
))
```

注意到 wechat.png 被使用了两次：一次用来创建熟知的按钮；另一次用来创建精灵并最终作为裁剪节点的传入参数。

裁剪节点 clip 有一个子节点 light，这样 light 节点的纹理显示就受限于 clip 裁剪节点的模板。

clip：setAlphaThreshold 设置 alpha 阈值，模板图片像素的 alpha 值大于 alpha 阈值的区域才会被绘制。可以理解为，模板由模板图片与 alpha 阈值共同决定。

作为模板的 stencil 节点并不会显示在屏幕上，引擎内部只取它的 alpha 值做比较运算。所以 wechat.png 需要使用两次才能获得最终想要的结果。

引擎还提供了一个 clip：setInverted(true)接口。如果传入参数为 true，则模板取反，也就是模板图片像素的 alpha 值小于 alpha 阈值的区域才会被绘制。

5.12 渲染纹理

渲染纹理 RenderTexture 是一种特殊的纹理，它的纹理由运行时产生，可动态更新修改。其底层使用 OpenGL 的 FrameBufferObject 实现。

如果说以场景节点为根节点的节点树直接渲染到屏幕上，那么以 RenderTexture 为根节点的节点树渲染到 OpenGL 的 FrameBufferObject 上。

下面通过一个示例来展示如何使用渲染纹理。假设需要实现一个橡皮擦的特效，鼠标单击区域的迷雾会被清除掉，迷雾后面的图片完全显示出来。完整代码如下：

```
-- 背景图
display.newSprite("HelloWorld.png")
    :addTo(self)
    :center()

-- 创建渲染纹理
self.fbo = cc.RenderTexture:create(display.width, display.height)
    :center()
    :addTo(self)
self.fbo:clear(0, 0, 0, 0.5) -- 设置背景色

-- 橡皮擦没有父节点
self.eraser = display.newSolidCircle(20, {
    color = cc.c4f(1, 1, 1, 0)
})

self.eraser:retain()
self.eraser:setBlendFunc(gl.ONE, gl.ZERO)
self:addNodeEventListener(cc.NODE_TOUCH_EVENT, function(event)
    if event.name == "began" then
        return true
    end

    if event.name == "moved" then
        self.eraser:pos(event.x, event.y)
        self.fbo:begin()
        self.eraser:visit()
        self.fbo:endToLua()
    end
end)
self:setTouchEnabled(true)
```

首先 cc.RenderTexture：create 创建了一个屏幕大小的渲染纹理，self.fbo：clear(0,0,0,0.5)把这个纹理使用透明度为 50%的黑色填充。注意这里的颜色值使用的是 OpenGL

颜色表示法，取值范围为 0～1。

self. eraser 是一个实心区域，透明度为 0 的黑色填充。由于它充当橡皮擦的角色，不直接显示在屏幕上，所以调用 retain()来保持它不被引擎的自动回收池回收掉。

setBlendFunc(gl. ONE，gl. ZERO)是橡皮擦的关键，它表示当渲染混合时，取橡皮擦当前像素来取代与之混合的同位置目标像素。

在触摸时间处理中，self. fbo：begin()手动开启 RenderTexture 对象的渲染，这时调用 self. eraser：visit()就会把橡皮擦的纹理渲染到 RenderTexture 中，渲染混合的模式由之前的 setBlendFunc 指定。self. fbo：endToLua()结束 RenderTexture 渲染。

最终效果如图 5-45 所示。

图 5-45　橡皮擦

第6章 消除游戏实战(2)

6.1 Fruit Fest(6)：过关与信息存储

在 Cocos2d-Lua 进阶相关知识点中，介绍了引擎提供的更多模块，本节将应用这些模块功能来完善 Fruit Fest 消除游戏，实现过关逻辑与数据持久化。

本节将添加进度条与过关界面，效果图如图 6-1 所示。

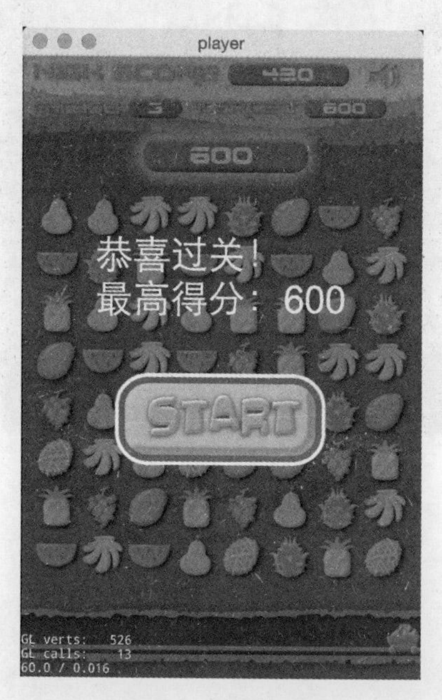

图 6-1 过关界面

6.1.1 添加进度条

LoadingBar 是用来实现进度条的控制，但是这里美术设计比较另类，它使用一个小车在轨道上移动位置来表示进度，并不是用通常的水渠灌水的方式来表示进度。为了免去自定义控件的烦琐,使用关闭触摸的 Slider 控件来实现进度条。

在函数 PlayScene:initUI 中加入下面的代码:

```
-- 进度条
local slider = ccui.Slider:create()
    :align(display.LEFT_BOTTOM, 0, 0) -- 指定对齐方式和坐标
    :addTo(self)
self.slider = slider

slider:loadBarTexture("The_time_axis_Tunnel.png", 1)
slider:loadSlidBallTextures("The_time_axis_Trolley.png",
    "The_time_axis_Trolley.png",
    "The_time_axis_Trolley.png", 1)
slider:setTouchEnabled(false)
```

注:最后一行代码屏蔽了滑动条的触摸事件,这样它更能像一个进度条那样去工作了。

接下来需要在 PlayScene:removeActivedFruits 中添加进度条更新代码:

```
-- 更新进度条
local sliderValue = self.curSorce / self.target * 100
if sliderValue > 100 then
    sliderValue = 100
end
self.slider:setPercent(sliderValue)
```

注:silderValue 不能大于 100。

6.1.2 过关与数据持久化

在 PlayScene 设计之初,就定义了当前关卡与过关分数,但它们是写死的常量,这样游戏不好玩,因为用户可能希望从上一次结束的游戏关卡继续游戏,同时并不希望看到历史最高分总是 0。现在就用数据与存储的知识来完善这两个功能。

由于存储的数据相对简单,只有两个整数,选择 UserDefault 来做数据存储。修改函数 PlayScene:ctor 中关于关卡信息的初始化如下:

```
-- 最高分数
self.highSorce = cc.UserDefault:getInstance():getIntegerForKey("HighScore")
-- 当前关卡
self.stage = cc.UserDefault:getInstance():getIntegerForKey("Stage")
if self.stage == 0 then
    self.stage = 1
end
-- 通关分数
self.target = self.stage * 200
```

如果 UserDefault 中未找到 Integer 类型的键值对,会返回 0,所以 self.stage 需要异常

处理。同时把每关的通关分数简单定义为关卡等级×200 并不科学,但好的关卡设计需要游戏策划来完成,不在本书讨论范围。

接下来在水果触摸事件的 self：dropFruits()后面加入下面的代码：

```
if newFruit.isActive then
    self:removeActivedFruits()
    self:dropFruits()
    self:checkNextStage() -- 添加的代码
else
```

也就是在消除掉落逻辑后面加入通关检查函数 PlayScene：checkNextStage：

```
function PlayScene:checkNextStage()
    if self.curSorce < self.target then
        return
    end

    -- resultLayer 半透明展示信息
    local resultLayer = display.newColorLayer(cc.c4b(0,0,0,150))
    resultLayer:addTo(self)
    -- 吞噬事件
    resultLayer:setTouchEnabled(true)
    resultLayer:addNodeEventListener(cc.NODE_TOUCH_EVENT, function(event)
        if event.name == "began" then
            return true
        end
    end)

    -- 更新数据
    if self.curSorce >= self.highSorce then
        self.highSorce = self.curSorce
    end
    self.stage = self.stage + 1
    self.target = self.stage * 200
    -- 存储到文件
    cc.UserDefault:getInstance():setIntegerForKey("HighScore", self.highSorce)
    cc.UserDefault:getInstance():setIntegerForKey("Stage", self.stage)

    -- 通关信息
    display.newTTFLabel({text = string.format("恭喜过关!\\n 最高得分: %d", self.
highSorce), size = 60})
        :pos(display.cx, display.cy + 140)
        :addTo(resultLayer)

    -- 开始按钮
    local btn = ccui.Button:create("startBtn_N.png", "startBtn_S.png", "", 1)
        :align(display.CENTER, display.cx, display.cy - 80)
```

```
        :addTo(resultLayer)
    btn:addTouchEventListener(function(ref, eventType)
        if cc.EventCode.ENDED == eventType then
            local mainScene = import("app.scenes.MainScene"):new()
            display.replaceScene(mainScene, "flipX", 0.5)
        end
    end)
end
```

解析：

(1) 判断是否达到通关条件。如果未达到，不进行任何动作，直接返回。

(2) 创建一个半透明的层 resultLayer，用来展示通关信息。

注： resultLayer 开启触摸事件监听，以屏蔽下层水果的事件响应。

(3) 更新关卡号与最高分数，并存储到 UserDefault 中。

(4) 创建一个 Label 显示通关信息，并添加到层 resultLayer 中。

(5) 创建一个按钮并添加到 resultLayer 中，用户单击按钮回到 MainScene 场景。

6.2　Fruit Fest(7)：爆炸特效与声音

前面的章节已完成了 Fruit Fest 游戏的大部分功能。本节是 Fruit Fest 系列的最后一节，将实现水果爆炸特效，并为游戏加入音乐。

6.2.1　爆炸特效

在第 4.5 节中实现了水果的消除，但只是加入了一个简单的分数上浮效果，之后就直接移除了水果。这样的效果并不生动，接下来就用粒子系统为爆炸添加特效。

在 PlayScene：removeActivedFruits 的分数特效前面，加入下面的代码：

```
local time = 0.3
-- 爆炸圈
local circleSprite = display.newSprite("circle.png")
    :pos(fruit:getPosition())
    :addTo(self)
circleSprite:setScale(0)
circleSprite:runAction(cc.Sequence:create(
    cc.ScaleTo:create(time, 1.0),
    cc.CallFunc:create(function()
        circleSprite:removeFromParent()
    end)
)
)

-- 爆炸碎片
```

```
local emitter = cc.ParticleSystemQuad:create("stars.plist")
emitter:setPosition(fruit:getPosition())
local batch = cc.ParticleBatchNode:createWithTexture(emitter:getTexture())
batch:addChild(emitter)
self:addChild(batch)
```

特效由两部分组成：爆炸圈和爆炸碎片。

爆炸圈是一个传统的精灵，精灵的图片是一个圆圈，然后让精灵随时间从 0 放大到 1，这样就形成了一个爆炸圈的效果。

注：使用了 cc.CallFunc 来完成精灵动画播放完毕后的释放。

爆炸碎片使用粒子系统。先用粒子编辑器生成想要的效果，导出对应的 stars.png 和 stars.plist 文件，然后复制到项目的 res 目录下。粒子的加载相对简单，粒子发生器的坐标设置为水果的坐标。

6.2.2 游戏音乐

游戏音乐的添加放在最后来完成，这是因为播放音效的代码往往与界面逻辑相关。例如按钮音，需要先有按钮才能在适当的位置加入播放代码。

根据游戏需要准备好音频文件，放到项目的 res/music 目录下。

PlayScene 中需要一个循环播放的背景音乐，在 PlayScene：ctor 的末尾加入：

```
audio.playBGMSync("music/mainbg.ogg",true)
```

水果消除音加入在水果触摸事件函数的 if newFruit.isActive then 下面：

```
if newFruit.isActive then
    local musicIndex = #self.actives
    if (musicIndex < 2) then
        musicIndex = 2
    end
    if (musicIndex > 9) then
        musicIndex = 9
    end

    local tmpStr = string.format("music/broken%d.ogg", musicIndex)
    audio.playEffectSync(tmpStr)
```

本书提供了 8 种不同的音效，根据消除的数量来播放不同的音效。

单击水果高亮时，也加入音效。如下：

```
else
    self:inactive()
    self:activeNeighbor(newFruit)
    self:showActivesScore()
    -- 高亮音效
```

```
    audio.playEffectSync("music/itemSelect.ogg")
end
```

通关的音效加在 PlayScene：checkNextStage 中。代码如下：

```
function PlayScene:checkNextStage()
    if self.curSorce < self.target then
        return
    end
-- 通关音效
    audio.playEffectSync("music/wow.ogg")
```

通关界面，用户单击按钮切换回 MainScene，需要停止背景音乐的播放：

```
btn:addTouchEventListener(function(ref, eventType)
    if cc.EventCode.ENDED == eventType then
        audio.stopAll() -- 停止所有音乐和音效
        local mainScene = import("app.scenes.MainScene"):new()
        display.replaceScene(mainScene, "flipX", 0.5)
    end
end)
```

最后切换到 MainScene.lua，给"开始游戏"按钮添加音效：

```
-- 开始按钮
btn:addTouchEventListener(function(ref, eventType)
    if cc.EventCode.ENDED == eventType then
        -- 按键音效
        audio.playEffectSync("music/btnStart.ogg")
        local playScene = import("app.scenes.PlayScene"):new()
        display.replaceScene(playScene, "turnOffTiles", 0.5)
    end
end)
```

背景音乐和音效都添加完毕，现在运行游戏会有不一样的体验。

6.2.3 后记

经过几个章节的开发历程，完成了 Fruit Fest 消除游戏，通过它融会贯通了引擎的模块知识。Fruit Fest 的核心玩法是完整的，在关卡设计上并不严谨，可以加入自己的想法，并设计更多的内容和特效，把它做成一个完整的产品。本书的第 8 章将介绍如何把开发的游戏打包成可以在 iOS 或 Android 上运行的程序包。

第 7 章

Cocos2d-Lua 高级

7.1 网络通信

在移动互联网时代，游戏不再停留在单机。借助网络，可以为游戏添加更多有趣的特性。单机游戏可以把存档放在服务器上，以防止用户篡改数据。MMORPG 类手机游戏，更需要网络的强力支持。

Cocos2d-Lua 提供了以下三个通信模块：

(1) network：HTTP 的客户端解决方案，包含了网络状态的获取。

(2) SimpleTCP：基于 LuaSocket 封装的 TCP 协议客户端解决方案。

(3) WebSocket：WebSocket 协议客户端解决方案。

7.1.1 network

Cocos2d-Lua 的 network 模块封装了与网络相关的高层接口，可以方便地检测当前的网络连接状态、网络类型以及进行 HTTP 网络请求。

1. 网络状态

(1) network. isLocalWiFiAvailable()检查本地 WiFi 网络是否可用，返回 boolean 类型。

注：WiFi 网络可用并不代表可以访问互联网。

(2) network. isInternetConnectionAvailable()，用于检查互联网连接是否可用，返回 boolean 类型。通常这个接口返回 3G 网络的状态，具体情况与设备和操作系统有关。

(3) network. isHostNameReachable()，用于检查是否可以解析指定的主机名，返回 boolean 类型。

注：该接口会阻塞程序，因此在调用该接口时应该提醒用户应用程序在一段时间内会失去响应。

(4) network. getInternetConnectionStatus()，用于返回互联网连接状态值，有如下三种。

① cc. kCCNetworkStatusNotReachable：无法访问互联网。

② cc. kCCNetworkStatusReachableViaWiFi：通过 WiFi。

③ cc.kCCNetworkStatusReachableViaWAN：通过 3G 网络。

网络状态检测示例：

```
print("WiFi status:" .. tostring(network.isLocalWiFiAvailable()))
print("3G status:" .. tostring(network.isInternetConnectionAvailable()))
print("HomeName:" .. tostring(network.isHostNameReachable("cocos2d-lua.org")))

local netStatus = network.getInternetConnectionStatus()
if netStatus == cc.kCCNetworkStatusNotReachable then
    print("kCCNetworkStatusNotReachable")
elseif netStatus == cc.kCCNetworkStatusReachableViaWiFi then
    print("kCCNetworkStatusReachableViaWiFi")
elseif netStatus == cc.kCCNetworkStatusReachableViaWAN then
    print("kCCNetworkStatusReachableViaWAN")
else
    print("Error")
end
```

2. HTTP 请求

超文本传送协议（Hypertext transfer protocol，HTTP）属于五层因特网协议栈中的应用层，是浏览器与服务器之间数据交互的协议规范，是浏览网页、看在线视频和听在线音乐等必须遵循的规则。在移动互联网时代，HTTP 已不局限于传统的浏览器，拓展成为各种手机客户端与服务器进行交互的数据通道。而一些手机游戏也选择 HTTP 作为数据交互的通道。

HTTP 作为移动互联网首选通信协议，并非偶然，它有下列优势：

（1）大量优秀稳定的服务器框架可用。

（2）几乎所有平台都支持 HTTP，客户端开发容易。

（3）基于 HTTP 很容易扩展功能。

Quick 中使用下面的接口向服务器发起 HTTP 请求。

```
network.createHTTPRequest(callback, url, method)
```

参数如下：

（1）callback：HTTP 请求状态回调函数。一次请求会有多次状态回调。callback 的定义及用法将在后面的示例中展示。

（2）url：请求的网络连接地址。

（3）method：HTTP/1.1 协议中共定义了 8 种方法，最常用的是 GET 和 POST。

GET 用于信息获取，下面是请求百度首页的例子：

```
local function onRequestCallback(event)
    local request = event.request

    if event.name == "completed" then
```

```
            print(request:getResponseHeadersString())
            local code = request:getResponseStatusCode()
            if code ~= 200 then
                -- 请求结束,但没有返回 200 响应代码
                print(code)
                return
            end

            -- 请求成功,显示服务端返回的内容
            print("response length" .. request:getResponseDataLength())
            local response = request:getResponseString()
            print(response)
        elseif event.name == "progress" then
            print("progress" .. event.dltotal)
        else
            -- 请求失败,显示错误代码和错误消息
            print(event.name)
            print(request:getErrorCode(), request:getErrorMessage())
            return
        end
    end

    local request = network.createHTTPRequest(onRequestCallback, "http://www.baidu.com", "GET")
    request:start()
```

onRequestCallback 状态回调函数的参数 event 是一个 table,有下列值。

(1) name: string 类型。当前状态的名称,有如下几个值:

① progress: 请求进度。

② failed: 发生错误。

用 event.request: getErrorCode()获取错误码。

用 event.request: getErrorMessage()获取错误信息。

③ completed,请求完成。

用 event.request: getResponseHeadersString()获取服务器响应的 HTTP 头部信息。

用 event.request: getResponseStatusCode()获取服务响应代码,200 表示成功返回。

用 event.request: getResponseDataLength()获取服务器返回的数据长度。

用 event.request: getResponseString()获取服务器返回的字符串数据。

用 event.request: getResponseData()获取服务器返回的二进制数据。

(2) request: cc.HTTPRequest 对象。

(3) dltotal: progress 状态下获取当前加载进度。

POST 用于更新数据,测试 POST 可能需要搭建一个简单的服务器。本书提供了一个用 Golang 语言编写的 HTTP 服务器 DEMO,可用来测试客户端的 POST 方法。

Cocos2d-Lua 的 HTTP POST 用法如下:

```
local request = network.createHTTPRequest(onRequestCallback, "http://127.0.0.1:1234/
hello", "POST")
request:addPOSTValue("name", "u0u0")
request:start()
```

回调函数 onRequestCallback 的处理和前面的 GET 方法一样。区别在于,POST 的数据传递是用 addPOSTValue 方法来设置,而不是直接放置在 Url 地址中。

addPOSTValue 模拟浏览器表单提交数据,可以多次调用 addPOSTValue 来传递多组键值对。

如果要传递自定义的数据,需要使用下面的接口:

```
request:setPOSTData("this is poststring to server!")
```

setPOSTData 传递指定的字符串到服务器,这种方式传递数据更加灵活,也可以加密这个字符串以防网络监听。

有时服务器期望客户端在 HTTP 请求的头部加入一些标志,来区分请求,可以使用下面的接口添加自定义 HTTP header 字段:

```
request:addRequestHeader("Content-Type:application/x-www-form-urlencoded")
```

7.1.2 SimpleTCP

在 Cocos2d-Lua 中集成了 LuaSocket 以支持 Socket 网络通信,但是 LuaSocket 使用略微复杂,不利于快速开发。Quick 3.6 及更早版本集成了一个 SocketTCP 的 Lua 模块,对 LuaSocket 的 TCP 用法进行了简化封装,然而这份实现代码质量不高。在 Quick 3.7 中重新设计了 LuaSocket 的 TCP 上层封装,并命名为 SimpleTCP。

1. SimpleTCP 解决的问题

(1) 为游戏中的 TCP 长连接而设计。

(2) 封装基于 LuaSocket 的 TCP 模式,使用 settimeout(0)实现异步 TCP 调用。

(3) 屏蔽 LuaSocket receive()数据读取的一些坑。

(4) 易于理解的事件与状态抽象,开发者只需关心事件通知,不用去理会内部状态变化。

2. SimpleTCP 不解决的问题

(1) 不解决 TCP 的粘包问题,这需要与服务器协商定义包格式才能解决。

(2) 不解决心跳包,这也是需要与服务器协商定义来解决。

3. SimpleTCP 状态图

SimpleTCP 内部状态与事件变化设计如图 7-1 所示。

状态说明:

(1) self.stcp = SimpleTCP.new()初始化于 Inited 状态,这个状态无须记录。

(2) self.stcp:connect()到达 Connecting 状态。

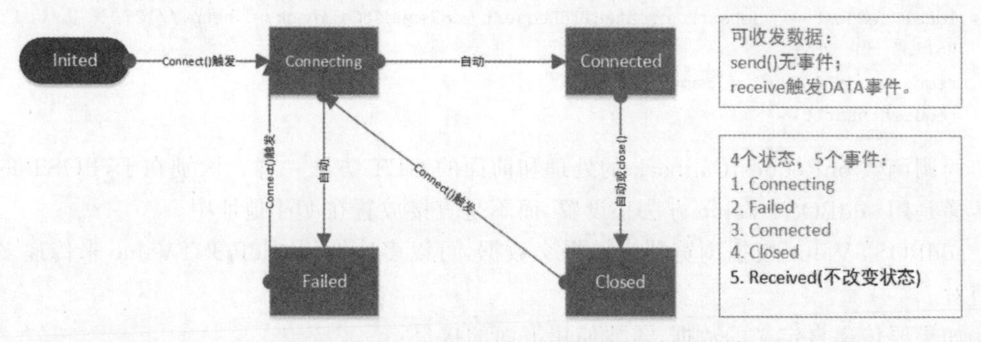

图 7-1　SimpleTCP 状态图

（3）Connecting 下自动达到 Connected 或 Failed 状态。

（4）Connected 状态下可以正常收发数据。如果用户主动 self. stcp：close()或服务器端关闭 socket，触发状态切换到 Closed。

（5）Failed 状态下可以 self. stcp：connect()进行重连。

（6）Closed 状态下可以 self. stcp：connect()进行重连。

事件说明：

（1）SimpleTCP. EVENT_CONNECTING：正在连接中，不能做任何操作。

（2）SimpleTCP. EVENT_FAILED：连接失败，可重连。

（3）SimpleTCP. EVENT_CONNECTED：连接成功，可收发数据。

（4）SimpleTCP. EVENT_CLOSED：连接关闭，可重连。

（5）SimpleTCP. EVENT_DATA：收到数据，应用层自行处理粘包、数据协议解包、数据分发。

4. 基本用法

加载模块：

```
local SimpleTCP = require("framework.SimpleTCP")
```

创建连接实例：

```
self.stcp = SimpleTCP.new("127.0.0.1", 1234, handler(self, self.onTCPEvent))
```

（1）参数 1：服务器地址，IPv6 建议用域名。

（2）参数 2：服务器端口号。

（3）参数 3：事件回调函数。

连接服务器：

```
self.stcp:connect()
```

客户端主动断开连接：

```
self.stcp:close()
```

发送数据：

```
self.stcp:send(string)
```

5. 完整示例

```
local MainScene = class("MainScene", function()
    return display.newScene("MainScene")
end)

local SimpleTCP = require("framework.SimpleTCP")

function MainScene:ctor()
    self.stcp = SimpleTCP.new("127.0.0.1", 1234, handler(self, self.onTCPEvent))
    self.stcp:connect()

    -- 重连按钮
    local btn = ccui.Button:create():center():addTo(self)
    btn:setTitleText("connect")
    btn:setTitleFontSize(40)
    btn:addTouchEventListener(function(ref, eventType)
        if cc.EventCode.ENDED == eventType then
            self.stcp:connect()
        end
    end)

    -- 关闭连接
    self:performWithDelay(function()
        self.stcp:close()
    end, 3)
end

function MainScene:onTCPEvent(even, data)
    if even == SimpleTCP.EVENT_DATA then
        print("==receive data:", data)
    elseif even == SimpleTCP.EVENT_CONNECTING then
        print("==connecting")
    elseif even == SimpleTCP.EVENT_CONNECTED then
        print("==connected")
        self.stcp:send("Hello server, i'm SimpleTCP")
    elseif even == SimpleTCP.EVENT_CLOSED then
        print("==closed")
        -- 可以调用 self.stcp:connect()进行重连或退出游戏
    elseif even == SimpleTCP.EVENT_FAILED then
        print("==failed")
        -- 可以调用 self.stcp:connect()进行重连或退出游戏
    end
```

```
end

function MainScene:onEnter()
end

function MainScene:onExit()
end

return MainScene
```

测试 SimpleTCP,依然需要自己搭建一个服务器。本书用 Golang 编写了一个配套的 TCP 服务器 DEMO 供客户端测试连接。上面的代码连接 Golang 测试服务器,待 3s 时主动断开服务器之后,再单击 connect 按钮进行重新连接。客户端的 log 信息如下:

```
[LUA - print] == connecting
[LUA - print] == connected
[LUA - print] == receive data:Hi clinet, here is go server
[LUA - print] == closed
[LUA - print] == connecting
[LUA - print] == connected
[LUA - print] == receive data:Hi clinet, here is go server
```

7.1.3 WebSocket

WebSocket 是 HTML5 开始提供的一种浏览器与服务器间进行全双工通信的网络技术。在 WebSocket API 中,浏览器和服务器只需要做一次握手的动作,然后浏览器和服务器之间形成一条快速通道,两者可以通过快速通道互相传送数据。

Cocos2d-x 引擎集成 libwebsockets,并在 libwebsockets 的客户端 API 基础上封装了一层易用的接口,使得引擎在 C++、JS 和 Lua 层都能方便地使用 WebSocket 来进行游戏的网络通信。

1. 基本用法

创建一个网络连接如下:

```
socket = cc.WebSocket:create(url)
```

网络通信的异步状态回调需要注册事件回调函数:

```
socket:registerScriptHandler(handlerFunc, eventType)
```

事件类型有如下 4 种:

(1) cc.WEBSOCKET_OPEN,表示握手成功,通道打开。

(2) cc.WEBSOCKET_MESSAGE,表示接收到服务器信息。

(3) cc.WEBSOCKET_CLOSE,表示通道关闭。

(4) cc.WEBSOCKET_ERROR,表示其他错误。

handlerFunc 需要类型转换处理，在后面的示例中将展示。

客户端向服务器发送数据，如下：

```
socket:sendString(str)
```

客户端可以主动关闭网络连接，如下：

```
socket:close()
```

2. 完整示例

测试 WebSocket，依然需要自己搭建一个服务器，本书用 golang 编写了一个配套的 WebSocket 服务器 demo 供客户端测试连接。

在 MainScene 中加入如下代码：

```
function MainScene:ctor()
    self.socket = cc.WebSocket:create("127.0.0.1:1234")

    if self.socket then
        self.socket:registerScriptHandler(handler(self, self.onOpen_), cc.WEBSOCKET_OPEN)
        self.socket:registerScriptHandler(handler(self, self.onMessage_), cc.WEBSOCKET_MESSAGE)
        self.socket:registerScriptHandler(handler(self, self.onClose_), cc.WEBSOCKET_CLOSE)
        self.socket:registerScriptHandler(handler(self, self.onError_), cc.WEBSOCKET_ERROR)
    end
end

function MainScene:onOpen_()
    print("onOpen")
    self.socket:sendString("Hello server, i'm Quick websocket")
    -- 延迟关闭
    self:performWithDelay(function () self.socket:close() end, 1.0)
end

function MainScene:onMessage_(message)
    print("onMessage:" .. message)
end

function MainScene:onClose_()
    print("onClose")
    self.socket = nil
end

function MainScene:onError_(error)
    print("onError:" .. error)
end
```

服务器 url 包含 IP 地址(或域名)和端口号，这里把套接字对象保存到场景中，以便回调函数访问。

registerScriptHandler 注册的事件回调函数，第 1 个参数需要使用 Quick 框架提供的 handler 函数做转换，注意到这里的 self. onOpen_用的是点调用方法，handler 的作用就是让 self 自动传入 self. onOpen_，以防止出现 Invalid self 这样的错误。

应该注意的是，需要收到 cc. WEBSOCKET_OPEN 事件后才能向服务器发送数据。在 MainScene：onOpen_()中使用 self：performWithDelay 来延迟关闭套接字通道，目的是让前面的 self. socket：sendString()网络过程进行完毕。

用上面的代码测试 golang 服务器，客户端的 log 信息如下：

```
[WebSocket::init] _host: 127.0.0.1, _port: 1234, _path:/
[1422189039:5365] NOTICE: Initial logging level 7
[1422189039:5365] NOTICE: Library version: 1.3 66b3e53
[1422189039:5365] NOTICE: Started with daemon pid 0
[1422189039:5365] NOTICE:  static allocation: 4472 + (16 x 2560 fds) = 45432 bytes
[LUA - print] onOpen
[websocket:send] total: 33, sent: 0, remaining: 33, buffer size: 33
[websocket:send] bytesWrite => 33
[LUA - print] onMessage:Hello client!
websocket (0x7fac80a3cbe0) connection closed by client
connection closing..
[LUA - print] onClose
```

7.2 物理引擎

在游戏中模拟真实的物理世界是比较麻烦的，通常都全交给物理引擎来做。比较知名的物理引擎有 Box2D 和 Chipmunk。

在 Cocos2d-x 2. x 中，游戏直接使用物理引擎，引擎提供了一个简单的 CCPhysicsSprite，处理了物理引擎的 body 与 CCSprite 的关系，而物理引擎的其他元素并没有和引擎对应起来，游戏需要选择直接调用 Box2D 或 Chipmunk 的 API 来处理逻辑。然而直接使用物理引擎是比较复杂的，物理引擎的接口参数繁多、复杂，需要开发人员对物理引擎和 Cocos2d-x 都很了解，才能把两者融合得很好。

这种情况在 Cocos2d-x 3. x 中有了改变，全新的 Physics Integration 把 Chipmunk 和 Box2D 封装到引擎内部，开发者不用关心底层具体用的是哪个物理引擎，也不用直接调用物理引擎的接口。

Cocos2d-x 3. x 默认使用 Chipmunk 作为内部物理引擎。

Physics Integration 做了以下深度融合：

(1) 物理世界被融入到 Scene 中，即当创建一个场景时，可以指定这个场景是否使用物理引擎。

(2) Node 自带 body 属性。

(3) 对物理引擎的 Body(cc. PhysicsBody)、Shape(cc. PhysicsShape)、Contact(cc. PhysicsContact)、Joint(cc. PhysicsJoint)、World(cc. PhysicsWorld)进行了封装抽象,使用更简单。

(4) 更简单的碰撞检测监听:EventListenerPhysicsContact。

7.2.1 创建带物理世界的场景

使用下面的方法创建带物理世界的场景:

```
local physicScene = display.newPhysicsScene("physicScene")
```

创建后,physicScene:getPhysicsWorld()用来获取场景绑定的物理世界对象。

PhysicsWorld 默认是带有重力的,大小为 Vect(0.0f,-98.0f),可以通过 setGravity()方法来改变重力值。如下:

```
physicScene:getPhysicsWorld():setGravity(cc.p(0, - 9.8 * 10))
```

在调试物理世界中物体运动模拟时,可以使用 PhysicsWorld 的 setDebugDrawMask()方法来开启调试模式。它能把物理世界中不可见的 shape、joint 和 contact 都可视化。当调试结束需要发布游戏的时候,需要关闭 debug 渲染。

```
scene:getPhysicsWorld():setDebugDrawMask(cc.PhysicsWorld.DEBUGDRAW_ALL)
```

关闭 DEBUG,传入参数 cc. PhysicsWorld. DEBUGDRAW_NONE。

7.2.2 创建物理边界

在物理世界中,所有物体均受重力的影响。物理引擎提供 StaticShape 创建一个不受重力影响的形状,在 Cocos2d-x 2.x 中,需要了解物理引擎的 StaticShape 相关的各种参数来完成边界设置。而在 Cocos2d-x 3.x 中,由 cc. PhysicsBody 创建边界,然后由 Node 添加到场景,addChild 内部自动完成边界添加到物理世界,Node 在这里起中介的作用。

下面的代码将展示如何创建一个围绕屏幕四周的物理边界。

```
local size = display.size
local body = cc.PhysicsBody:createEdgeBox(size, cc.PHYSICSBODY_MATERIAL_DEFAULT,3)

local edgeNode = display.newNode()
layer:addChild(edgeNode)
edgeNode:setPosition(size.width / 2, size.height / 2)
edgeNode:setPhysicsBody(body)
```

cc. PhysicsBody 包含很多工厂方法,createEdgeBox 创建一个不受重力影响的矩形边界,参数含义依次是:

(1) 矩形区域大小,这里设置为屏幕大小。

(2) 设置材质,可选参数,默认为 cc.PHYSICSBODY_MATERIAL_DEFAULT。

(3) 边线宽度,可选参数,默认为 1。

然后创建一个 Node,把刚才创建的 body 附加到 Node 上,并设置好 Node 的 position 为屏幕中心点。最后把 Node 添加到 scene。

Node 的 addChild 方法,在 Cocos2d-x 3.x 中有对物理 body 做处理,它会自动把 Node 的 body 设置到 scene 的 PhysicsWorld 上去。

PhysicsBody 中的工程方法,针对参数设置的 body 大小,会自动创建对应的 PhysicsBody 和一个 PhysicsShape,这也是通常情况下,直接使用物理引擎创建一个 body 需要做的事情。Cocos2d-x 3.x 的 Physics Integration 极大地简化了使用物理引擎的代码量。

7.2.3 创建受重力作用的精灵

在 Cocos2d-x 3.x 中创建一个受重力作用的精灵也很简单。首先来看代码:

```
function MainScene:addSprite(x, y)
    -- 添加物理精灵到场景
    local oneSprite = display.newSprite("1.png")
    self:addChild(oneSprite)
    local oneBody = cc.PhysicsBody:createBox(oneSprite:getContentSize(), cc.PHYSICSBODY_
MATERIAL_DEFAULT, cc.p(0,0))
    oneBody:applyImpulse(cc.p(100, 500))
    oneSprite:setPhysicsBody(oneBody)
    oneSprite:setPosition(x, y)
end
```

首先创建一个 sprite,然后用 cc.PhysicsBody:createBox()创建一个矩形的 body 附加在 sprite 上。createBox 接受三个参数,如下:

(1) 参数 1,cc.size 类型。表示矩形的长宽。

(2) 参数 2,cc.PhysicsMaterial 类型,可选参数,默认为 cc.PHYSICSBODY_MATERIAL_DEFAULT。表示物理材质属性,手动创建材质方法如下:

```
cc.PhysicsMaterial(density, restitution, friction)
```

其中第 1 个参数表示密度,第 2 个参数表示反弹力,第 3 个参数表示摩擦力。

(3) 参数 3,cc.p 类型,可选参数,默认为 cc.p(0,0)。表示 body 与中心点的偏移量,可以用下面的方法创建圆形 body:

```
cc.PhysicsBody:createCircle(radius, material, offset)
```

不同于矩形 body 的创建,该函数第 1 个参数是圆的半径,第 2、3 个参数的作用同 createBox 一样。

7.2.4 碰撞检测

在 Cocos2d-x 中,事件派发机制做了重构,所有事件均由事件派发器统一管理。物理引擎的碰撞事件也不例外，下面的代码注册碰撞 begin 回调函数。

```
local function onContactBegin(contact)
    local tag = contact:getShapeA():getBody():getNode():getTag()
    print(tag)
end

local contactListener = cc.EventListenerPhysicsContact:create()
contactListener:registerScriptHandler(onContactBegin, cc.Handler.EVENT_PHYSICS_CONTACT_
BEGIN)
local eventDispatcher = cc.Director:getInstance():getEventDispatcher()
eventDispatcher:addEventListenerWithFixedPriority(contactListener, 1)
```

碰撞检测的所有事件由 cc.EventListenerPhysicsContact 的实例来监听，这些事件有如下几类。

(1) cc.Handler.EVENT_PHYSICS_CONTACT_BEGIN，在碰撞刚发生时，触发这个事件，并且在此次碰撞中只会被调用一次。可以通过返回 true 或者 false 来决定物体是否发生碰撞。需要注意的是，当这个事件的回调函数返回 false 时，cc.Handler.EVENT_PHYSICS_CONTACT_PRESOLVE 和 cc.Handler.EVENT_PHYSICS_CONTACT_POSTSOLVE 将不会被触发，但 cc.Handler.EVENT_PHYSICS_CONTACT_SEPERATE 必定会触发。

(2) cc.Handler.EVENT_PHYSICS_CONTACT_PRESOLVE，发生在碰撞的每个 step，可以通过调用 cc.PhysicsContactPreSolve 的成员函数来改变碰撞处理的一些参数设定，如弹力和阻力等。同样可以通过返回 true 或者 false 来决定物体是否发生碰撞。

(3) cc.Handler.EVENT_PHYSICS_CONTACT_POSTSOLVE，发生在碰撞计算完毕的每个 step，可以在此做一些碰撞的后续处理，如安全地移除某个物体等。

(4) cc.Handler.EVENT_PHYSICS_CONTACT_SEPARATE，发生在碰撞结束两物体分离时，同样只会被调用一次。它跟 onContactBegin 必定是成对出现。

监听器设置完毕，需要加入到引擎的事件分发器中。

默认情况下，物理引擎中的物体都不发出碰撞事件，也就是上面代码中的 onContactBegin 永远不会调用到。为了解决这个问题，首先需要了解 cc.PhysicsBody 的三个 mask。

(1) CategoryBitmask，body 类别掩码，32 位整型，也就是可以有 32 个不同的类别，默认值为 0xFFFFFFFF。

(2) ContactTestBitmask，当两个物体接触时，用一个物体的 CategoryBitmask 与另一个物体的 ContactTestBitmask 做逻辑与运算，不为 0 时引擎才会新建 PhysicsContact 对象，发送碰撞事件。ContactTestBitmask 的设计是为了优化性能，并不是所有物体之间的碰撞我们都关心，所以这个 ContactTestBitmask 的默认值为 0x00000000。

(3) CollisionBitmask，刚体碰撞掩码，当两个物体接触后，用一个物体的 CollisionBitmask 与另一个物体的 CategoryBitmask 做逻辑与运算，不为 0 时才能发生刚体碰撞。默认值为

0xFFFFFFFF。

上面的解释说明了每个掩码的作用，而掩码之间的相互作用可归纳如下：

(1) CategoryBitmask，是其他两个掩码比较的基础。

(2) CategoryBitmask & ContactTestBitmask，决定是否发送事件消息。

(3) CategoryBitmask & CollisionBitmask，决定是否产生刚体反弹效果。

(4) ContactTestBitmask 和 CollisionBitmask，互相之间没有联系。

注：每个 mask 都有对应的 get 和 set 接口来获取或者修改 mask。

7.2.5 完整示例

下面是 MainScene.lua 文件的完整代码，单击屏幕任意点会创建一个精灵，精灵之间互相碰撞后产生回调事件。

```
local MainScene = class("MainScene", function()
    return display.newPhysicsScene("MainScene")
end)

function MainScene:ctor()
    self:getPhysicsWorld():setGravity(cc.p(0, - 100))

    local size = display.size
    local body = cc.PhysicsBody:createEdgeBox(size, cc.PHYSICSBODY_MATERIAL_DEFAULT, 3)

    local edgeNode = display.newNode()
    self:addChild(edgeNode)
    edgeNode:setPosition(size.width / 2, size.height / 2)
    edgeNode:setPhysicsBody(body)

    -- 监听碰撞检测
    local function onContactBegin(contact)
        local tag = contact:getShapeA():getBody():getNode():getTag()
        print(tag)
        return true
    end

    local contactListener = cc.EventListenerPhysicsContact:create()
    contactListener:registerScriptHandler(onContactBegin, cc.Handler.EVENT_PHYSICS_CONTACT
_BEGIN)
    local eventDispatcher = cc.Director:getInstance():getEventDispatcher()
    eventDispatcher:addEventListenerWithFixedPriority(contactListener, 1)

    -- 打开物理调试
    self:getPhysicsWorld():setDebugDrawMask(cc.PhysicsWorld.DEBUGDRAW_ALL)

    self:addNodeEventListener(cc.NODE_TOUCH_EVENT, function(event)
```

```
            if event.name == "began" then
                self:addSprite(event.x, event.y)
                return true
            end
        end)
        self:setTouchEnabled(true)
end

function MainScene:addSprite(x, y)
    -- 添加物理精灵到场景
    local oneSprite = display.newSprite("box.png")
    self:addChild(oneSprite)
    local oneBody = cc.PhysicsBody:createBox(oneSprite:getContentSize(), cc.PHYSICSBODY_
MATERIAL_DEFAULT,cc.p(0,0))
    oneBody:setContactTestBitmask(0xFFFFFFFF)
    oneBody:applyImpulse(cc.p(0, 80000))
    oneSprite:setPhysicsBody(oneBody)
    oneSprite:setPosition(x, y)
    oneSprite:setTag(101)
end

function MainScene:onEnter()
end

function MainScene:onExit()
end

return MainScene
```

首先，使用 display.newPhysicsScene 作为 MainScene 的父类，创建一个带物理世界的 MainScene。

在 MainScene：ctor 中依次做了下面的初始化工作：

(1) 修改物理世界的重力，重力是从 cc.p(0,0)到 setGravity()参数点之间的向量。

(2) 用 cc.PhysicsBody：createEdgeBox 在屏幕四周创建物理边界，然后通过节点添加到场景中，它不受重力的影响。

(3) 注册 cc.Handler.EVENT_PHYSICS_CONTACT_BEGIN 事件的回调函数。

注：onContactBegin 需要 return true，否则物体碰撞后不发生刚体反弹。

(4) 打开物理世界的调试模式，可以在屏幕上看到物理边界及刚体的框架。

(5) 注册触摸事件，每次触摸事件到来都会在触摸点创建一个刚体精灵。

在 MainScene：addSprite 函数中完成精灵的创建以及初始化：

(1) box.png 是一个矩形的图片，通过这种图片创建精灵。

(2) cc.PhysicsBody：createBox 创建一个矩形的刚体，注意到它采用了 oneSprite：getContentSize()作为第 1 个参数，这样刚体就能完全吻合图片的形状。

(3) setContactTestBitmask 修改精灵的接触检测掩码，这样精灵之间碰撞就能发出事件。

(4) applyImpulse 为刚体施加了一个向上的瞬时冲力，这样精灵创建后会先向上飞一下，再掉落下来。applyImpulse 是一个很有用的接口，在物理世界中，用这个接口来改变物体的运动轨迹，而不是用传统的 setPos，否则物理世界的运动将不可预期。

(5) setPhysicsBody 把物理刚体和精灵绑定在一起。

(6) 设置精灵的初始坐标并添加到场景上。

快速单击屏幕创建多个精灵，会发现它们互相弹开了，这是由于刚体的弹力作用，然后由于受重力的影响，最终它们都掉落到屏幕下方，如图 7-2 所示。

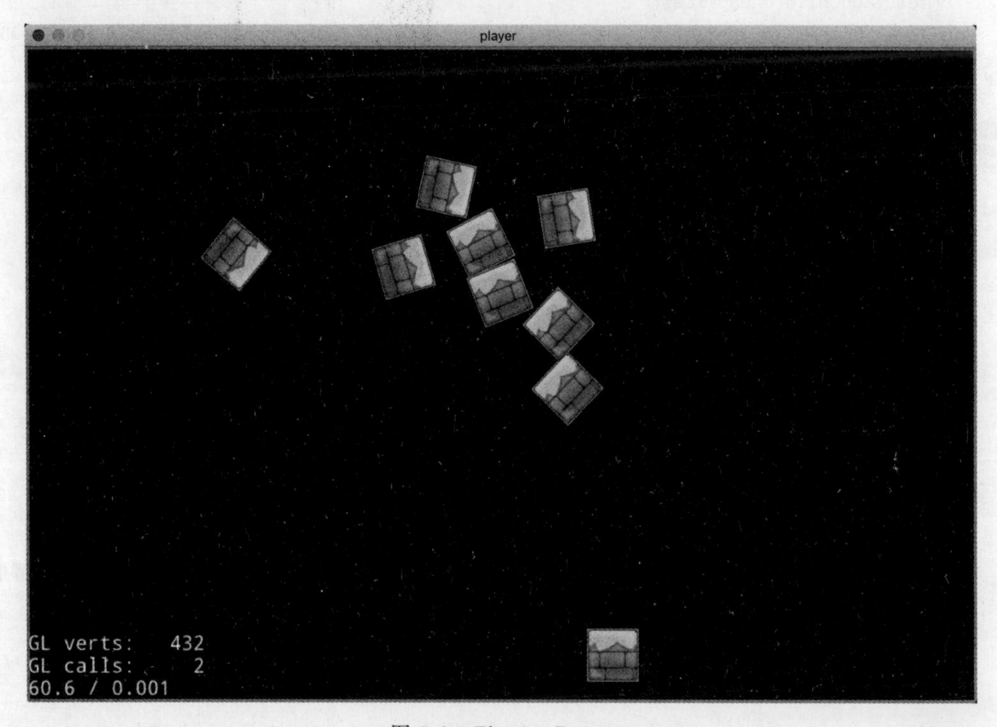

图 7-2 Physics Demo

7.3 摄像机

在 Cocos2d-Lua 基础概念中，把做游戏类比为拍电影。一部电影的节奏由导演控制，摄像机实现各场景的录制，最终导演把各场景串起来形成整部电影。

cc.Director 是我们熟知的导演类，那么摄像机呢？其实我们一直都在使用摄像机，只不过使用的是默认摄像机，并且摄像机固定不动。

7.3.1　OpenGL 视口

Cocos2d-Lua 底层基于 OpenGL 绘图，而摄像机其实来源于 OpenGL 中的视口概念。

虚拟世界是没有边界的，但计算机不可能处理无限的空间，所以 OpenGL 定义了一个可以被观察者看到的空间。如果把观察者比喻为人的眼睛，那么人的眼睛其实是无法同时观察周围 360°的 3D 空间，只能看到眼睛正对的这块区域，背后及视角外的区域都不可见。这相当于无形中有一个虚拟视口来限制观察者的可见范围。

视口在 OpenGL 中有两种类型：透视和正交。

1．透视视口

离视点越远的物体越小，在透视视口下观察一条平行的铁轨，如图 7-3 所示，铁轨最终会在远处交汇。这是对真实视觉的模拟，人类就是以这种方式观察世界的。透视视口用在 3D 游戏中。

2．正交视口

视线永远不会交汇而且物体不会改变其大小，没有透视效果。在正交视口下观察一条平行的铁轨，如图 7-4 所示，铁轨永远平行。正交视口用在 2D 游戏中。

图 7-3　透视视口

图 7-4　正交视口

7.3.2　cc.Camera

Cocos2d-Lua 封装的摄像机类是 cc.Camera。摄像机是 OpenGL 视口的高级抽象，因此也分为两种摄像机：透视摄像机和正交摄像机。

1．透视摄像机

透视摄像机如图 7-5 所示。

创建方法：

```
local camera = cc.Camera:createPerspective(fieldOfView, aspectRatio, nearPlane, farPlane)
```

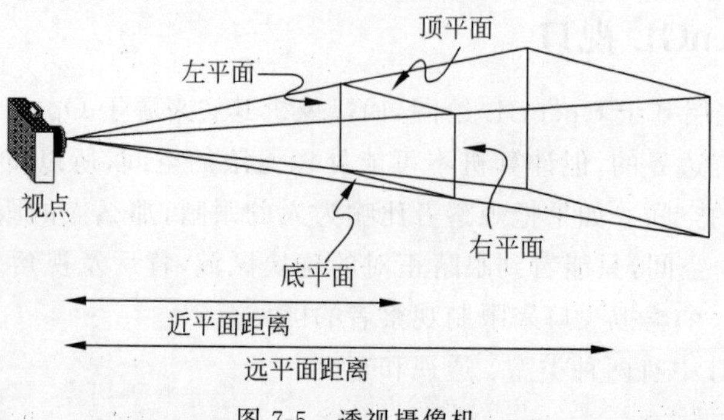

图 7-5 透视摄像机

参数说明如下：

（1）fieldOfView，number 类型，表示透视摄像机视野，通常是 40°～60°。

（2）aspectRatio，number 类型，表示视平面宽/高比例。

（3）nearPlane，number 类型，表示近平面到视点的距离。

（4）farPlane，number 类型，表示远平面到视点的距离。

回顾一下三角定理，已知夹角和直角边，可以求出另一条直角边，如图 7-6 所示。

通过 fieldOfView 和 nearPlane 可以求出近视面的宽，再根据宽高比求出近视面的高，远视面同理可得。

可见，透视摄像机的创建参数结合了数学知识中的三角定理。这也充分说明了数学在游戏设计中的重要性。

2. 正交摄像机

正交摄像机如图 7-7 所示。

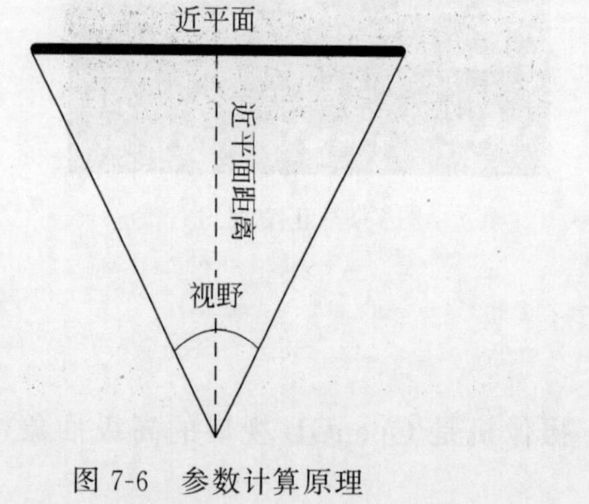

图 7-6 参数计算原理

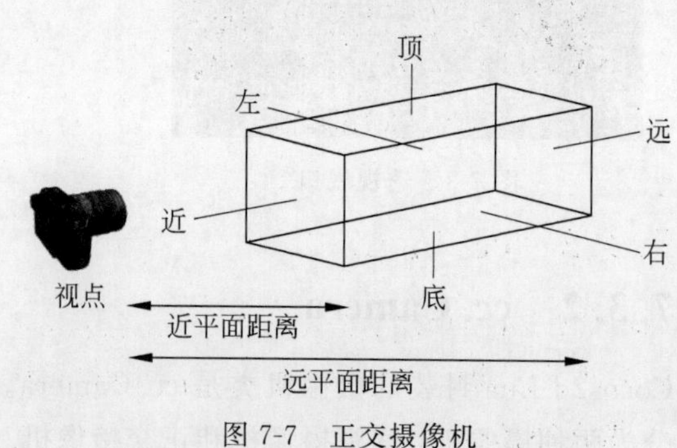

图 7-7 正交摄像机

创建方法：

```
local camera = cc.Camera:createOrthographic(zoomX, zoomY, nearPlane, farPlane)
```

参数说明如下：

（1）zoomX，number 类型，表示视平面宽。

（2）zoomY，number 类型，表示视平面高。

（3）nearPlane，number 类型，表示近平面到视点的距离。

（4）farPlane，number 类型，表示远平面到视点的距离。

3. 摄像机的位置与角度

摄像机同样是一个节点，创建后需要添加到父节点上才能工作：

```
scene:addChild(camera)
```

摄像机创建后的默认坐标为(0,0,0)，锚点为(0,0)。2D 游戏使用正交摄像机，一般不需要修改坐标与锚点。如果要修改坐标，则使用下面的接口：

```
camera:setPosition3D(cc.vec3(x, y, z))
```

摄像机的旋转角度用 lookAt 来设置：

```
camera:lookAt(target, up)
```

参数说明如下：

（1）target，cc. vec3 类型，表示观察区域平面的中心点坐标。从摄像机坐标点到 target 坐标点构成的方向矢量表示摄像机视线观察方向。

（2）up，cc. vec3 类型，表示头顶方向，通常设置为 Y 轴正方向(0. 0f，1. 0f，0. 0f)。

4. 摄像机掩码

摄像机创建并添加到节点后，节点及其子节点的渲染都受到摄像机掩码的影响。

摄像机自身有一个 CameraFlag，通过下面的接口进行设置：

```
camera:setCameraFlag(flag)
```

flag 为下列值中的一个：

（1）cc. CameraFlag. DEFAULT，等于 1。

（2）cc. CameraFlag. USER1，等于 1 << 1。

（3）cc. CameraFlag. USER2，等于 1 << 2。

（4）cc. CameraFlag. USER3，等于 1 << 3。

（5）cc. CameraFlag. USER4，等于 1 << 4。

（6）cc. CameraFlag. USER5，等于 1 << 5。

（7）cc. CameraFlag. USER6，等于 1 << 6。

(8)cc. CameraFlag. USER7，等于 1 << 7。

(9)cc. CameraFlag. USER8，等于 1 << 8。

摄像机创建后，CameraFlag 值为 cc. CameraFlag. DEFAULT，而每个节点(如场景)创建后都会有一个 CameraMask 属性，默认为 1。

引擎渲染节点树的时候对每个节点计算 CameraMask & CameraFlag，值不为 0 时的节点才会被渲染到屏幕上。

由于默认 CameraFlag 和默认 CameraMask 的位与运算刚好为 1，在不进行自定义修改的情况下，所有节点均能被显示在屏幕上。

CameraMask 的修改通过下面的函数完成：

```
node:setCameraMask(mask, applyChildren)
```

参数说明：

① mask，number 类型。掩码与 CameraFlag 对应。

② applyChildren，布尔类型。可选参数，默认为 true。设置节点的摄像机掩码是否自动更新所有子节点的摄像机掩码。

7.3.3 场景的默认摄像机

引擎场景类底层 C++实现的构造函数如下：

```
Scene::Scene()
#if CC_USE_PHYSICS
: _physicsWorld(nullptr)
#endif
{
    _ignoreAnchorPointForPosition = true;
    setAnchorPoint(Vec2(0.5f, 0.5f));

    //创建默认摄像机
    _defaultCamera = Camera::create();
    addChild(_defaultCamera);

    _event = Director::getInstance()->getEventDispatcher()->addCustomEventListener
(Director::EVENT_PROJECTION_CHANGED, std::bind(&Scene::onProjectionChanged, this, std::
placeholders::_1));
    _event->retain();
}
```

上述代码中创建了默认的摄像机 _defaultCamera = Camera::create()并添加到场景。这样场景中的所有子节点都能被显示在屏幕上。事实上，引擎引入摄像机概念后，一个场景至少需要一台摄像机，场景才能正常渲染到屏幕上。

7.3.4 自定义摄像机

场景的默认摄像机满足基本渲染需求，但不能修改默认摄像机的属性。在某些游戏场景中，可能需要根据游戏进程改变摄像机的位置。例如跑酷类游戏，主角不停地向前奔跑，背景在向前推进，为了不让主角跑出屏幕，可以让摄像机跟随主角移动而移动。虽然可以用移动背景图，让人物以不动的方式来完成同样的效果，但从人观察世界的习惯上来说，移动摄像机会更好理解。

下面以一个 2D 场景中移动的主角为例，展示如何使用自定义摄像机。

新建一个竖屏游戏项目，修改 MainScene：ctor 的实现如下：

```
function MainScene:ctor()
    -- 新建层
    local layer = display.newLayer()
    layer:addTo(self)

    -- 添加背景图片到层
    display.newSprite("background.png")
        :pos(display.cx, display.cy)
        :addTo(layer)

    -- 添加主角到层
    local startX = 100
    local player = display.newSprite("player.png")
        :pos(display.cx, startX)
        :addTo(layer)
    player:runAction(cc.MoveTo:create(4, cc.p(display.cx, 800)))

    local camera = cc.Camera:createOrthographic(display.width, display.height, 0, 1)
    camera:setCameraFlag(cc.CameraFlag.USER1)
    layer:addChild(camera)

    -- 默认会递归设置所有子节点，如果子节点在这行代码之后加入
    -- 子节点需要自行设置照相机掩码
    layer:setCameraMask(2)

    -- 启用帧事件
    self:addNodeEventListener(cc.NODE_ENTER_FRAME_EVENT, function(dt)
        camera:setPositionY(player:getPositionY() - startX)
    end)
    self:scheduleUpdate()
end
```

上述代码中，首先在场景上添加了一个层；然后再在层上添加背景地图和主角精灵；接着创建了一个正交摄像机，注意摄像机是被添加到层上的，只有这样层及其子节点才会受到自定义摄像机的影响。摄像机 CameraFlag 修改为 cc.CameraFlag.USER1。

在设置完摄像机属性后，再来修改层的 CameraMask。如果提前修改，摄像机不会像我们期望的那样工作。

精灵 player 运行了一个 MoveTo 动作，然后启用帧事件，在事件回调中检测精灵的移动位置，并修改摄像机的位置。运行程序会看到镜头跟随精灵在移动，精灵离屏幕下方的距离保持不变。运行效果如图 7-8 所示。

图 7-8　自定义摄像机

7.4　自定义事件

在 3.12 节介绍了引擎内部相关的事件分发。但在复杂的游戏项目中，通常还需要使用自定义的事件，在不同模块之间传递信息，以达到模块解耦的目的。

自定义事件有两种实现方式：

(1) 使用引擎自带的 CustomEvent。

(2) 在 Lua 层封装消息分发器。

7.4.1　CustomEvent

CustomEvent 是引擎 C++层封装的用户自定义事件，引擎内部有使用，同时提供了 Lua binding，可以在游戏中使用。

1. 监听事件

```
local dispatcher = cc.Director:getInstance():getEventDispatcher()
local customListener = cc.EventListenerCustom:create("TestEvent", function(event)
    print(" == get TestEvent data:", event:getDataString())
end)
dispatcher:addEventListenerWithFixedPriority(customListener, 1)
```

2. 发送事件

```
local dispatcher = cc.Director:getInstance():getEventDispatcher()
local event = cc.EventCustom:new("TestEvent") -- 自动添加到 autorelease 池中
event:setDataString("adding string")
dispatcher:dispatchEvent(event)
```

3. 优缺点

CustomEvent 的优势在于可以监听引擎中发送的 CustomEvent 事件，如 framework/AppBase.lua 中监听手机前后切换事件的相关代码如下：

```
local eventDispatcher = cc.Director:getInstance():getEventDispatcher()
local customListenerBg = cc.EventListenerCustom:create("APP_ENTER_BACKGROUND_EVENT",
function()
    audio.pauseAll()
    self:onEnterBackground()
end)
eventDispatcher:addEventListenerWithFixedPriority(customListenerBg, 1)

local customListenerFg = cc.EventListenerCustom:create("APP_ENTER_FOREGROUND_EVENT",
function()
    audio.resumeAll()
    self:onEnterForeground()
end)
eventDispatcher:addEventListenerWithFixedPriority(customListenerFg, 1)
```

事件 APP_ENTER_BACKGROUND_EVENT 和 APP_ENTER_FOREGROUND_EVENT 都是由 C++代码发送过来的，在 Lua 代码中做相应的暂停音乐等处理。

CustomEvent 的缺点在于性能不优，Lua 模块之间使用需要走引擎的 C++分发器绕一圈再返回 Lua；另外，cc.EventCustom 只支持发送字符串，使用中不够灵活。

7.4.2 PushCenter

PushCenter 是作者封装的纯 Lua 事件分发器，适合于 Lua 模块之间使用。其完整实现如下：

```
local center = {}
center._listeners = {}

-- eventName:string, func:function, tag:anything
function center.addListener(eventName, func, tag)
    assert(tag, "Tag must not be nil")
    local listeners = center._listeners
    if not listeners[eventName] then
        listeners[eventName] = {}
    end
```

```
        local eventListeners = listeners[eventName]
        for i = 1, #eventListeners do
            if tag == eventListeners[i][2] then
                -- avoid repeate add listener for a tag
                return
            end
        end
        table.insert(eventListeners, {func, tag})
    end

    function center.removeListener(func)
        local listeners = center._listeners
        for eventName, eventListeners in pairs(listeners) do
            for i = 1, #eventListeners do
                if eventListeners[i][1] == func then
                    -- remove listener
                    table.remove(eventListeners, i)
                    -- clear table
                    if 0 == #listeners[eventName] then
                        listeners[eventName] = nil
                    end
                    return
                end
            end
        end
    end

    function center.removeListenerByNameAndTag(eventName, tag)
        assert(tag, "Tag must not be nil")
        local listeners = center._listeners
        local eventListeners = listeners[eventName]
        if not eventListeners then return end

        for i = #eventListeners, 1, -1 do
            if eventListeners[i][2] == tag then
                -- remove listener
                table.remove(eventListeners, i)
                break
            end
        end
        -- clear table
        if 0 == #eventListeners then
            listeners[eventName] = nil
        end
    end

    function center.removeListenersByTag(tag)
```

```
    assert(tag, "Tag must not be nil")
    local listeners = center._listeners
    for eventName, eventListeners in pairs(listeners) do
        center.removeListenerByNameAndTag(eventName, tag)
    end
end

function center.removeAllListeners()
    center._listeners = {}
end

function center.pushEvent(eventName, ...)
    local listeners = center._listeners
    local eventListeners = listeners[eventName]
    if not eventListeners then
        return
    end

    -- keep register order to send message
    local tmp = {}
    for index, listeners in ipairs(eventListeners) do
        -- copy table to avoid listener remove in deal func
        tmp[index] = listeners
    end
    for _, listeners in ipairs(tmp) do
        listeners[1](...)
    end
end

return center
```

1. 单例管理

PushCenter 是单例设计的，为了避免被 GC，导致内存存储的事件注册信息丢失，需要把 PushCenter 挂在一个全局变量上。这样任何地方 require PushCenter 模块都是同一份实例。

```
app.PushCenter = require("app.utils.PushCenter")
```

2. 注册监听

```
local PushCenter = require("app.utils.PushCenter")
PushCenter.addListener("LoginEvent", function(param)
    dump(param)
end, self)
```

(1) 参数 1，事件名称，一个唯一的字符串。

(2) 参数 2，回调函数。

(3) 参数3,tag标签,通常传入self作为移除标识。

3. 移除监听

当节点销毁的时候,需要移除主动移除监听器。

```
function MainScene:onExit()
    PushCenter.removeListenersByTag(self)
end
```

4. 发送事件

```
PushCenter.pushEvent("LoginEvent", "this is param")
```

(1) 参数1,事件名称,一个唯一的字符串。

(2) 参数2,传递给监听函数的参数,可以是任意数据类型。

5. 完整示例

```
local MainScene = class("MainScene", function()
    return display.newScene("MainScene")
end)

local PushCenter = require("app.utils.PushCenter")
app.PushCenter = PushCenter

function MainScene:ctor()
    -- 添加事件监听器
    PushCenter.addListener("LoginEvent", function(param)
        dump(param)
    end, self)

    self:performWithDelay(function()
        PushCenter.pushEvent("LoginEvent", "this is param")
    end, 1)
end

function MainScene:onEnter()
end

function MainScene:onExit()
    PushCenter.removeListenersByTag(self)
end

return MainScene
```

7.5 Lua中使用Protobuf

Google Protocol Buffer(简称Protobuf)是Google公司内部的混合语言数据标准,后Google把Protobuf开源出来,被广泛用于服务器与客户端之间的数据通信。Protobuf是一种平台无关、语言无关、可扩展且轻便高效的序列化数据结构的协议，官方支持 C++、Java、Python、Go、JavaScript 等多种语言，唯独没有官方的 Lua 支持。

protoc-gen-lua 是最早的 Protobuf for Lua 解决方案，也最贴合官方的用法。由于原作者很久没维护，因此 Quick-Cocos2dx-Community 集成 protoc-gen-lua 之后，对其运行时和工具进行了多处 bug 修复和改进。具体如下：

（1）修正 message 嵌套定义生成的 Lua 代码不正确的问题。（工具修正）

（2）添加 message：DescriptorType()获取子类的真实名称。（运行时修正）

（3）修正 main function has more than 200 local variables 错误。（工具修正）

（4）修正 enum 变量有 default 的时候，不能正确设置 default 值的问题。（工具修正）

（5）修正 Android 下解析 double 数据类型时崩溃的 bug。（运行时修正）

（6）正确解析 int64 数据，最大值为 Lua 整数最大值 2^{53}。（运行时修正）

1. 工具安装

protoc-gen-lua 工具是 Python 的 Protobuf 插件和本地 Python 脚本的组合，原始发布安装比较烦琐，需要对 Google 的 protobuf-2.6.1 进行编译，再结合 protoc-gen-lua 进行安装。社区重新打包了工具，附带必要的批处理脚本和预编译库，简化了安装和使用过程。最新修正的工具可以在 http://www.cocos2d-lua.org/doc/protobuffer/index.md 获得。

protoc-gen-lua 工具安装步骤如下：

（1）安装 Python 2.x，Windows 下请安装 32 位的 python。

（2）卸载通过 pip 安装的 Protobuf 插件。

（3）解压 protoc-gen-lua.zip，进入 python_win32 或 python_mac 目录。启动控制台，运行 python setup.py install，等待 Protobuf 插件安装完成。

2. 定义 proto 协议文件

proto 协议描述文件格式参考地址为 https://developers.google.cn/protocol-buffers/。由于 protoc-gen-lua 只支持 protobuf-2.6.1，对 protobuf-3.x 的新格式并不支持，而一些未经过测试的不常用关键字，也不推荐使用。具体列举如下：

（1）不要使用 Groups，用 nested message 替代。

（2）不支持 Extensions 特性。

（3）Oneof 特性未经测试，不推荐使用。

（4）Maps 特性未经测试，不推荐使用。

（5）option 特性未经测试，不推荐使用。

（6）建议分模块定义 proto，一个文件定义全部 message 的粗暴方式不推荐。

（7）optional 后是 enum 类型的，建议加上[default = enumType]来指定默认值，否则会用 nil 来设置默认值。其他基本类型的默认值能正确设置。

（8）repeated 类型需要用 add()或 append()来添加项。add 用来添加 message 或 enum 等自定义类型，append 用来添加 int 等已知类型。

下面是一份 proto 示例：

```
package tutorial;

message Person {
    required string name = 1;
    required int32 id = 2;          //用户唯一标识
    optional string email = 3;

    enum PhoneType {
        MOBILE = 4;
        HOME = 5;
        WORK = 6;
    }

    message PhoneNumber {
        required string number = 1;
        optional PhoneType type = 2 [default = HOME];
    }

    repeated PhoneNumber phone = 4;
}

// Our address book file is just one of these.
message AddressBook {
    repeated Person person = 1;
}
```

3. 生成 lua 代码

把. proto 文件放在 protoc-gen-lua 的 proto 子目录下，如图 7-9 所示。Windows 下双击 buildproto. bat 运行脚本，Mac 需在控制台下运行 buildproto. sh 脚本。脚本会自动扫描 proto 目录下的所有. proto 文件，生成对应的 Lua 文件到 output 目录，如 AddressBook. proto 将生成 AddressBook_pb. lua。

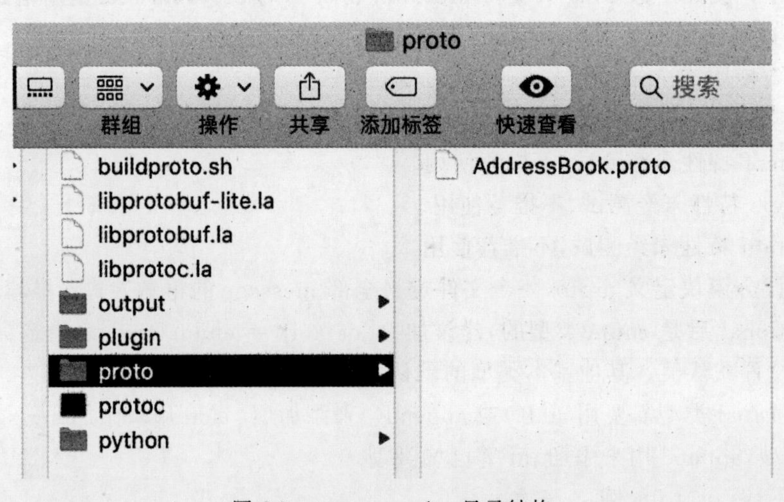

图 7-9 protoc-gen-lua 目录结构

4. Quick-Cocos2dx-Community 中使用

Quick-Cocos2dx-Community 已集成了 protoc-gen-lua 的运行时代码，可直接加载生成的 Lua 文件。首先需要把生成的 AddressBook_pb. lua 源文件复制到项目的 src 目录下，这里复制到 src/app/pb/AddressBook_pb. lua。然后 require 此 Lua 文件：

```
require("app.pb.AddressBook_pb")
```

Lua 模块加载之后，自动添加 AddressBook_pb 全局变量，通过 AddressBook_pb 来系列化或反序列化 AddressBook. proto 中定义的数据结构。以示例的 proto 为例，序列化与反序列化的代码如下：

```
--序列化
local addressBookWriter = AddressBook_pb.AddressBook()
    for i = 1, 5 do
    local person = addressBookWriter.person:add()
    person.name = "my " .. i
    person.id = i

    local phone = person.phone:add()
    phone.number = "1380000000" .. i
    if i % 2 == 0 then
        phone.type = AddressBook_pb.Person.WORK
    end
end

local data = addressBookWriter:SerializeToString()
-- 写入文件
local path = cc.FileUtils:getInstance():getWritablePath() .. "testpb.bin"
io.writefile(path, data, "wb")

-- 反序列化
local addressBookReader = AddressBook_pb.AddressBook()
addressBookReader:ParseFromString(data)
for _, person in ipairs(addressBookReader.person) do
    print(person.name)
    print(person.id)
    for _, phone in ipairs(person.phone) do
        print(phone.number)
        if (phone.type == AddressBook_pb.Person.MOBILE) then
            print("MOBILE")
        elseif (phone.type == AddressBook_pb.Person.HOME) then
            print("HOME")
        else
            print("WORK")
        end
    end
end
```

SerializeToString()序列化之后的二进制数据可通过网络接口发送给服务器；而从服务器收到的二进制数据可通过 ParseFromString 进行反序列化，解析出需要的数据信息。上面的测试代码运行结果如下：

```
[LUA-print] my 1
[LUA-print] 1
[LUA-print] 13800000001
[LUA-print] HOME
[LUA-print] my 2
[LUA-print] 2
[LUA-print] 13800000002
[LUA-print] WORK
[LUA-print] my 3
[LUA-print] 3
[LUA-print] 13800000003
[LUA-print] HOME
[LUA-print] my 4
[LUA-print] 4
[LUA-print] 13800000004
[LUA-print] WORK
[LUA-print] my 5
[LUA-print] 5
[LUA-print] 13800000005
[LUA-print] HOME
```

7.6 扩展 Lua 接口

Cocos2d-Lua 使得我们可以用 Lua 脚本开发游戏，并提供了进一步封装的 Quick 框架以提高易用性。Quick 框架结合游戏开发实际情况封装了更多的 Lua 接口，然而游戏开发中遇到的需求是千变万化的，一些功能需要自己扩展 Lua 接口以满足项目需求。

本节结合实际，用两个 Lua 封装案例，展示如何在 Cocos2d-Lua 中扩展自己的 Lua 接口。

7.6.1 Lua C API

我们知道，Lua 是一门嵌入式的语言，可以嵌入 C 语言中用来扩展应用的功能。Lua 与 C 语言之间有两种交互方式：

(1) C 作为应用程序语言，Lua 作为库使用。

(2) Lua 作为应用程序语言，C 作为库使用。

无论哪种方式，C 语言使用相同的 API 与 Lua 通信，它们称为 Lua 的 C API。我们把通过 C API 实现 Lua 与 C 之间互相调用的方式叫 Lua Binding。

LuaC API 是一个 C 代码与 Lua 进行交互的函数集，它可以读写 Lua 全局变量，调用 Lua 函数，注册 C 函数，然后可以在 Lua 中被调用，等等。下面是引擎源文件 LuaBasicConversions.cpp 中的一段代码：

```
void size_to_luaval(lua_State * L,const Size& sz)
{
    if (NULL  == L)
        return;
    lua_newtable(L);                                  /* L: table */
    lua_pushstring(L, "width");                       /* L: table key */
    lua_pushnumber(L, (lua_Number) sz.width);         /* L: table key value */
    lua_rawset(L, -3);                                /* table[key] = value, L: table */
    lua_pushstring(L, "height");                      /* L: table key */
    lua_pushnumber(L, (lua_Number) sz.height);        /* L: table key value */
    lua_rawset(L, -3);                                /* table[key] = value, L: table */
}
```

lua_State * L 是 Lua 的 runtime 实例，所有 Lua C API 接口操作均需要传入这个变量。size_to_luaval 把 C 语言结构体 Size 转化为 Lua 对象。在函数中以 Lua_开头的接口函数都是 Lua C API。要理解这段代码，需要先深入 Lua 的栈管理机制。

7.6.2 Lua 栈

当在 Lua 与 C 之间交换数据，会面临下面两大问题：

(1) Lua 动态类型系统与 C 静态类型系统不匹配。

(2) Lua 自动内存管理与 C 手动内存管理不匹配。

试想下 a[k]=v 这条 Lua 赋值语句，k 和 v 存在多种类型可能，如果要在 C 中映射这样的操作，要覆盖所有类型组合将需要庞大的分支判断与代码量。

为了解决这两个问题，Lua 采用了“栈”来进行 Lua 与 C 之间的值交换。这个栈不同于传统 C 语言意义上的栈，Lua 对它有自己的解释：

(1) 栈的每一条记录都可以保存任何 Lua 值。

(2) 想要从 Lua 获取一个值，把值压入栈。

(3) 想要传递一个值给 Lua，也把值压入栈。

(4) 值入栈后再使用 C API 的接口用栈记录进行值交换。

(5) 每一次压栈，应有对应的出栈操作。（大部分 C API 都有自动出栈功能）

Lua 以严格的 LIFO 规则来操作栈，并且栈是由 Lua 来管理以保证 Lua 对内存的绝对控制。

现在分析 sizeto_luaval 函数前半部分的实现，假如 sz.width = 4，sz.height = 3。

(1) lua_newtable(L)在栈上压入一个空 table。

(2) lua_pushstring(L,"width")在栈上压入一个字符串。

(3) lua_pushnumber(L,(lua_Number)sz.width)在栈上压入一个数字。

(4) lua_rawset(L,-3)作一个等价于t[k] = v的操作,t位于栈的-3位置,v指栈顶的值,而k是栈顶之下的那个值。lua_rawset不触发table的newindex事件,函数完成后自动弹出k、v。

Lua栈变化如图7-10所示。

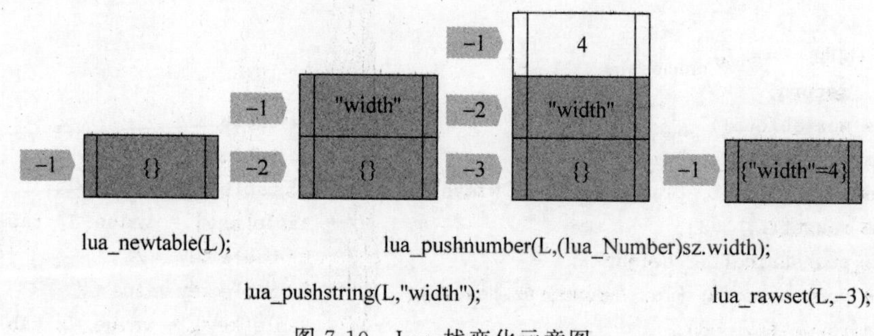

图7-10 Lua栈变化示意图

注:Lua规定,-1为栈顶,-2为栈顶之下的值,以此类推。

sizeto_luaval函数后半部分的实现同理可推,最终它实现如下Lua代码所示的功能:

```
t= {}
t.width = 4
t.height = 3
```

7.6.3 Lua Binding实战(1):tolua++手动绑定

Lua的C API已经可以帮助我们实现C与Lua之间的互相调用与数据访问,但是直接使用这些接口并非易事。通常需要为每个赋值或取值接口预先在栈顶布置好需要的参数,类似Cocos2d-x这样大型的库要把所有接口映射到Lua,手动绑定接口的工作量是巨大的。为了提高绑定工作效率,减少出错,tolua++库被引入进来。

tolua++是tolua的升级版,它在Lua C API的基础上进一步做了封装,接口名称上更符合C++与Lua的转换。例如下面两个接口:

```
TOLUA_APIvoid tolua_beginmodule (lua_State * L, const char * name);
TOLUA_API void tolua_endmodule (lua_State * L);
```

从名称上很容易理解,这是定义一个模块的开始与结束,而它们的内部包含了大量Lua C API的调用。

tolua++把重复的代码按照功能抽象为函数,更重要的是,它使C++接口绑定到Lua的自动化成为可能。

下面通过一个例子来展示如何使用tolua++来手动绑定Lua接口。

新建一个项目后,在project_name/frameworks/runtime-src/Classes下会有一个专门

存放项目 C++文件的路径,所有与项目定制相关的扩展都应该放在这里,这样当引擎更新的时候,可以以最小工作量升级引擎。绑定函数和被绑定类的存放如图 7-11 所示。

图 7-11 Lua 绑定

1. 一个简单的 C++类

MyClass 是一个最简单的类,只有一个 print 成员函数以便于 Lua 绑定测试。

MyClass. h 中声明类的接口,完整代码如下:

```
#ifndef __MYCLASS_H__
#define __MYCLASS_H__

class  MyClass
{
public:
    MyClass();
    virtual ~MyClass();

    void print(void);
};

#endif  // __MYCLASS_H__
```

MyClass. cpp 中实现类,完整代码如下:

```
#include <stdio.h>
#include "MyClass.h"

MyClass::MyClass()
{
}

MyClass::~MyClass()
{
```

```
}

void MyClass::print(void)
{
    printf(" == This is myclass print\\n");
}
```

2. 绑定实现

在头文件 MyClass_binding.h 中，引用 Lua C API 与 tolua++的头文件：

```
#ifndef __MYCLASS_BINDING_H__
#define __MYCLASS_BINDING_H__

extern "C" {
#include "lua.h"
#include "tolua++.h"
}

#include "tolua_fix.h"
#include "CCLuaEngine.h"

int luaopen_myclass_luabinding(lua_State *L);

#endif  // __MYCLASS_BINDING_H__
```

luaopen_myclass_luabinding 是实现绑定的函数，具体实现在 MyClass_binding.cpp 中，如下：

```
#include "MyClass_binding.h"
#include "MyClass.h"

static int lua_myclass_create(lua_State * L)
{
    // 如果 lua 端用:,则第 1 个参数是 self
    int argc = lua_gettop(L) - 1;
    if (argc == 0) {
        MyClass *a = new MyClass;
        tolua_pushusertype(L,(void *)a,"my.MyClass");
        // 绑定 GC 函数
        tolua_register_gc(L,lua_gettop(L));
        // 返回值个数
        return 1;
    }
    luaL_error(L,"lua_myclass_create in function 'create'.");
    return 0;
}
```

```
static int lua_myclass_print(lua_State * L)
{
    // 如果 lua 端用:,则第 1 个参数是 self
    int argc = lua_gettop(L) - 1;
    MyClass *a = (MyClass *)tolua_tousertype(L,1,0);
    a->print();
    if (argc == 1) {
        // 获取 Lua 的函数,增加引用计数
        int handler = (toluafix_ref_function(L,2,0));
        // 调用 Lua 函数
        cocos2d::LuaStack * stack = cocos2d::LuaEngine::getInstance()->getLuaStack();
        stack->pushInt(10);
        stack->pushString("Hello Callback!");
        stack->executeFunctionByHandler(handler, 2);
        // 减少引用计数
        toluafix_remove_function_by_refid(L, handler);
    }
    return 0;
}

static int lua_myclass_finalize(lua_State * L)
{
    MyClass *a = static_cast<MyClass *>(tolua_tousertype(L,1,0));
    delete a;
    printf("==myclass freed\\n");
    return 0;
}

static void lua_register_myclass(lua_State * tolua_S)
{
    // 注册 userdata
    tolua_usertype(tolua_S,"my.MyClass");
    tolua_cclass(tolua_S,"MyClass","my.MyClass","",lua_myclass_finalize);
    // 开始绑定功能函数
    tolua_beginmodule(tolua_S,"MyClass");
        tolua_function(tolua_S,"create",lua_myclass_create);
        tolua_function(tolua_S,"print",lua_myclass_print);
    tolua_endmodule(tolua_S);
}

int luaopen_myclass_luabinding(lua_State *L)
{
    if (nullptr == L)
        return 0;

    tolua_open(L);
    // my 是全局变量
```

```
    tolua_module(L,"my",0);
    tolua_beginmodule(L,"my");
    lua_register_myclass(L);
    tolua_endmodule(L);

    return 0;
}
```

Cocos2d-lua 中使用了 tolua++库来方便地实现 C++接口绑定的脚本自动化,手动绑定也依赖于它。以 tolua_开头的 API 均属于 tolua++库的接口。

MyClass_binding. cpp 中各功能函数的实现解析如下。

(1) luaopen_myclass_luabinding 函数实现自定全局表 my 的注册,每个函数的作用如下:

① tolua_open(L)让 tolua++准备好环境。

② tolua_module(L,"my",0)首先查找全局表 my,如果找不到,则创建表 my。

③ tolua_beginmodule(L,"my")把表 my 压入栈顶。

④ lua_register_myclass(L)绑定属于 my 下的成员,后面详细解析。

⑤ tolua_endmodule(L)把 my 弹出栈。

(2) lua_register_myclass 实现具体的 MyClass 绑定,具体解析如下:

① tolua_usertype(tolua_S,"my. MyClass")注册一个名为 my. MyClass 的 usertype。usertype 可以理解为 tolua++定义好的一套 Lua 类机制。

② tolua_cclass(tolua_S,"MyClass","my. MyClass","",lua_myclass_finalize)创建表 MyClass 并挂接到全局表 my 下,同时为名为 my. MyClass 的 usertype 指定析构函数。

③ tolua_beginmodule(tolua_S,"MyClass")把 MyClass 压入栈顶。

④ tolua_function(tolua_S,"create",lua_myclass_create)绑定名为 create 的函数到 MyClass。当在 Lua 中调用 my. MyClass: create()函数的时候,C 函数 lua_myclass_create 将被调用。

⑤ tolua_endmodule(L)把 MyClass 弹出栈。

lua_register_myclass 绑定对应的 Lua 代码如下:

```
local myclass = my.MyClass:create()
```

(3) lua_myclass_create 实现 MyClass 的实例化过程,解析如下:

① lua_gettop(L)获取 Lua 端传递过来的参数个数。

由于是用":"来调用的 create,故第一个参数总是 my. MyClass 自己,用 lua_gettop(L)- 1 来修正参数个数。

② MyClass * a = new MyClass 创建 MyClass 的 C++实例。

③ tolua_pushusertype(L,(void *)a,"my. MyClass")用 a 来创建 Lua 的 userdata 数据类型,并用之前定义好的"my. MyClass"usertype 作为工厂模板,给 userdata 预设好一系

列的函数，以符合类实例化的基本要求。

④ tolua_register_gc(L,lua_gettop(L))这里还需手动注册一次GC，让一开始定义的析构函数生效。

⑤ return 1告诉Lua引擎create函数返回的参数个数。

(4) lua_myclass_print绑定的print函数是给MyClass的实例来调用的，在lua端应该用如下的方式调用：

```
myclass:print(function (a, b)
    print(a, b)
end)
```

在lua_myclass_print中接受两个参数。

① MyClass *a = (MyClass *)tolua_tousertype(L,1,0)获取第1个参数myclass实例。

② int handler = (toluafix_ref_function(L,2,0))获取第2个参数Lua函数句柄。使用toluafix_ref_function获取函数句柄，会自动给Lua函数的引用计数加1，以确保一段时间后C语言中反向回调Lua函数时不会抛出异常。

lua_myclass_print中展示了一个C语言中异步回调Lua函数的机制，只是这里没有做真正的延迟处理。具体回调实现的代码如下：

```
//调用 Lua 函数
cocos2d::LuaStack * stack = cocos2d::LuaEngine::getInstance() -> getLuaStack();
stack -> pushInt(10);
stack -> pushString("Hello Callback!");
stack -> executeFunctionByHandler(handler, 2);
```

回调完成，需要给Lua函数的handle引用计数减1。

```
toluafix_remove_function_by_refid(L, handler);
```

(5) lua_myclass_finalize析构函数是Lua在GC对象时触发的，这里需要销毁C++中创建的MyClass实例对象。

注：本例展示的Lua Binding是由Lua来管控内存。

3. 注册

在project_name/frameworks/runtime-src/Classes/AppDelegate.cpp的头部添加头文件引用：

```
#include "MyClass_binding.h"
```

在quick_module_register函数的if代码段中添加注册代码：

```
if (lua_istable(L, -1))//stack:...,_G,
{
    register_all_quick_manual(L);
```

```
    // extra
    luaopen_cocos2dx_extra_luabinding(L);
    register_all_cocos2dx_extension_filter(L);
    register_all_cocos2dx_extension_nanovg(L);
    register_all_cocos2dx_extension_nanovg_manual(L);
    luaopen_HelperFunc_luabinding(L);
#if (CC_TARGET_PLATFORM == CC_PLATFORM_IOS)
    luaopen_cocos2dx_extra_ios_iap_luabinding(L);
#endif
    luaopen_myclass_luabinding(L);   //添加的代码
}
```

4. 测试

完整的测试代码如下：

```
function MainScene:ctor()
    local myclass = my.MyClass:create()
    myclass:print(function (a, b)
        print(a, b)
    end)

    myclass = nil
    collectgarbage("collect")
end
```

为了测试析构函数，这里删除了 myclass，并手动触发了一次 Lua 的内存 GC。

最后把 4 个 C++文件加入到 Xcode 或 VS 工程编译并运行，控制台将有如下输出信息：

```
== This is myclass print
[LUA - print] 10Hello Callback!
== myclass freed
```

5. 常用 Lua 参数获取方式

在 Lua Binding 中，除了示例中展示的 Lua 参数获取方式外，其他常用的参数获取方式如下：

(1) 获取数值参数：float num = lua_tonumber(L,argPos)。

(2) 获取布尔参数：bool is = lua_toboolean(L,argPos)。

(3) 获取字符串参数：char * name = lua_tostring(L,argPos)。

其中 argPos 从 1 开始。

7.6.4 Lua Binding 实战(2)：扩展 Spine 接口

Spine 是一款专门为软件和游戏开发设计量身打造的 2D 动画软件，被广泛应用在游戏开发中以减少包体积，提高游戏表现力。Spine 是一款收费软件，专业的骨骼动画制作工具。有关 Spine 的更多信息参考第 5.10.1 节。

早期 Cocos2d-Lua 版本中提供的 Spine Lua 接口并不完整，只提供了直接读取 Spine Json 数据文件的方式来创建骨骼动画。如下：

```
local spineAnimation = sp.SkeletonAnimation:createWithJsonFile("spineboy-pro.json",
"spineboy-pma.atlas")

spineAnimation:pos(display.width / 2, display.height / 2)
    :addTo(self)
    :setAnimation(0, "animation", true)
```

1. Spine Lua 接口缺陷分析

在实际项目中，我们发现如果每次使用骨骼动画都去存储器上读取文件，加载到内存再解析，这其中的时间开销会让游戏出现明显的卡顿掉帧。解决这个问题可以用类似纹理缓冲的方式，让骨骼数据加载到内存，渲染对象用内存数据来初始化，渲染对象可以多次销毁创建而不会有性能问题。

首先 Spine 的 C++runtime 提供有数据结构 spSkeletonData，通过下面的方式创建：

```
spAtlas *atlas = spAtlas_createFromFile("spineboy-pma.atlas", NULL);
spAttachmentLoader *attachmentLoader = SUPER(Cocos2dAttachmentLoader_create(atlas));
spSkeletonJson *json = spSkeletonJson_createWithLoader (spSkeletonJson_createWithLoader);
spSkeletonData *data = spSkeletonJson_readSkeletonDataFile(json, "spineboy-pro.json");
```

然后，可以使用 spSkeletonData 来创建 SkeletonAnimation，如下：

```
SkeletonAnimation *skeleton = spine::SkeletonAnimation::createWithData(data);
```

通过 createWithData 创建的 skeleton，不接管 data 的生命周期，skeleton 可以自由销毁，然后再使用 data 来创建新的 SkeletonAnimation。把 data 缓存起来，可以不用每次都解析 json 文件，达到优化性能的目的。

但是 spSkeletonData 相关的接口并未绑定到 Lua，这就是接下来需要完成的工作。

注：spSkeletonData 已在 Quick-Cocos2dx-Community 中提供 Lua Binding。

2. 修正 Spine 的 Lua 接口缺陷

1）绑定 spSkeletonData 到 Lua

切换到引擎的 cocos/scripting/lua-bindings/manual/spine 目录，新建 lua_spSkeletonData.hpp 与 lua_spSkeletonData.cpp 两个文件。

在 lua_spSkeletonData.hpp 中填入下面的代码：

```
#ifndef LUA_SPSKELETONDATA_H
#define LUA_SPSKELETONDATA_H

#ifdef __cplusplus
extern "C" {
#endif
#include "tolua++.h"
```

```
#ifdef __cplusplus
}
#endif

typedef struct{
    spAtlas * atlas;
    spSkeletonData * data;
    spAttachmentLoader * attachmentLoader;
}lua_spSkeletonData;

TOLUA_API int register_spSkeletonData_manual(lua_State * L);
#endif // #ifndef LUA_SPSKELETONDATA_H
```

register_spSkeletonData_manual 函数的实现在 lua_spSkeletonData.cpp 中，如下：

```
#include "lua_spSkeletonData.hpp"
#include "tolua_fix.h"
#include "LuaBasicConversions.h"
#include "spine-cocos2dx.h"

using namespace spine;

int register_spSkeletonData_manual(lua_State * L)
{
    if (nullptr == L)
        return 0;
    tolua_open(L);
    tolua_module(L,"sp",0);
    tolua_beginmodule(L,"sp");
    lua_register_spSkeletonData(L);
    tolua_endmodule(L);
    return 0;
}
```

tolua_open(L)是 tolua++库的环境初始化，由于 Lua 栈的特殊性，每一次绑定一个新模块前，调用它让 Lua 栈回到一个确定的初始状态。tolua_module(L,"sp",0)新起一个以 sp 开头的模块，类似于 C++中的名字空间。

大部分的 tolua++接口都会自动寻找之前定义的名字，如果找不到再创建它们，所以这里使用 tolua_module 是安全的，不用担心它会冲掉之前的定义。

tolua_beginmodule(L,"sp")开始定义 sp 空间下的成员。tolua_endmodule(L)结束定义 sp 空间下的成员。

lua_register_spSkeletonData(L)具体定义 sp 名字空间下的各个成员，实现如下：

```
static void lua_register_spSkeletonData(lua_State * tolua_S)
{
```

```
    tolua_usertype(tolua_S,"sp.SkeletonData");
    tolua_cclass(tolua_S,"SkeletonData","sp.SkeletonData","",lua_cocos2dx_SkeletonData_
finalize);

    tolua_beginmodule(tolua_S,"SkeletonData");
        tolua_function(tolua_S,"create",lua_cocos2dx_SkeletonData_create);
    tolua_endmodule(tolua_S);

    std::string typeName = typeid(spSkeletonData).name();
    g_luaType[typeName] = "sp.SkeletonData";
    g_typeCast["SkeletonData"] = "sp.SkeletonData";
}
```

tolua_usertype 声明一个用户数据类型。tolua_cclass 定义一个类，参数 2 是类名，参数 3 是类型，参数 4 是父类，参数 5 是虚构函数。tolua_beginmodule(tolua_S,"SkeletonData")开始为类添加成员。tolua_function(tolua_S,"create",lua_cocos2dx_SkeletonData_create)添加了一个名为 create 的成员函数。tolua_endmodule(tolua_S)与 tolua_beginmodule 配对，结束类成员定义。最后三行代码，添加新类型到全局数组。

经过上述绑定，在 Lua 中调用 sp.SkeletonData：create()将调用到下面的 C 函数：

```
static int lua_cocos2dx_SkeletonData_create(lua_State * L)
{
    if (nullptr == L)
        return 0;

    int argc = 0;

#if COCOS2D_DEBUG >= 1
    tolua_Error tolua_err;
    if (!tolua_isusertable(L,1,"sp.SkeletonData",0,&tolua_err)) goto tolua_lerror;
#endif

    argc = lua_gettop(L) - 1;

    if (2 == argc)
    {
#if COCOS2D_DEBUG >= 1
        if (!tolua_isstring(L, 2, 0, &tolua_err)  ||
            !tolua_isstring(L, 3 ,0, &tolua_err))
        {
            goto tolua_lerror;
        }
#endif
        const char * skeletonDataFile = tolua_tostring(L, 2, "");
        const char * atlasFile = tolua_tostring(L, 3, "");

        spAtlas *atlas = spAtlas_createFromFile(atlasFile, NULL);
```

```
        CCAssert(atlas, "Error reading atlas file.");
#define SUPER(VALUE) (&VALUE->super)
        spAttachmentLoader * attachmentLoader = SUPER(Cocos2dAttachmentLoader_create(atlas));
#undef SUPER
        spSkeletonJson * json = spSkeletonJson_createWithLoader(attachmentLoader);
        spSkeletonData * data = spSkeletonJson_readSkeletonDataFile(json, skeletonDataFile);
        CCAssert(data, json->error ? json->error : "Error reading skeleton data.");
        spSkeletonJson_dispose(json);

        lua_spSkeletonData * luaSpData = new lua_spSkeletonData;
        luaSpData->atlas = atlas;
        luaSpData->data = data;
        luaSpData->attachmentLoader = attachmentLoader;

        tolua_pushusertype(L,(void *)luaSpData,"sp.SkeletonData");
        tolua_register_gc(L,lua_gettop(L));
        return 1;
    }
    luaL_error(L, "'create' function of SkeletonData has wrong number of arguments: %d, was
expecting %d\\n", argc, 2);

#if COCOS2D_DEBUG >= 1
tolua_lerror:
    tolua_error(L,"#ferror in function 'create'.",&tolua_err);
#endif
    return 0;
}
```

抛开 COCOS2D_DEBUG 代码，主干代码首先调用 argc = lua_gettop(L)- 1 获取 sp.SkeletonData：create()传入的参数个数。tolua_tostring(L,2,"")获取第 1 个参数并转化为字符串。tolua_tostring(L,3,"")获取第 2 个参数并转化为字符串。接下来就是正常的 Spine C++用法，创建出一个 spSkeletonData * 对象。tolua_pushusertype 和 tolua_register_gc 把这个对象转化为 Lua 中的 sp.SkeletonData 用户数据类型并返回。

最后，需要对 sp.SkeletonData 的虚构函数做完善。Lua 内存管理能自动释放创建出的 sp.SkeletonData 的实例，但是要释放其绑定的 C++数据需要在 lua_cocos2dx_SkeletonData_finalize 函数中完成：

```
int lua_cocos2dx_SkeletonData_finalize(lua_State * L)
{
    lua_spSkeletonData * luaSpData = static_cast<lua_spSkeletonData *>(tolua_tousertype
(L,1,0));
    spSkeletonData_dispose(luaSpData->data);
    spAtlas_dispose(luaSpData->atlas);
    spAttachmentLoader_dispose(luaSpData->attachmentLoader);
    delete luaSpData;
    return 0;
}
```

tolua_tousertype 取出即将被释放的用户数据类型，由于 Spine 内部也是用 C++的 new 创建出来的对象，因此，这里可以使用 CC_SAFE_DELETE 释放这块内存。

2）注册接口

第一步实现了 register_spSkeletonData_manual 函数，还需要在适当的地方调用它才能完成接口绑定。打开文件 lua_cocos2dx_spine_manual.cpp，在函数 register_spine_module 中添加 register_spSkeletonData_manual 的调用：

```
#include "lua_spSkeletonData.hpp"

int register_spine_module(lua_State * L)
{
    lua_getglobal(L, "_G");
    if (lua_istable(L, -1))                          //stack:...,_G,
    {
        register_all_cocos2dx_spine(L);
        register_all_cocos2dx_spine_manual(L);
        register_spSkeletonData_manual(L);           //增加的行
    }
    lua_pop(L, 1);

    return 1;
}
```

注意到注册函数都是包含在 lua_getglobal(L,"_G")中，_G 是 Lua 保存全局变量的变量，所有的注册函数都应绑定在 Lua 的全局变量中，否则 GC 会销毁这些注册类及方法。

到此已可以在 Lua 中调用以下代码来创建 sp.SkeletonData 对象：

```
cachedData = sp.SkeletonData:create("spineboy-pro.json", "spineboy-pma.atlas")
```

3）绑定 sp.SkeletonAnimation：createWithData()

接下来给 sp.SkeletonAnimation 绑定新的创建函数 createWithData，在 lua_cocos2dx_spine_manual.cpp 添加 lua_cocos2dx_CCSkeletonAnimation_createWithData 函数如下：

```
static int lua_cocos2dx_CCSkeletonAnimation_createWithData(lua_State * L)
{
    if (nullptr == L)
        return 0 ;

    int argc = 0;
#if COCOS2D_DEBUG >= 1
    tolua_Error tolua_err;
    if (!tolua_isusertable(L,1,"sp.SkeletonAnimation",0,&tolua_err)) goto tolua_lerror;
#endif

    argc = lua_gettop(L) - 1;
    if (1 == argc)
    {
```

```
#if COCOS2D_DEBUG >= 1
        if (!tolua_isusertype(L,2,"sp.SkeletonData",0,&tolua_err)) goto tolua_lerror;
#endif

        lua_spSkeletonData * luaSpData = static_cast<lua_spSkeletonData *>(tolua_tousertype
(L,2,0));
        auto tolua_ret = LuaSkeletonAnimation::createWithData(luaSpData->data);
        int nID = (tolua_ret) ? (int)tolua_ret->_ID : -1;
        int* pLuaID = (tolua_ret) ? &tolua_ret->_luaID : NULL;
        toluafix_pushusertype_ccobject(L, nID, pLuaID, (void*)tolua_ret,"sp.SkeletonAnimation");
        return 1;
}
        luaL_error(L, "'createWithData' function of SkeletonAnimation has wrong number of
arguments: %d, was expecting %d\\n", argc, 1);

#if COCOS2D_DEBUG >= 1
tolua_lerror:
    tolua_error(L,"#ferror in function 'createWithData'.",&tolua_err);
#endif
    return 0;
}
```

在 extendCCSkeletonAnimation 中注册 createWithData：

```
tolua_function(L, "createWithData",
lua_cocos2dx_CCSkeletonAnimation_createWithData);
```

经历以上三个步骤之后，已完成所有代码级的修改。Cocos2d-Lua 提供了 player3 的工程，可以用它来编译测试。

注：在 Windows 下编译 player3 需要安装 Visual Studio，在 Mac 下编译 player3 需要安装 Xcode。

以 Windows 平台为例，打开 quick/player/proj.win32/player.vcxproj 工程文件，把 lua_spSkeletonData.hpp 和 lua_spSkeletonData.cpp 添加到工程中，如图 7-12 所示。

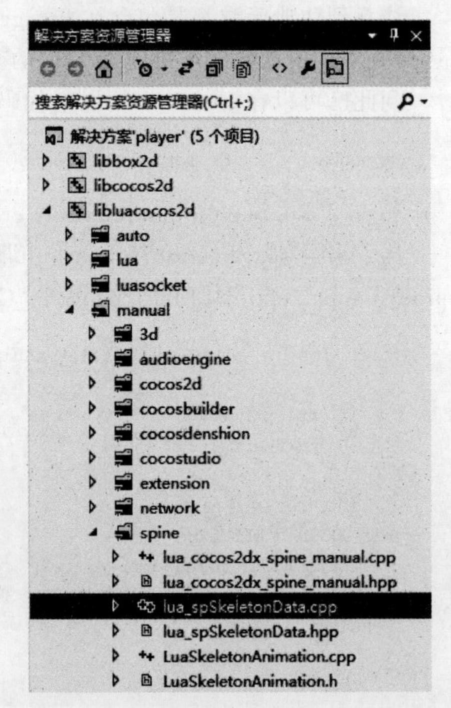

图 7-12　Visual Studio 工程文件

运行 player3 工程，正确编译后启动 player3。接下来需要用 player3 新建一个工程，然后把 MainScene.lua 的 ctor 函数修改为如下代码：

```
function MainScene:ctor()
    cachedData = sp.SkeletonData:create("spineboy-pro.json", "spineboy-pma.atlas")
```

```
    local spineAnimation = sp.SkeletonAnimation:createWithData(cachedData)

    spineAnimation:pos(display.width / 2, 0)
        :addTo(self)
        :setAnimation(0, "idle", true)

    self:performWithDelay(function()
        spineAnimation:removeFromParent()
        cachedData = nil
        collectgarbage("collect")
    end, 5)
end
```

把已经用 Spine 工具制作好的骨骼动画导出文件放到工程的 res 目录下，用 player3 运行这个 Lua 工程，一切顺利，屏幕将显示如图 7-13 所示的骨骼动画。

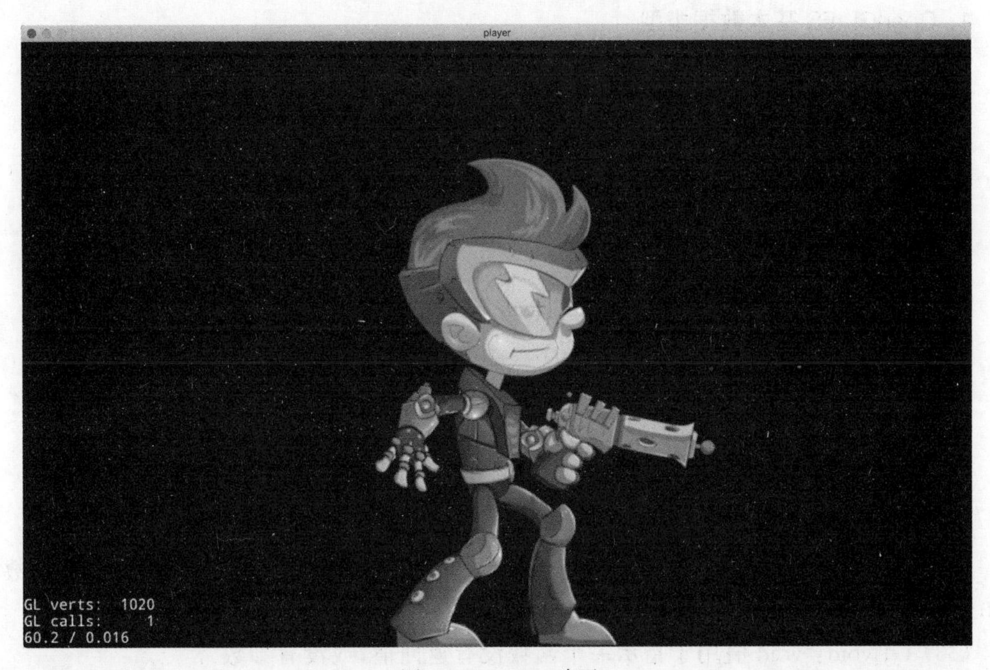

图 7-13 Spine 动画

7.7 OpenGL ES 2.0 与 shader 编程

Cocos2d-Lua 是基于 OpenGL ES 2.0 的跨平台的游戏引擎。要理解并掌握 Cocos2d-Lua 提供的 shader 等高级图形渲染接口，必须先掌握 OpenGL ES 2.0 的编程基础。通过本节的学习，你将掌握如何在 Windows 上创建 OpenGL ES 2.0 项目，并实现简单的图形渲染。

7.7.1 OpenGL ES 简介

OpenGL 是 Open Graphics Library 的简写，它定义了一套跨编程语言、跨平台的专业图形程序接口。OpenGL ES(全称是 OpenGL for Embedded Systems)是 OpenGL 三维图形 API 的子集，针对手机、PDA 和游戏主机等嵌入式设备而设计。OpenGL ES 抛弃了 OpenGL 的低性能 API，保留了高性能的 API。

OpenGL ES 的盛行与苹果的 iPhone 手机强力支持有关。苹果在 iPad、iPhone 3GS 和后续版本，以及 iPod Touch3 代和后续版本把 OpenGL ES 支持提升到 2.0，大幅提升了游戏的表现能力。Android 紧随其后，从 Android 2.2 版本开始支持 OpenGL ES 2.0。

OpenGL ES 1.0 为固定渲染管线而设计，OpenGL ES 2.0 支持可编程渲染管线，能够实现更多的特效，并且支持 NPOT 纹理的渲染。

1. OpenGL ES 基本数据类型

为了实现跨平台开发，OpenGL ES 定义了一套自己的基本数据类型，说明如下。

(1) GLenum：用于 GL 枚举的无符号整型。

(2) GLboolean：用于单布尔值。

(3) GLbitfield：用于将多个布尔值打包到单个使用位操作变量的四字节整形。

(4) GLbyte：有符号单字节整型，包含数值从－128 到 127。

(5) GLshort：有符号双字节整型，包含数值从－32 768 到 32 767。

(6) GLint：有符号四字节整型，包含数值从－2 147 483 648 到 2 147 483 647。

(7) GLsizei：有符号四字节整型，用于代表数据的尺寸(字节)，类似于 C 中的 size_t。

(8) GLubyte：无符号单字节整型，包含数值从 0 到 255。

(9) GLushort：无符号双字节整型，包含数值从 0 到 65 535。

(10) GLuint：无符号四字节整型，包含数值从 0 到 4 294 967 295。

(11) GLfloat：四字节精度 IEEE 754-1985 浮点数。

(12) GLclampf：这也是四字节精度浮点数，但 OpenGL 使用 GLclampf 特别表示数值为 0.0 到 1.0。

(13) GLvoid：void 值用于指示一个函数没有返回值，或没有参数。

(14) GLfixed：定点数使用整型数存储实数。

(15) GLclampx：另一种定点型，用于使用定点运算来表示 0.0 到 1.0 之间的实数。

2. 顶点与坐标系

OpenGL ES 坐标系来源于笛卡儿右手坐标系，如图 7-14 所示。

三维空间中的一个点，也被称为顶点，它的坐标需要 $\{x, y, z\}$ 三个值来表示。用 OpenGL 数据类型定义可表示为：

```
GLfloat vertex[3];
vertex[0] = 10.0;           // x
vertex[1] = 23.75;          // y
```

```
vertex[2] = -12.532;        // z
```

3. 三角形

不同于 OpenGL，OpenGL ES 只支持绘制三角形。OpenGL 在绘制三角形时，构成三角形的三个顶点的顺序决定了三角形的正反面。顺时针绘制三角形的背面(backface)，逆时针绘制三角形的正面(frontface)。如图 7-15 所示，左边是背面，右边是正面。

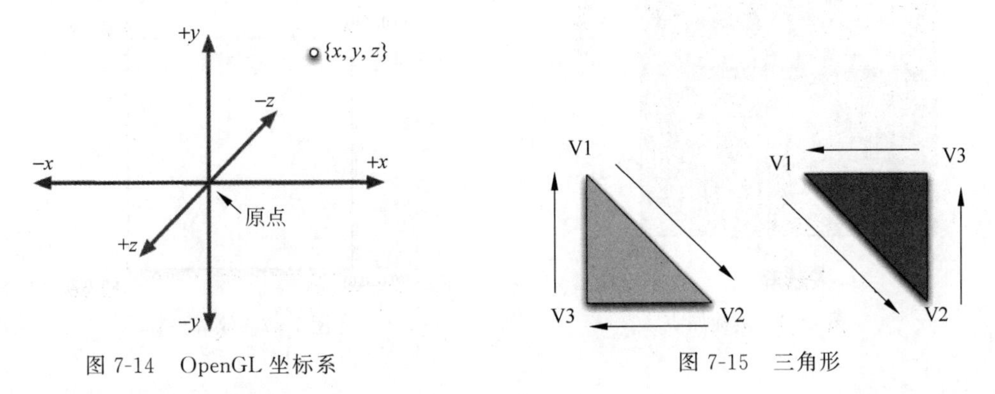

图 7-14　OpenGL 坐标系　　图 7-15　三角形

4. 视窗与坐标原点

虚拟世界是没有边界的，但计算机不可能处理无限的空间，所以 OpenGL 需要设置视窗来确定可以被观察者看到的空间区域。

设置 OpenGL ES 视窗矩形用下面的函数：

```
glViewport(0, 0, screenWidth, screenheight);
```

视窗的中心点是 OpenGL ES 的原点，而从原点到屏幕上下左右的距离固定为 1，如图 7-16 所示。

注意，如果屏幕宽高比不是 1∶1，那么显示会有拉伸，后面会介绍如何使用矩阵变换解决这个问题。

5. 纹理与纹理映射

通常使用的 png、jpg 等图片，需要解码为 OpenGL ES 识别的位图数据，再传送到显卡端以备渲染使用，存放在显卡的图形数据叫纹理。

OpenGL 1.0 只支持图片宽高都是 2 的幂次方的图片作为纹理，如果图片不满足这个条件，那就需要向上填充图片以满足需求，这导致了内存占用过高。OpenGL 2.0 不再有这样的限制，可以支持 NPOT(non power of 2)的图片作为纹理。

OpenGL 渲染几何图形是通过顶点数据来构图，而纹理要渲染到屏幕上，也需要顶点。矩形的纹理有 4 个点，它们与顶点的对应关系被称为纹理坐标。纹理坐标的取值范围是 0～1，它是图片宽高的一个比例尺。纹理的 4 个点对应的纹理坐标如图 7-17 所示。

由于 OpenGL ES 的坐标系和屏幕坐标系的 Y 轴方向相反，如果不进行特殊处理，图片解码直接贴图到屏幕上看到的图像是上下颠倒的，这就需要进行纹理的反转处理。可以在 png 等图片解码的时候，把位图数据按照行为单位进行反向排列来解决这个问题。

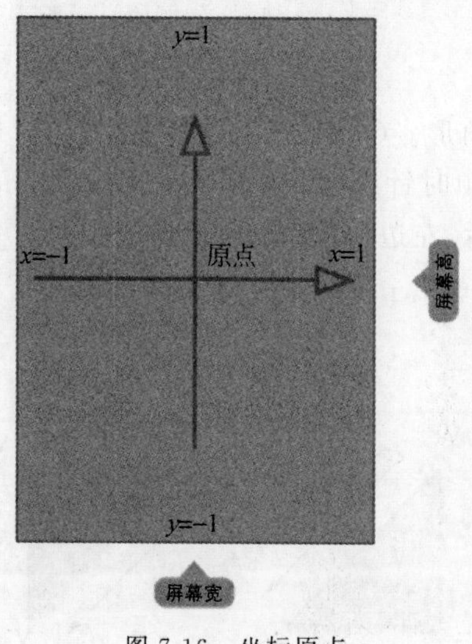

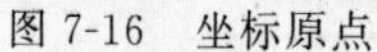

图 7-16　坐标原点

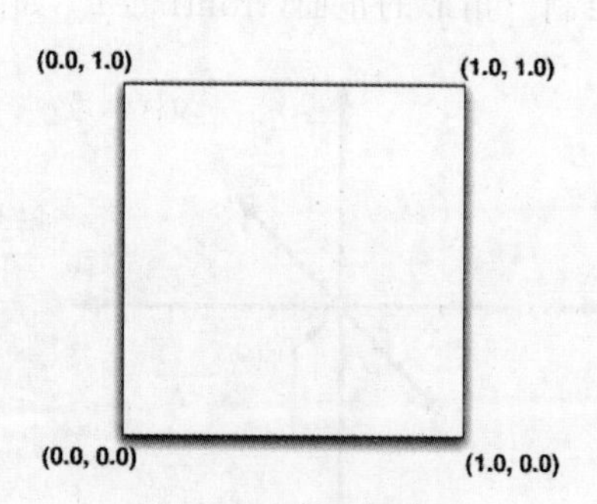

图 7-17　纹理坐标

7.7.2　OpenGL ES 绘制几何图形

在 Windows 上进行 OpenGL ES 2.0 编程，需要安装 Visual Studio 开发环境。由于微软只支持 OpenGL 1.0，还需要引入第三方库 GLEW 以获取 OpenGL 2.0 扩展支持，而第三方库 GLFW 提供了 OpenGL 窗口管理。

GLFW 更多信息参考官方网站：http://www.glfw.org/。

GLEW 更多信息参考官方网站：http://glew.sourceforge.net/。

1. 创建项目

打开 Visual Studio，新建一个 Win32 C++控制台项目，如图 7-18 所示。

把下载的 GLEW 和 GLFW 库文件复制到新建的项目下，文件结构如下：

```
OpenGL
----inc
---------glew
---------glfw
----lib
---------glew32.dll
---------glew32.lib
---------glfw3.dll
---------glfw3dll.lib
```

修改工程的头文件搜索路径，添加搜索路径 .\inc\glfw 和.\inc\glew，如图 7-19 所示。

修改工程的库文件搜索路径，如图 7-20 所示。

修改工程链接器的输入，添加 glew32.lib、glfw3dll.lib 和 opengl32.lib 三个库文件的引用，如图 7-21 所示。

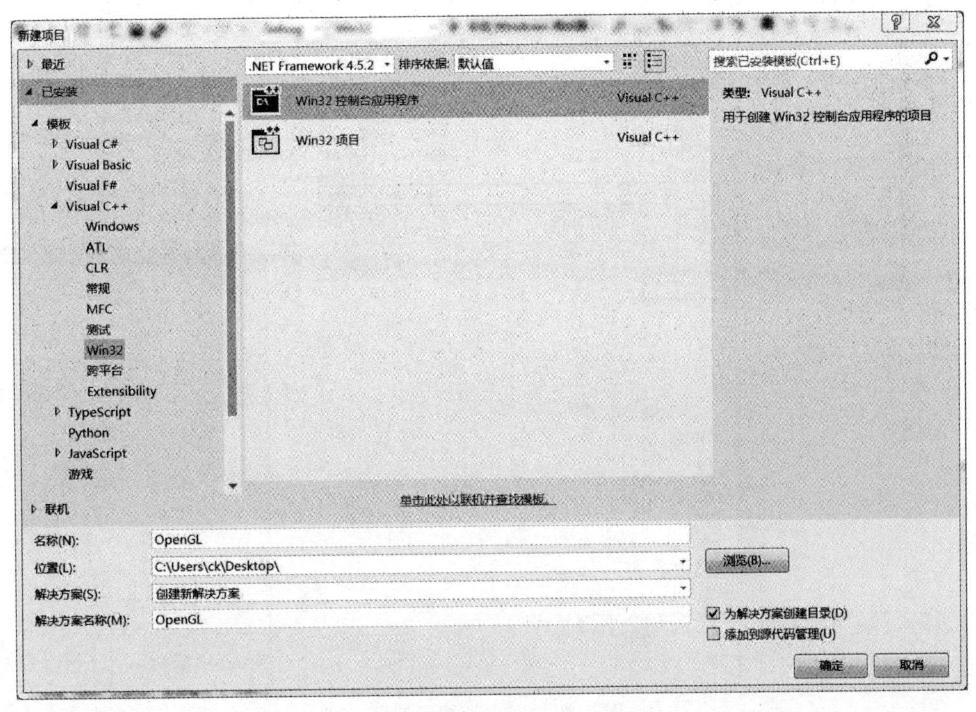

图 7-18　创建 Visual Studio 项目

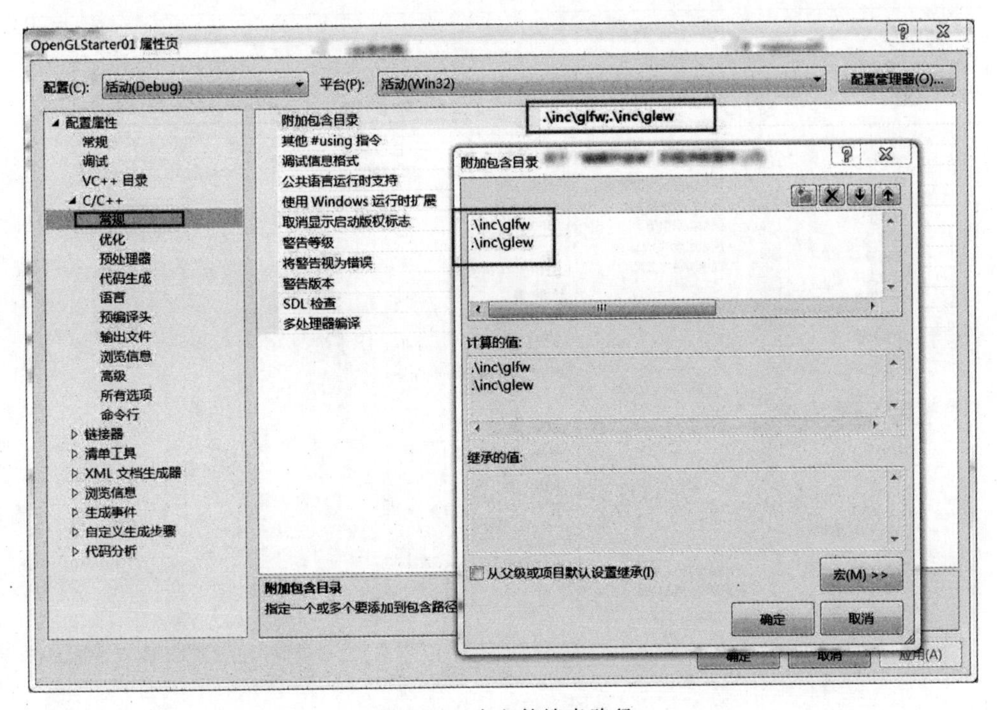

图 7-19　头文件搜索路径

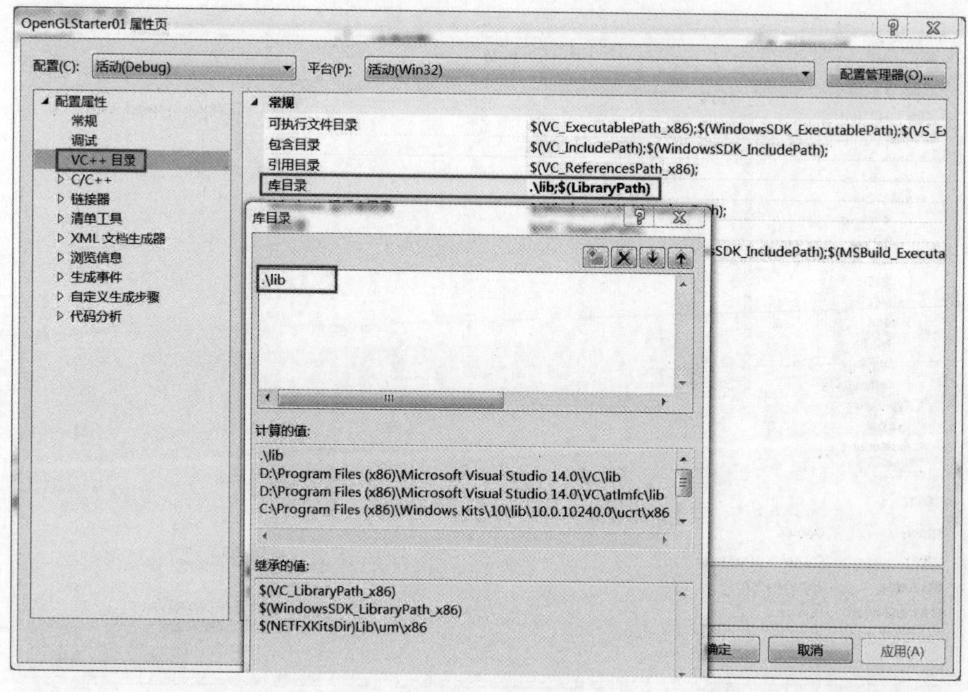

图 7-20　库文件搜索路径

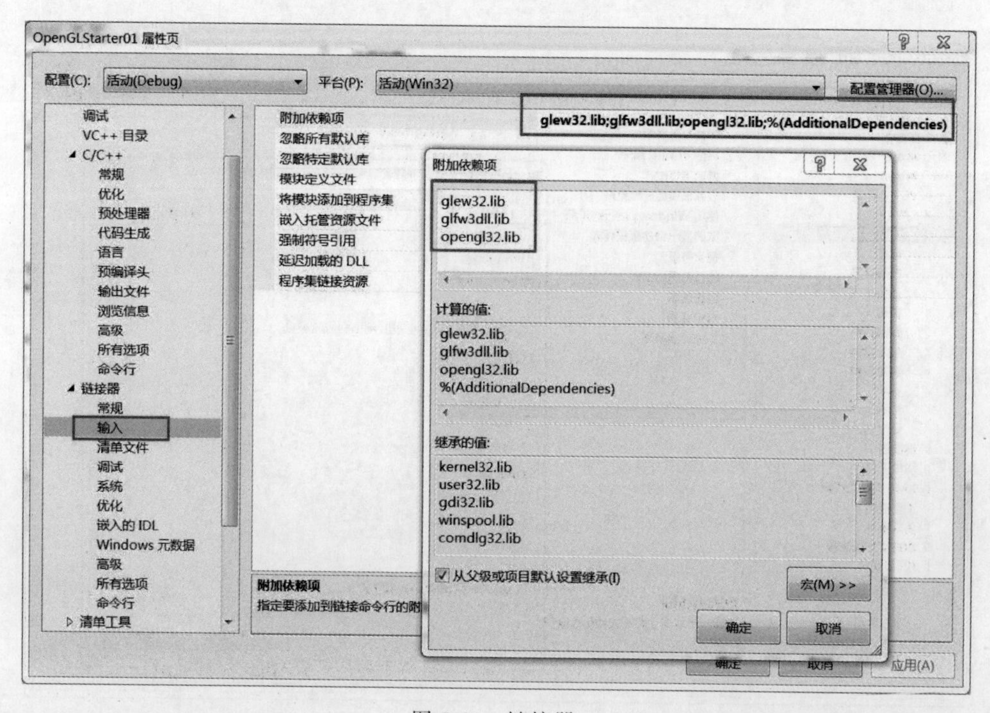

图 7-21　链接器

编译测试，确保工程能正确编译通过。

注：编译过程中如果 glew32.lib 或 glfw3dll.lib 不能打开，可能是由于这两个库是使用 cygwin 开发环境编译的。cygwin 编译的库与 Visual Studio 不兼容，需要下载库的源码，用 Visual Studio 来重新编译这两个库。

GLFW 和 GLEW 是以动态链接库的形式被项目引用，Visual Studio 在调试模式下会自动生成 Debug 路径，并把 exe 生成在这个路径下。Exe 可执行程序会自动在当前程序目录寻找 dll 动态库来加载。为了便于调试，需要在 Visual Studio 工程中加入后期生成事件，自动复制 dll 到 exe 路径下，如图 7-22 所示。

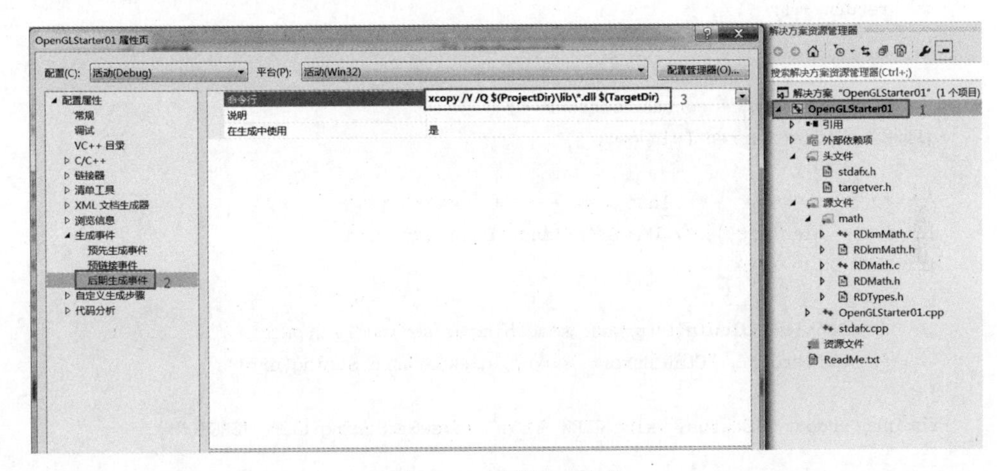

图 7-22 后期生成事件

步骤如下：

(1) 在工程项目名上右击，从弹出的快捷菜单中选择“属性”命令。

(2) 在“生成事件”标签中选择“后期生成事件”。

(3) 在命令行中输入代码：

```
xcopy /Y /Q $(ProjectDir)\lib\*.dll $(TargetDir)
```

2. OpenGL HelloWorld

由于 OpenGL ES 2.0 需要开发者自行写 Shader 来渲染，开发难度比 OpenGL ES 1.0 大了很多。要快速地在屏幕上看到效果，可以使用 glClearColor 来填充屏幕。下面的代码实现了灰色填充 OpenGL 窗口。代码如下：

```
#include <GL/glew.h>
#include <GLFW/glfw3.h>
#include <stdio.h>

int main(void)
{
    GLFWwindow* window;
```

```
    /* Initialize the library */
    if (!glfwInit())
        return -1;

    /* Create a windowed mode window and its OpenGL context */
    window = glfwCreateWindow(640, 480, "Hello World", NULL, NULL);
    if (!window)
    {
        glfwTerminate();
        return -1;
    }

    /* Make the window's context current */
    glfwMakeContextCurrent(window);

    /***************** Init glew ********************/
    int err = glewInit(); // IMPORTANT:must after glfw init
    if (GLEW_OK != err)
    {
        /* Problem: glewInit failed, something is seriously wrong. */
        fprintf(stderr, "GLEW Error: %s\n", glewGetErrorString(err));
    }
    fprintf(stdout, "Status: Using GLEW %s\n", glewGetString(GLEW_VERSION));

    /* Loop until the user closes the window */
    while (!glfwWindowShouldClose(window))
    {
        /* Render here */
        glClearColor(0.65f, 0.65f, 0.65f, 1.0f);
        glClear(GL_COLOR_BUFFER_BIT);
        /* Swap front and back buffers */
        glfwSwapBuffers(window);
        /* Poll for and process events */
        glfwPollEvents();
    }

    glfwTerminate();
    return 0;
}
```

代码解析如下：

（1）GLFW 和 GLEW 的初始化顺序很重要，先调用 glfwInit 初始化 GLFW 库。

（2）glfwCreateWindow 创建窗口，初始化窗口大小为 640×480。

（3）glfwMakeContextCurrent 指定当前 OpenGL 渲染的窗口。

（4）glewInit 初始化 GLEW 库。

(5) while (! glfwWindowShouldClose(window))启动 GLFW 窗口事件主循环。

① 渲染代码放在前面。

② glfwSwapBuffers 把渲染的 buffer 同步到屏幕上。

③ glfwPollEvents 处理键盘输入、窗口移动等事件。

运行代码,可以在屏幕上看到一个窗口,内部被填充为灰色。

注：GLFW 的主循环不是按照每秒 60 帧的频率来运行的,它会依照操作系统提供的最快速度来执行。如果需要锁定帧率,则需要自行加入时间间隔控制代码。

3. 绘制矩形

1) 最简单的着色器(shader)

至此,实现了 OpenGL 单色清屏,验证了 OpenGL 已经正确初始化。但要绘制几何图形,还需再加入着色器(shader)。

着色器是专门用来渲染 3D 图形的一种技术。通过着色器,开发中可以自己编写显卡渲染图形的算法,使画面更漂亮、更逼真。

shader 分为两种：一种是顶点 shader,计算顶点位置,并为后期像素渲染做准备；另一种是像素 shader,以像素为单位,计算光照、颜色的一系列算法。在 OpenGL 中,顶点 shader 也叫作顶点着色器(vertex shader),像素 shader 叫作片段着色器(fragment shader)。

下面是一个最简单的顶点着色器示例：

```
attribute vec4 Position;
attribute vec4 SourceColor;
varying vec4 DestinationColor;
void main(void) {
    DestinationColor = SourceColor;
    gl_Position = Position;
}
```

与之匹配的最简单的片段着色器代码如下：

```
varying lowp vec4 DestinationColor;
void main(void) {
    gl_FragColor = DestinationColor;
}
```

注：OpenGL shader 的编程语言叫 GLSL(OpenGL Shading Language),它的语法与编程规范不在本书的讨论范畴。有关 GLSL 的编程规范可参考 http://www.opengl.org/registry/doc/GLSLangSpec.Full.1.20.8.pdf。

着色器代码需要通过 OpenGL 提供的 API 进行编译和链接,之后生成 glProgram 以备渲染时运行。着色器加载代码如下：

```
#define RDTS(a) #a

static GLint _positionSlot;
```

```
static GLuint _colorSlot;
static GLuint programHandle;

static void initShader(void)
{
    GLuint shaderHandle1 = glCreateShader(GL_VERTEX_SHADER);
    const char * _defaultShaderVSH = RDTS(
        attribute vec4 Position;
        attribute vec4 Sorcecolor;
        varying vec4 DestinationColor;

        void main(void) {
            DestinationColor = Sorcecolor;
            gl_Position = Position;
        }
    );

    glShaderSource(shaderHandle1, 1, &_defaultShaderVSH, NULL);
    glCompileShader(shaderHandle1);

    GLuint shaderHandle2 = glCreateShader(GL_FRAGMENT_SHADER);
    const char * _defalultShaderFSH = RDTS(
        \n#ifdef GL_ES\n
        // define float for OpenGL ES
        precision lowp float;
        \n#else\n
        // lowp is not implementation in OpenGL, but works in OpenGL ES
        \n#define lowp\n
        \n#endif\n
        varying lowp vec4 DestinationColor;

        void main(void){
            gl_FragColor = DestinationColor;
        }
    );

    glShaderSource(shaderHandle2, 1, &_defalultShaderFSH, NULL);
    glCompileShader(shaderHandle2);

    programHandle = glCreateProgram();
    glAttachShader(programHandle, shaderHandle1);
    glAttachShader(programHandle, shaderHandle2);
    glLinkProgram(programHandle);

    // Release vertex and fragment shaders.
    glDetachShader(programHandle, shaderHandle1);
    glDeleteShader(shaderHandle1);
```

```
    glDetachShader(programHandle, shaderHandle2);
    glDeleteShader(shaderHandle2);

    _positionSlot = glGetAttribLocation(programHandle, "Position");
    _colorSlot = glGetAttribLocation(programHandle, "Sorcecolor");
    glEnableVertexAttribArray(_positionSlot);
    glEnableVertexAttribArray(_colorSlot);
}
```

_positionSlot 是顶点位置数据的传递入口；_colorSlot 是顶点颜色数据的传递入口；programHandle 是 shader 的句柄。

三个变量都需要在渲染逻辑中用到，所以使用 static 定义在函数外，以备后面的主循环逻辑中调用。

2）顶点缓冲区对象

有了 shader，还需要顶点数据。下面的代码定义了一个矩形的 4 个顶点，每个顶点赋予不同的颜色。顶点数据的定义如下：

```
//顶点数据
typedef struct {
    float position[3];
    float color[4];
}Vertex;

static const Vertex vertices[ ]{
    { { 1, -1, 0 },{ 1, 0.7, 0, 1 } },
    { { 1, 1, 0 },{ 0.4, 0.4, 0.5, 1 } },
    { { -1, 1, 0 },{ 0, 0.333, 1, 1 } },
    { { -1, -1, 0 },{ 1, 1, 1, 1 } }
};

// 绘图顺序
static const GLubyte indices[ ]{
    0, 1, 2,
    2, 3, 0
};
```

顶点数据还需转化为 OpenGL 的顶点缓冲区对象(Vertex Buffer Object)，简称 VBO。转换代码如下：

```
static GLuint _VertexBuffer;
static GLuint _indicesBuffer;
void initVertex(void)
{
    glGenBuffers(1, &_VertexBuffer);
    glBindBuffer(GL_ARRAY_BUFFER, _VertexBuffer);
```

```
    glBufferData(GL_ARRAY_BUFFER, sizeof(vertices), vertices, GL_STATIC_DRAW);
    glGenBuffers(1, &_indicesBuffer);
    glBindBuffer(GL_ELEMENT_ARRAY_BUFFER, _indicesBuffer);
    glBufferData(GL_ELEMENT_ARRAY_BUFFER, sizeof(indices), indices, GL_STATIC_DRAW);
}
```

3）渲染矩形

有了顶点数据和着色器，就可以修改主渲染循环，测试简单几何图形的渲染。首先在main函数的while循环前面加入shader和顶点数据的初始化函数调用，如下：

```
//初始化 shader
initShader();
// 初始化顶点数据
initVertex();
```

然后把主循环中的渲染逻辑修改为如下代码：

```
/* Loop until the user closes the window */
while (!glfwWindowShouldClose(window))
{
    /* Render here */
    glClearColor(0.65f, 0.65f, 0.65f, 0.0f);
    glClear(GL_COLOR_BUFFER_BIT);
    glViewport(0, 0, SCREEN_WIDTH, SCREEN_HEIGHT);

    glBindBuffer(GL_ARRAY_BUFFER, _VertexBuffer);
    glBindBuffer(GL_ELEMENT_ARRAY_BUFFER, _indicesBuffer);

    glUseProgram(programHandle);

    glVertexAttribPointer(_positionSlot, 3, GL_FLOAT, GL_FALSE, sizeof(Vertex), 0);
    glVertexAttribPointer(_colorSlot, 4, GL_FLOAT, GL_FALSE, sizeof(Vertex), (GLvoid *)
(sizeof(float) * 3));
    glDrawElements(GL_TRIANGLES, sizeof(indices) / sizeof(indices[0]), GL_UNSIGNED_BYTE, 0);

    /* Swap front and back buffers */
    glfwSwapBuffers(window);
    /* Poll for and process events */
    glfwPollEvents();
}
```

运行程序将看到如图7-23所示的界面。

由于矩形的4个顶点的坐标刚好为窗口的4个角，所以看到整个窗口填满了颜色；同时每个顶点的颜色又不一样，OpenGL会自动进行区域内的渐变色填充处理。

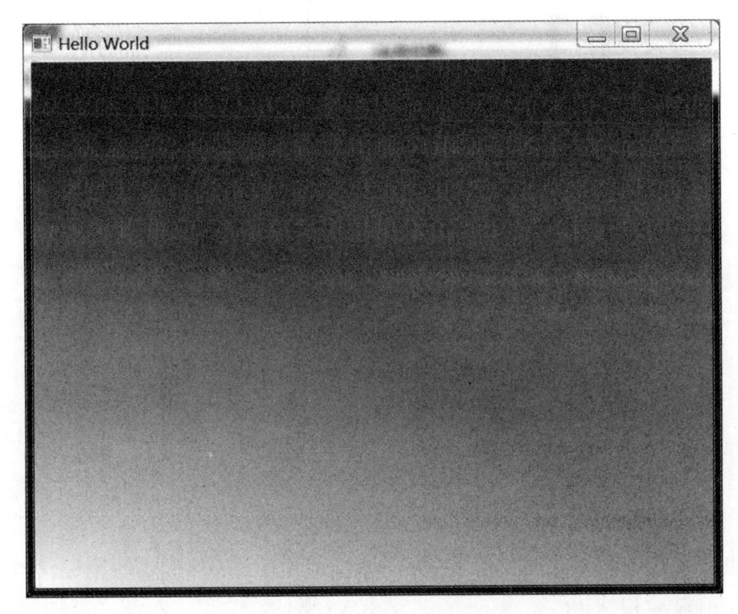

图 7-23　简单几何图形

7.7.3　矩阵变换

在上一节中，顶点坐标是一个正方形，但实际绘制到屏幕上的却是长方形。这是由于在OpenGL坐标系大小由Viewport决定，为了全屏显示Viewport，一般设置为窗口大小，而大部分情况下窗口的大小都不会是正方形。为了解决这个问题，需要引入矩阵变换。

1. 矩阵与运算

1）顶点矩阵

一个顶点的 x，y，z 坐标值，可以由3×1的数组或1×3的数组来表示。为了便于运算，使用1×3的数组来表示顶点坐标，如图7-24所示。

$$[\,x \quad y \quad z\,]$$

图 7-24　一个顶点的矩阵

2）归一向量

向量是从原点指向空间一点的直线，而归一向量是单位长度为1的向量，如图7-25所示。

3）单元矩阵

将 x、y、z 三个归一向量矩阵按照它们在顶点中的顺序放入同一个矩阵中，得到一个单元矩阵，如图7-26所示。

任何矩阵与单元矩阵相乘，其结果都是原矩阵。

4）矩阵乘法

矩阵乘法是矩阵组合的关键。一个定义了位移的矩阵和一个定义了旋转的矩阵，如果将它们相乘，将得到一个既定义了位移又定义了旋转的矩阵。

$$\begin{bmatrix}1\\0\\0\end{bmatrix}$$

(a) 沿x轴正向的归一向量

$$\begin{bmatrix}0\\1\\0\end{bmatrix}$$

(b) 沿y轴正向的归一向量

$$\begin{bmatrix}0\\0\\1\end{bmatrix}$$

(c) 沿z轴正向的归一向量

图 7-25　归一向量

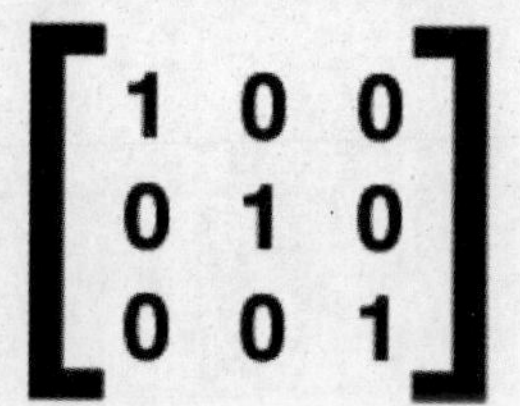

图 7-26　单元矩阵

矩阵乘法的定义：乘积 C 的第 m 行第 n 列的元素等于矩阵 $\boldsymbol{A}$ 的第 m 行的元素与矩阵 $\boldsymbol{B}$ 的第 n 列对应元素乘积之和。

矩阵乘法有两个基本原则：

（1）矩阵相乘不可置换，顺序很重要。

（2）左边的矩阵的行数必须与右边矩阵的列数相等。

如图 7-27(a)所示的两个矩阵相乘，运算过程以及结果如图 7-27(b)所示。

$$\begin{bmatrix}5&8&1\\6&9&2\\7&3&3\end{bmatrix} \times \begin{bmatrix}1&0&0\\0&1&0\\0&0&1\end{bmatrix}$$

(a) 两个矩阵乘法

$$\begin{bmatrix}5&8&1\\6&9&2\\7&3&3\end{bmatrix} \times \begin{bmatrix}1&0&0\\0&1&0\\0&0&1\end{bmatrix} = \begin{bmatrix}?&\_&\_\\\_&\_&\_\\\_&\_&\_\end{bmatrix}$$

$$(5\times1) + (8\times0) + (1\times0) = 5$$

$$\begin{bmatrix}5&8&1\\6&9&2\\7&3&3\end{bmatrix} \times \begin{bmatrix}1&0&0\\0&1&0\\0&0&1\end{bmatrix} = \begin{bmatrix}5&8&1\\6&9&2\\7&3&3\end{bmatrix}$$

(b) 运算过程以及结果

图 7-27　矩阵乘法

5）旋转矩阵

一个顶点矩阵与一个单元矩阵相乘，其结果是顶点矩阵本身，如图 7-28 所示。

假如要让一个顶点围绕 z 轴旋转，那么顶点坐标的 z 值不会改变，而 x 和 y 坐标将根据旋转的角度发生变化。把图7-28中的单元矩阵替换为图7-29所示的矩阵，可实现围绕z轴的旋转。

$$\begin{bmatrix}5 & 8 & 1\end{bmatrix} \times \begin{bmatrix}1 & 0 & 0\\0 & 1 & 0\\0 & 0 & 1\end{bmatrix} = \begin{bmatrix}5 & 8 & 1\end{bmatrix}$$

图7-28 顶点矩阵＊单元矩阵

$$\begin{bmatrix}\cos(n) & \sin(n) & 0\\-\sin(n) & \cos(n) & 0\\0 & 0 & 1\end{bmatrix}$$

图7-29 围绕z轴的旋转矩阵

除了旋转，还有位移和缩放需要处理，真实使用的变换矩阵要复杂得多。同时为了处理欧拉死角和透视变换矩阵，OpenGL中的矩阵都是4×4的矩阵。

6）坐标的最终矩阵变换公式

```
dest = 透视矩阵 × 模型视图矩阵 × 原始坐标
```

公式中的矩阵顺序很重要，这是由矩阵乘法特性决定的。这个公式将应用到OpenGL的顶点着色器中。

2. 着色器加入矩阵运算

1）数学库

OpenGL 2.x通过可编程管线让开发可以实现更复杂多样的特效，但也把开发难度提升了一个等级。上面总结出的顶点坐标最终公式中的透视矩阵和模型视图矩阵都需要OpenGL开发者自行构建并计算后传入着色器。于是需要引入数学库才能进行下一步的OpenGL开发。

kazmath是早期Cocos3D开源项目使用的一个数据库，由Objective-C语言编写。后被Cocos2d-x改进后用在Cocos2d-x 2.x开源项目中。kazmath内部提供了“透视矩阵”和“模型视图矩阵”的创建与运算，可供直接使用。

为了便于测试，在Cocos3D中的kazmath基础上，用C语言重新整理形成一个极简化的数学库。可以在https://github.com/u0u0/Rapid2D/tree/master/core/math中获取到这个数学库的源码。数学库下载后需要添加到Visual Studio工程中，如图7-30所示。

math
RDkmMath.c
RDkmMath.h
RDMath.c
RDMath.h
RDTypes.h

图7-30 数学库

2）着色器中的矩阵变换

修改顶点着色器代码，如下高亮部分修改的代码：

```
const char * _defaultShaderVSH = RDTS(
    attribute vec4 Position;
    attribute vec4 Sorcecolor;
    varying vec4 DestinationColor;
    uniform mat4 Projection;                    //新的
    uniform mat4 Modelview;                     //新的
    void main(void) {
```

```
        DestinationColor = Sorcecolor;
    gl_Position = Projection * Modelview * Position;//修改
    }
);
```

Projection 和 Modelview 由外部传入,需要在着色器初始化代码中加入它们的句柄导出代码。

首先定义句柄变量,代码如下:

```
static GLuint _projectionUniform;          //新的
static GLuint _modelViewUniform;           //新的
```

然后在 initShader 函数的末尾加入下面的句柄导出代码:

```
_projectionUniform = glGetUniformLocation(programHandle, "Projection");
_modelViewUniform = glGetUniformLocation(programHandle, "Modelview");
```

3) 构建透视矩阵和模型视图矩阵

使用前面导入的数学库创建 2D 透视矩阵。同样首先定义两个静态的矩阵变量如下:

```
static RDMat4 _projection2D;
static RDMat4 _modelView;
```

然后在 initShader 函数的末尾加入下面的矩阵初始化代码:

```
float h = 4.0f * SCREEN_HEIGHT / SCREEN_WIDTH;
RDMath_OrthographicProjection(&_projection2D,
    -2.0f,
    2.0f,
    -h / 2.0f,
    h / 2.0f,
    -1024.0f,
    1024.0f);

RDVec3 pos = {0, 0, 0};
RDVec3 _rotation = {0, 0, 0};
RDVec3 _scale = {1, 1, 1};
RDMath_modelView(&_modelView, &pos, &_rotation, &_scale);
```

RDMath_OrthographicProjection 用来构建正交透视矩阵,也就是适用于 2D 游戏开发的透视矩阵。在这里,把屏幕宽定义为 4 个单位长度,高根据屏幕宽高比来确定单位长度。z 轴的可视区域定义得很大,正交透视中 z 轴用来限定哪些节点能被显示到屏幕上。

RDMath_modelView 用来创建模型视图矩阵,它由位移、旋转和缩放三个输入参数生成。位移的默认值为{0,0,0},表示原始顶点坐标不进行坐标偏移;旋转的默认值为{0,0,0},表示顶点不发生任何轴方向上的旋转;缩放的默认值为{1,1,1},表示顶点在三个轴向上都不进行缩放。

4）渲染测试

修改渲染主循环，在 glUseProgram(programHandle)这行代码下加入矩阵设置代码：

```
glUniformMatrix4fv(_projectionUniform, 1, 0, _projection2D.mat);
glUniformMatrix4fv(_modelViewUniform, 1, 0, _modelView.mat);
```

运行程序，将看到如图 7-31 所示的界面。

图 7-31　矩阵变换

给正方形定义的 4 个顶点分别为{ 1，－1，0 }、{ 1，1，0 }、{ －1，1，0 }和{ －1，－1，0 }，也就是正方形的宽为 2 个单位长度，透视矩阵初始化屏幕宽为 4 个单位长度，所以会看到图 7-31 所示的效果。

7.7.4　纹理贴图

上一节中已经实现了矩阵变换来适应屏幕宽高比，并可以自定义屏幕的坐标系单位长度。在这一节将实现把一个 png 图片转化为 OpenGL 纹理，并把纹理渲染到屏幕上。

1. png 图片解码

1）添加 libpng 解码库

在 Visual Studio 中解码 png 图片，需要引入开源解码库 libpng。libpng 的官网地址是 http://www.libpng.org/pub/png/libpng.html。从网站上的信息可知，libpng 依赖另一个开源库 zlib。先把 libpng 和 zlib 这两个开源库的源码下载下来，并按照开源库的 readme 文档用 Visual Studio 环境编译为 Win32 的 l ib 库。参考 7.7.2 节中第三方库的加入方法，把这两个库添加到 OpenGL 工程中。项目 lib 目录下最终的文件清单如图 7-32 所示。

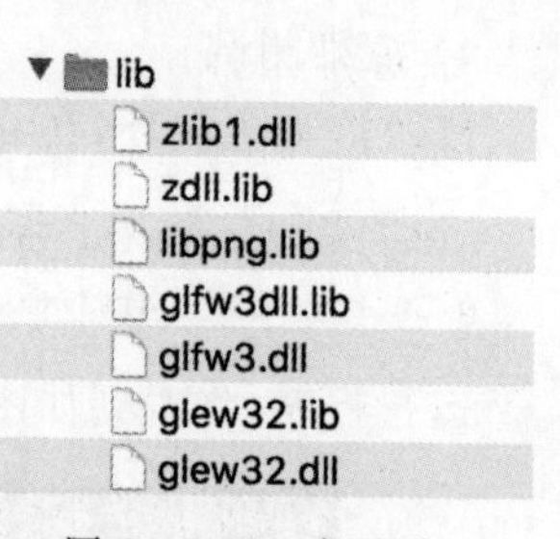

图 7-32 lib 库目录

注：libpng 和 zlib 的编译不在本书讨论范围，本书配套源码中附带有编译好的库文件。

2）读取 png 图片数据

libpng 解码图片有两种方式：一种是解码文件；一种是解码内存数据。本书通过内存数据的方式调用 libpng 的解码接口，首先需要用文件系统接口把 png 图片数据读入到内存中。

读取文件数据使用标准 C 提供的 fopen、fread 和 fclose 等接口。首先包含用到的头文件：

```
#include <stdio.h>
#include <stdlib.h>
#include <memory.h>
```

getFileData 为读取文件数据到内存的函数，实现如下：

```
unsigned char * getFileData(const char * fullPath, size_t * outSize)
{
    unsigned char * buffer = NULL;
    * outSize = 0;

    FILE * fp = fopen(fullPath, "rb");
    if (NULL == fp) {
        return NULL;
    }

    fseek(fp, 0, SEEK_END);
    * outSize = ftell(fp);
    fseek(fp, 0, SEEK_SET);

    size_t mallocSize = * outSize;
    buffer = (unsigned char * )malloc(sizeof(unsigned char) * mallocSize);
    if (NULL == buffer) {
        fclose(fp);
        return NULL;
    }

    memset(buffer, 0, mallocSize);
    fread(buffer, sizeof(unsigned char), * outSize, fp);
    fclose(fp);
    return buffer;
}
```

其中，参数 fullPath 为 png 图片的完整路径；outSize 为返回参数，得到文件的大小；getFileData 的返回值为指向图片数据的指针，数据用完之后需要释放掉。

3）解码 png 图片数据

在 libpng 的官网上有详细的 API 使用说明，这里使用解码内存数据的方式。首先引用头文件，然后实现 libpng 的读取回调：

```
#include "png.h"
typedef struct {
    unsigned char *data;
    size_t size;
    size_t offset;
}PngImageSource;

static void pngReadCallback(png_structp png_ptr, png_bytep data, png_size_t length)
{
    PngImageSource *isource = (PngImageSource*)png_get_io_ptr(png_ptr);
    if ((isource->offset + length) <= isource->size)
    {
        memcpy(data, isource->data + isource->offset, length);
        isource->offset += length;
    } else {
        png_error(png_ptr, "pngReaderCallback failed");
    }
}
```

接下来是 decodePng 函数的实现：

```
static unsigned char *decodePng(unsigned char *srcBuff, size_t size)
{
    png_structp png_ptr = 0;
    png_infop info_ptr = 0;
#define PNG_SIG_SIZE 8
    if (size <= PNG_SIG_SIZE) {
        return false;
    }

    // check the data is png or not
    if (png_sig_cmp(srcBuff, 0, PNG_SIG_SIZE)) {
        return false;
    }
#undef PNG_SIG_SIZE

    // init png_struct
    png_ptr = png_create_read_struct(PNG_LIBPNG_VER_STRING, 0, 0, 0);
    if (!png_ptr) {
        return false;
```

```
}

// init png_info
info_ptr = png_create_info_struct(png_ptr);
if (!info_ptr) {
    png_destroy_read_struct(&png_ptr, 0, 0);
    return false;
}

// set the read call back function
PngImageSource imageSource;
imageSource.data = srcBuff;
imageSource.size = size;
imageSource.offset = 0;
png_set_read_fn(png_ptr, &imageSource, pngReadCallback);

// read png file info, and fix for OpenGL rendering
png_read_info(png_ptr, info_ptr);
int _width = png_get_image_width(png_ptr, info_ptr);
int _height = png_get_image_height(png_ptr, info_ptr);
png_byte bit_depth = png_get_bit_depth(png_ptr, info_ptr);
png_uint_32 color_type = png_get_color_type(png_ptr, info_ptr);

// force palette images to be expanded to 24 - bit RGB
//it may include alpha channel
if (color_type == PNG_COLOR_TYPE_PALETTE) {
    png_set_palette_to_rgb(png_ptr);
}

// low - bit - depth grayscale images are to be expanded to 8 bits
if (color_type == PNG_COLOR_TYPE_GRAY && bit_depth < 8) {
    bit_depth = 8;
    png_set_expand_gray_1_2_4_to_8(png_ptr);
}

// expand any tRNS chunk data into a full alpha channel
if (png_get_valid(png_ptr, info_ptr, PNG_INFO_tRNS)) {
    png_set_tRNS_to_alpha(png_ptr);
}

// reduce images with 16 - bit samples to 8 bits
if (bit_depth == 16) {
    png_set_strip_16(png_ptr);
}

// Expanded earlier for grayscale, now take care of palette and rgb
if (bit_depth < 8) {
```

```
        png_set_packing(png_ptr);
    }

    // update info
    png_read_update_info(png_ptr, info_ptr);
    bit_depth = png_get_bit_depth(png_ptr, info_ptr);
    color_type = png_get_color_type(png_ptr, info_ptr);

    // read png data
    png_bytep * row_pointers = (png_bytep * )malloc(sizeof(png_bytep) * _height);
    if (!row_pointers) {
        png_destroy_read_struct(&png_ptr, &info_ptr, 0);
        return false;
    }

    png_size_t rowbytes = png_get_rowbytes(png_ptr, info_ptr);
    size_t _dataLen = rowbytes * _height;
    unsigned char * _data = (unsigned char * )malloc(_dataLen);
    if (!_data) {
        free(row_pointers);
        png_destroy_read_struct(&png_ptr, &info_ptr, 0);
        return false;
    }

    for (int i = 0; i < _height; ++i) {
        /* OpenGL render from bottom -> top
         * but Png store data from top -> bottom
         * So fix the row_pointers by reverse order
         * (_height - 1 - i) is better than (i)
         */
        row_pointers[i] = _data + (_height - 1 - i) * rowbytes;
    }
    png_read_image(png_ptr, row_pointers);
    png_read_end(png_ptr, nullptr);

    free(row_pointers);
    png_destroy_read_struct(&png_ptr, &info_ptr, 0);
    return _data;
}
```

使用 png_set_read_fn 函数设置数据读取回调 pngReadCallback，以实现从内存解码 png 图片数据。在调用 png_read_image 进行解码之前，row_pointers 行指针数组进行了倒序设置，以修正 png 图片解码后上下颠倒显示的问题。解码出来的位图数据通过_data 指针返回给调用者，调用者在使用完位图数据后需要释放掉这块内存。

2. 渲染纹理

1）创建纹理对象

前面实现的 getFileData 函数需要传入全路径，在 Visual Studio 开发环境中获取 exe 可执行程序的路径可用如下的封装函数：

```
#include <windows.h>
static char * getCurAppPath(void)
{
    TCHAR szAppDir[MAX_PATH] = { 0 };
    if (!GetModuleFileName(NULL, szAppDir, MAX_PATH))
        return "";

    int nEnd = 0;
    for (int i = 0; szAppDir[i]; i++)
    {
        if (szAppDir[i] == '\\')
            nEnd = i;
    }
    szAppDir[nEnd] = 0;
    int iLen = 2 * wcslen(szAppDir);
    char * chRtn = new char[iLen + 1];
    wcstombs(chRtn, szAppDir, iLen + 1);
    return chRtn;
}
```

把一张 64×64 大小、24 位色的 png 图片放到项目工程目录下，如图 7-33 所示。

名称	修改日期	类型	大小
Debug	2017/1/5 16:17	文件夹	
inc	2016/6/2 15:55	文件夹	
lib	2017/1/5 15:44	文件夹	
math	2016/6/1 11:33	文件夹	
OpenGLStarter01	2017/1/5 16:16	C++ Source	11 KB
OpenGLStarter01	2017/1/5 15:55	SQL Server Com...	9,856 KB
OpenGLStarter01	2016/5/30 9:43	Microsoft Visual ...	1 KB
OpenGLStarter01	2017/1/5 16:14	VC++ Project	5 KB
OpenGLStarter01.vcxproj	2016/6/1 11:31	VC++ Project Fil...	2 KB
OpenGLStarter01.vcxproj	2016/5/30 10:19	Visual Studio Pr...	1 KB
ReadMe	2016/5/30 9:43	文本文档	2 KB
stdafx	2016/5/30 9:43	C++ Source	1 KB
stdafx	2016/5/30 9:43	C/C++ Header	1 KB
targetver	2016/5/30 9:43	C/C++ Header	1 KB
test	2016/6/2 16:31	PNG 图像	1 KB

图 7-33　test. png 存放路径

这张 test. png 文件读取并创建纹理的函数实现如下：

```
static GLuint pngTexture;
```

```
static void initPngTexture(void)
{
    size_t fileSize = 0;
    char * appPath = getCurAppPath();
    strncat(appPath, "\\..\\test.png", MAX_PATH);
    unsigned char * srcbuffer = getFileData(appPath, &fileSize);
    delete[] appPath;
    unsigned char * outBuffer = decodePng(srcbuffer, fileSize);
    free(srcbuffer);

    glGenTextures(1, &pngTexture);
    // 绑定纹理
    glBindTexture(GL_TEXTURE_2D, pngTexture);
    // 设置纹理参数
    glTexParameteri(GL_TEXTURE_2D, GL_TEXTURE_MIN_FILTER, GL_LINEAR);
    glTexParameteri(GL_TEXTURE_2D, GL_TEXTURE_MAG_FILTER, GL_LINEAR);
    // test.png 是 24 位色深
    glTexImage2D(GL_TEXTURE_2D, 0, GL_RGB, (GLsizei)64, (GLsizei)64, 0, GL_RGB, GL_UNSIGNED_
BYTE, outBuffer);
    free(outBuffer);
}
```

在这段纹理创建代码中，需要特别注意 glTexImage2D 函数中涉及的图片宽、高和颜色深度值设置。测试用的 test.png 图片的宽高都是 64 像素，位图格式为 RGB，每个颜色占一个字节，对应的 glTexImage2D 参数如上面代码所示。test.png 如图 7-34 所示。

图 7-34 test.png

2）着色器添加纹理处理逻辑

首先修改顶点着色器，添加纹理坐标输入与输出。修改后的顶点着色器如下，注意加粗修改的部分。

```
const char * _defaultShaderVSH = RDTS(
    attribute vec4 Position;
    attribute vec4 Sorcecolor;
    varying vec4 DestinationColor;
    uniform mat4 Projection;                          //新的
    uniform mat4 Modelview;                           //新的
    attribute vec2 TexCoordIn;
    varying vec2 TexCoordOut;                         //片段着色器输入参数

    void main(void) {
        DestinationColor = Sorcecolor;
        gl_Position = Projection * Modelview * Position;  //修改
        TexCoordOut = TexCoordIn;
    }
);
```

在片段着色器中，调用 texture2D 获取纹理的 RGBA 值，并与顶点颜色进行混合。修改后的片段着色器如下，注意加粗修改的部分。

```
const char * _defalultShaderFSH = RDTS(
\n# ifdef GL_ES\n
    // define float for OpenGL ES
    precision lowp float;
\n# else\n
    // lowp is not implementation in OpenGL, but works in OpenGL ES
    \n# define lowp\n
\n# endif\n

    varying lowp vec4 DestinationColor;
    varying lowp vec2 TexCoordOut;
    uniform sampler2D Texture;

    void main(void){
        gl_FragColor = DestinationColor * texture2D(Texture, TexCoordOut);
    }
);
```

着色器的纹理和纹理坐标需要导出，先定义全局静态句柄：

```
static GLint _texCoordSlot;
static GLint _textureUniform;
```

然后在 initShader 函数的末尾加入句柄导出代码：

```
_texCoordSlot = glGetAttribLocation(programHandle, "TexCoordIn");
glEnableVertexAttribArray(_texCoordSlot);
_textureUniform = glGetUniformLocation(programHandle, "Texture");
```

3）顶点数据加入纹理坐标

修改后的顶点数据结构如下，注意加粗部分：

```
typedef struct {
    float position[3];
    float color[4];
    float TexCoord[2];
}Vertex;


static const Vertex vertices[]{
    { { 1, -1, 0 },{ 1, 0.7, 0, 1 },{ 1, 0 } },
    { { 1, 1, 0 },{ 0.4, 0.4, 0.5, 1 },{ 1, 1 } },
    { { -1, 1, 0 },{ 0, 0.333, 1, 1 },{ 0, 1 } },
    { { -1, -1, 0 },{ 1, 1, 1, 1 },{ 0, 0 } }
};
```

4. 渲染逻辑修改

在 main 函数的 initVertex()之后加入纹理初始化函数的调用：

```
//初始化 shader
initShader();
// 初始化顶点数据
initVertex();
// 初始化纹理
initPngTexture();
```

修改主循环中的渲染代码，加入纹理和纹理坐标的传入：

```
/* Loop until the user closes the window */
while (!glfwWindowShouldClose(window))
{
    /* Render here */
    glClearColor(0.65f, 0.65f, 0.65f, 0.0f);
    glClear(GL_COLOR_BUFFER_BIT);
    glViewport(0, 0, SCREEN_WIDTH, SCREEN_HEIGHT);
    glBindBuffer(GL_ARRAY_BUFFER, _VertexBuffer);
    glBindBuffer(GL_ELEMENT_ARRAY_BUFFER, _indicesBuffer);
    glUseProgram(programHandle);

    glUniformMatrix4fv(_projectionUniform, 1, 0, _projection2D.mat);
    glUniformMatrix4fv(_modelViewUniform, 1, 0, _modelView.mat);
    glVertexAttribPointer(_positionSlot, 3, GL_FLOAT, GL_FALSE, sizeof(Vertex), 0);
    glVertexAttribPointer(_colorSlot, 4, GL_FLOAT, GL_FALSE, sizeof(Vertex), (GLvoid *)
(sizeof(float) * 3));
    glVertexAttribPointer(_texCoordSlot, 2, GL_FLOAT, GL_FALSE, sizeof(Vertex), (GLvoid *)
(sizeof(float) * 7));
    glActiveTexture(GL_TEXTURE0);
    glBindTexture(GL_TEXTURE_2D, pngTexture);
    glUniform1i(_textureUniform, 0);

    glDrawElements(GL_TRIANGLES, sizeof(indices) / sizeof(indices[0]), GL_UNSIGNED_BYTE, 0);

    /* Swap front and back buffers */
    glfwSwapBuffers(window);
    /* Poll for and process events */
    glfwPollEvents();
}
```

运行程序，可以看到如图 7-35 所示的界面。

可以看出纹理的像素与顶点颜色进行了混合。通常情况下，引擎默认的顶点颜色是白色，这是因为白色与任何颜色混合后都是原色。

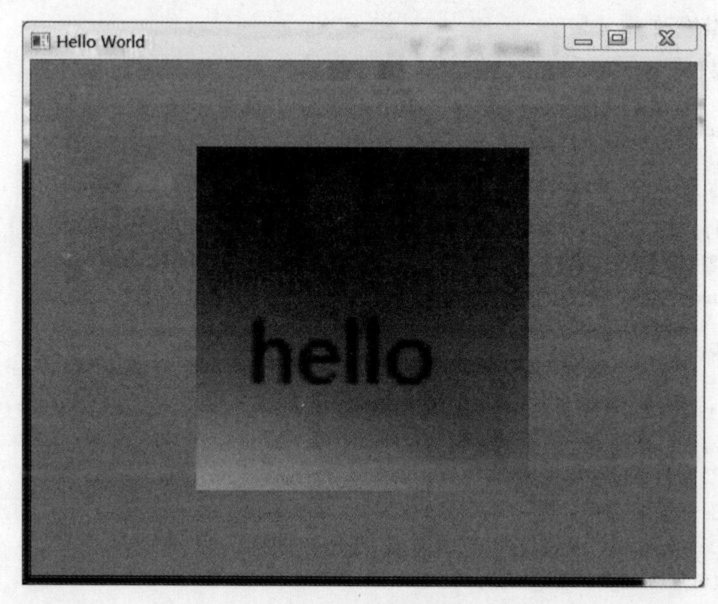

图 7-35 纹理贴图

7.7.5 Cocos2d-Lua 中使用自定义 shader

Cocos2d-Lua 中基于节点派生的对象都会由其默认的着色器进行渲染。在实际项目中,有一些特效,如马赛克效果等,通常需要 shader 编程来实现。Cocos2d-Lua 中的 shader 直接来源于 OpenGL 的 shader,但需要遵循 Cocos2d-Lua 定义的变量命名规范。有了前 4 节的 OpenGL 渲染基础知识铺垫,可以很容易理解 Cocos2d-Lua 中提供的自定义 shader 编程接口。

1. Cocos2d-Lua 着色器编程规范

1)顶点着色器

精灵默认的顶点着色器代码如下:

```
attribute vec4 a_position;
attribute vec2 a_texCoord;
attribute vec4 a_color;

#ifdef GL_ES
varying lowp vec4 v_fragmentColor;
varying mediump vec2 v_texCoord;
#else
varying vec4 v_fragmentColor;
varying vec2 v_texCoord;
#endif

void main()
```

```
{
    gl_Position = CC_PMatrix * a_position;
    v_fragmentColor = a_color;
    v_texCoord = a_texCoord;
}
```

输入参数：

(1) a_position，顶点坐标。

(2) a_texCoord，纹理坐标。

(3) a_color，顶点颜色。

注：输入参数的变量名均是 Cocos2d-Lua 中约定好的，改变命名会导致引擎不能正常渲染精灵。

输出(到片段着色器)参数：

(1) v_fragmentColor，顶点颜色。

(2) v_texCoord，纹理坐标。

注：输出参数的变量名可以自行修改，但是需要与接下来的片段着色器代码相匹配。

#ifdef GL_ES 是 GLSL 语言支持的宏定义，如果 GL_ES 有定义，则表明是移动平台的 OpenGL 环境。由于 PC 和移动端的 GLSL 数据类型上有差异，这里用宏定义做了跨平台适配。

注：大部分情况下，自定义 shader 的编码工作集中在片段着色器，顶点着色器复制上面的代码即可。

2) 片段着色器

精灵默认的片段着色器代码如下：

```
varying vec4 v_fragmentColor;
varying vec2 v_texCoord;

void main()
{
    gl_FragColor = v_fragmentColor * texture2D(CC_Texture0, v_texCoord);
}
```

片段着色器的代码和上一节 OpenGL 渲染纹理的着色器代码很相似，区别仅在于变量命名。

片段着色器的编码需要注意以下几点：

(1) OpenGL 颜色取值范围为 0～1 之间的浮点数。

(2) 纹理坐标取值范围为 0～1 之间的浮点数。

(3) CC_Texture0 并没有显式定义，然而在引擎里面会自动在片段着色器代码头部附加一系列变量定义，并在渲染的时候传递到着色器。CC_Texture0 代表第一个纹理，通常精灵只有一个纹理。

(4) texture2D 为 GLSL 内建函数,取出纹理坐标对应的颜色值。

除了 CC_Texture0,引擎自动附加到片段着色器的其他变量如下:

(1) uniform mat4 CC_PMatrix,透视矩阵。

(2) uniform mat4 CC_MVMatrix,模型视图矩阵。

(3) uniform mat4 CC_MVPMatrix,透视模型视图矩阵。

(4) uniform mat3 CC_NormalMatrix,法线矩阵。

(5) uniform vec4 CC_Time。

① CC_Time[0],游戏启动以来的时间 / 10.0。

② CC_Time[1],游戏启动以来的时间。

③ CC_Time[2],游戏启动以来的时间 × 2。

④ CC_Time[3],游戏启动以来的时间 × 4。

(6) uniform vec4 CC_SinTime。

① CC_SinTime[0],游戏启动以来的时间 / 8.0。

② CC_SinTime[1],游戏启动以来的时间 / 4.0。

③ CC_SinTime[2],游戏启动以来的时间 / 2.0。

④ CC_SinTime[3],sinf(游戏启动以来的时间)。

(7) uniform vec4 CC_CosTime。

① CC_CosTime[0],游戏启动以来的时间 / 8.0。

② CC_CosTime[1],游戏启动以来的时间 / 4.0。

③ CC_CosTime[2],游戏启动以来的时间 / 2.0。

④ CC_CosTime[3],cosf(游戏启动以来的时间)。

(8) uniform vec4 CC_Random01。

① CC_Random01[0],0~1 之间的随机数。

② CC_Random01[1],0~1 之间的随机数。

③ CC_Random01[2],0~1 之间的随机数。

④ CC_Random01[3],0~1 之间的随机数。

3) 精灵使用自定义着色器

自定义着色器代码分别存储为两个文本文件,并复制到项目工程的 res 路径下,然后用下面的代码设置精灵的着色器:

```
local sprite = display.newSprite("2.png")
    :center()
    :addTo(self)

local prog = cc.GLProgram:createWithFilenames("test.vert", "test.frag")
cc.GLProgramCache:getInstance():addGLProgram(prog, "testShader")
local progStat = cc.GLProgramState:getOrCreateWithGLProgramName("testShader")
sprite:setGLProgramState(progStat)
```

顶点着色器和片段着色器由 cc. GLProgram：createWithFilenames 加载并编译，然后调用 updateUniforms 导出 uniform 类型的输入参数。通过 cc. GLProgramState：getOrCreateWithGLProgramName 获取引擎缓存的 GLProgramState，之后设置精灵的 GLProgramState 来使用自定义着色器。

片段着色器中要定义输入参数，必须是 uniform 类型。而其他类型的输入参数则需要从顶点着色器间接传递过来。

假如在片段着色器中定义了一个如下 uniform 变量：

```
uniform vec2 v_mousePosition;
```

在 Lua 中用如下的代码传递参数给片段着色器：

```
progStat:setUniformVec2("v_mousePosition", cc.p(0.5, 0.5))
```

GLProgramState 含有一系列成员函数，用来传递参数给着色器。其他 uniform 参数传递函数为 setUniformTexture、setUniformMat4、setUniformFloat、setUniformVec3、setUniformInt、setUniformVec4、setUniformVec2。

2. 马赛克特效

理解了 Cocos2d-Lua 的自定义着色器接口，下面通过一个案例来展示如何使用这些接口来完成一个马赛克特效。

给一个纹理打马赛克，实际上是片段着色器在进行颜色混合的时候，把马赛克区域内的所有像素点的颜色用马赛克中心点的颜色来描绘。顶点着色器的代码无须修改，片段着色器的代码如下：

```
varying vec4 v_fragmentColor;
varying vec2 v_texCoord;

uniform vec2 textureSize;       // pixel size
uniform vec2 mosaicSize;        // pixel size

void main()
{
    // v_texCoord's pixel point in the texture
    vec2 curPoint = vec2(v_texCoord.x * textureSize.x, v_texCoord.y * textureSize.y);
    // mosaic center pixel point
    vec2 centerPoint = vec2(floor(curPoint.x / mosaicSize.x) * mosaicSize.x, floor
(curPoint.y / mosaicSize.y) * mosaicSize.y) + 0.5 * mosaicSize;
    // pixel -> texCood (0.0~1.0)
    vec2 uvCenter = vec2(centerPoint.x / textureSize.x, centerPoint.y / textureSize.y);

    gl_FragColor = texture2D(CC_Texture0, uvCenter);
}
```

顶点着色器和片段着色器的代码文件复制到项目 res 路径下，同时准备一张测试用的图片也复制到 res 路径下。

MainScene 的完整测试代码如下：

```
local MainScene = class("MainScene", function()
    return display.newScene("MainScene")
end)

function MainScene:ctor()
    local sprite = display.newSprite("test.jpg")
        :center()
        :addTo(self)

    -- use shader cache of cocos2x cpp engine
    local prog = cc.GLProgramCache:getInstance():getGLProgram("myShader")
    if not prog then
        prog = cc.GLProgram:createWithFilenames("shader.vsh", "shader.fsh")
        cc.GLProgramCache:getInstance():addGLProgram(prog, "myShader")
    end

    local progStat = cc.GLProgramState:getOrCreateWithGLProgramName("myShader")
    progStat:setUniformVec2("textureSize", cc.p(
        sprite:getContentSize().width,
        sprite:getContentSize().height
    ))
    progStat:setUniformVec2("mosaicSize", cc.p(10, 10))
    sprite:setGLProgramState(progStat)
end

function MainScene:onEnter()
end

function MainScene:onExit()
end

return MainScene
```

uniform 参数通过 progStat：setUniformVec2 传递到着色器，然后通过 sprite：setGLProgramState 来指定精灵使用自定义着色器。

精灵的原始纹理如图 7-36 所示。

通过马赛克 shader 渲染后的效果如图 7-37 所示。

图 7-36　test.jpg 原图

图 7-37　test.jpg 马赛克效果

第 8 章

打包与发布

8.1 Android 项目的编译与打包

Android 是 Google 公司开发的移动设备操作系统，2008 年第一部 Android 手机发布，之后 Android 在移动端的市场份额不断上升，到 2011 年 Android 跃居移动操作系统首位，成为移动应用和移动游戏发布最重要的平台之一。Quick-Cocos2dx-Community 是跨平台的游戏引擎，对 Android 系统有着很好的支持。本节将介绍如何把已经开发好的 Quick-Cocos2dx-Community 游戏打包为 Android 上可安装运行的 apk 文件。

8.1.1 Build Native

新的 Android 工程模板简化编译发布流程，得益于 Android Studio 的进步，需要的外部依赖环境也更少。proj. android 下新引入 build_native. py 脚本，去掉了之前的. sh、. bat 等与平台相关的编译脚本。运行 build_native. py 需要安装 Python 2. x，Python 2. x 已经是 Mac 系统标配。如果使用 Windows 系统做开发环境，建议安装 Python 2. 7 的 32 位版本，32 位的 Python 能与 Vim 的插件系统完美匹配。

在运行 build_native. py 脚本之前，需要先安装 Android NDK，与 Quick-Cocos2dx-Community 引擎匹配的是 NDK r10d 版本。

NDK 的安装实际上是一个解压过程，之后需要设置系统 Path 环境变量，让命令行能直接找到 ndk-build 命令。

1. Mac 下 NDK 环境变量设置

在～/. bash_profile 文件中加入下面代码：

```
PATH = /usr/local/bin: $ PATH:/Users/u0u0/bin/android - ndk - r10d
```

注：根据自己 NDK 的真实安装路径修改上述命令中的 NDK 路径。

然后运行下面的命令刷新 shell 的配置信息：

```
$ source ～/. bash_profile
```

2. Windows 下 NDK 环境变量设置

右击“计算机”，在弹出的快捷菜单中选择“属性”命令，然后在“控制面板主页”中单击“高级系统设置”，如图 8-1 所示。

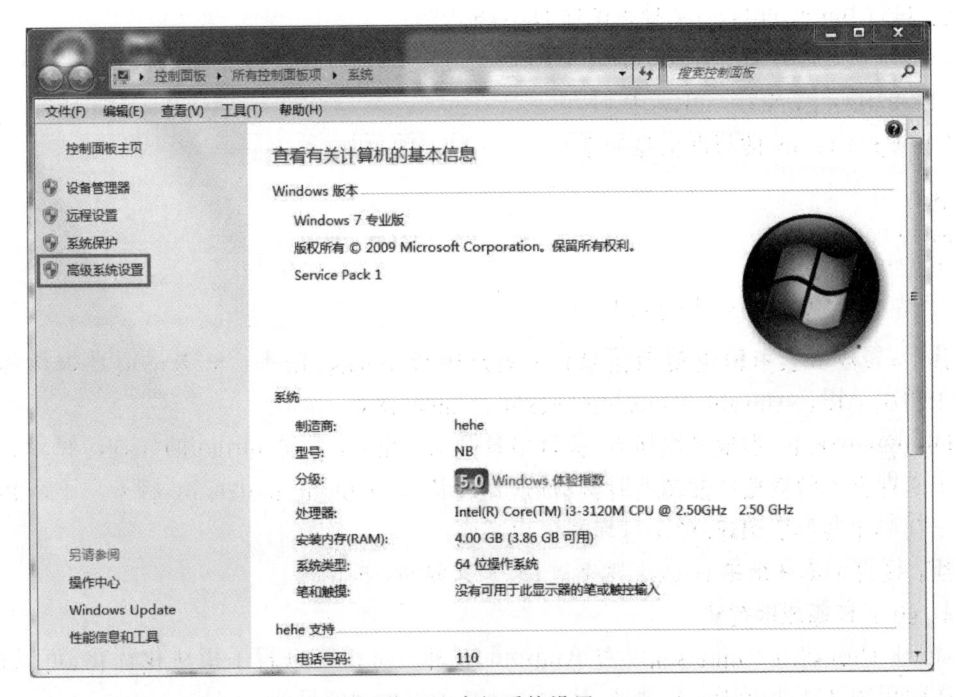

图 8-1 高级系统设置

然后单击“系统属性”→“高级”→“环境变量”，如图 8-2 所示。

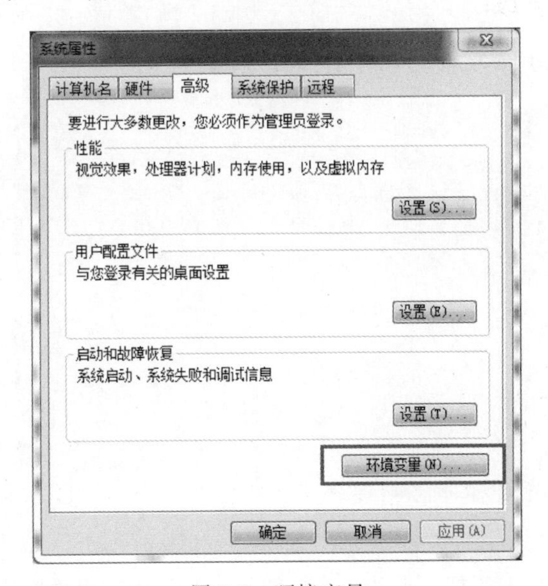

图 8-2 环境变量

在“系统变量”的 Path 变量尾部添加以下字段：

```
D:\u0u0\android-ndk-r10d
```

3. 运行 build_native.py 脚本编译 Native 代码

环境变量只需设置一次，在确保引擎的 setup.sh 或 setup.bat 正确运行后，可以开始运行 build_native.py 编译 Native 代码。

build_native.py 的帮助信息如下：

```
NAME
build_native --
SYNOPSIS
build_native [-h] [-r] [-c] [-a]
```

其中，参数-h 表示输出帮助信息；-r 表示编译 release 版本；-c 表示清理编译环境；-a 表示指定 ABI：armeabi、armeabi-v7a、x86、arm64-v8a。

build_native.py 在编译成功后，会自动复制 res 和 src 到 Android 的 assert 目录，每当这两个文件夹下的数据有改动的时候，都应该再次运行 build_native.py 脚本。不必担心，Native 代码不会再次编译，整个过程会很快完成。

注：使用-r 参数编译 release 版本时，不会复制 src 文件夹。

4. so 文件体积的优化

Quick-Cocos2dx-Community 对 Android 的 Native 编译进行了模块化优化，可以根据游戏实际用到的功能模块进行裁剪，从而达到减少包体积的目的。

打开项目下的 frameworks/runtime-src/proj.android/libcocos2dx/jni/Application.mk 文件，找到如下的代码片段：

```
# if CC_USE_CURL set to 0, use java http interface
CC_USE_CURL := 1
CC_USE_CCSTUDIO := 1
CC_USE_SPINE := 1
CC_USE_DRAGONBONES := 1
CC_USE_PHYSICS := 1
CC_USE_TIFF := 1
CC_USE_WEBP := 1
CC_USE_JPEG := 1
CC_USE_3D := 1
CC_USE_WEBSOCKET := 1
CC_USE_SQLITE := 1
CC_USE_UNQLITE := 1
CC_USE_PROTOBUF := 1
CC_USE_SPROTO := 1
```

要关闭某个模块，只需要把 1 改为 0。例如，关闭 CURL 相关模块为

```
CC_USE_CURL := 0
```

修改后，需要再次运行 build_native.py 重新编译 so 库。

8.1.2　Android Studio 打包

Android Studio 是 Google 公司推出的 Android 集成开发工具，基于 IntelliJ IDEA，提供了集成的 Android 开发工具用于开发和调试。在 Android Studio 发布之后不久，Google 宣布放弃旧 Eclipse ADT 的支持。从 Quick-Cocos2dx-Community 3.6.4 开始，引擎升级 quick/template/frameworks/runtime-src/proj.android 工程模板为支持 Android Studio 的项目工程，移除对 Eclipse ADT 的开发套件的支持。Android Studio 最新安装包可以在 https://developer.android.google.cn/studio 获得。

1. Android Studio 的安装与设置

Android Studio 的安装和通常的软件安装一样，一路根据提示即可完成安装。安装完成还需进行 SDK 和 Build Tool 的下载。选择 File→Settings→Appearance & Behavior→System Settings→Android SDK，进入 Android SDK 设置界面，进行如下设置。

（1）SDK Platforms：安装 Android8.0（Oreo）或以上版本，如图 8-3 所示。

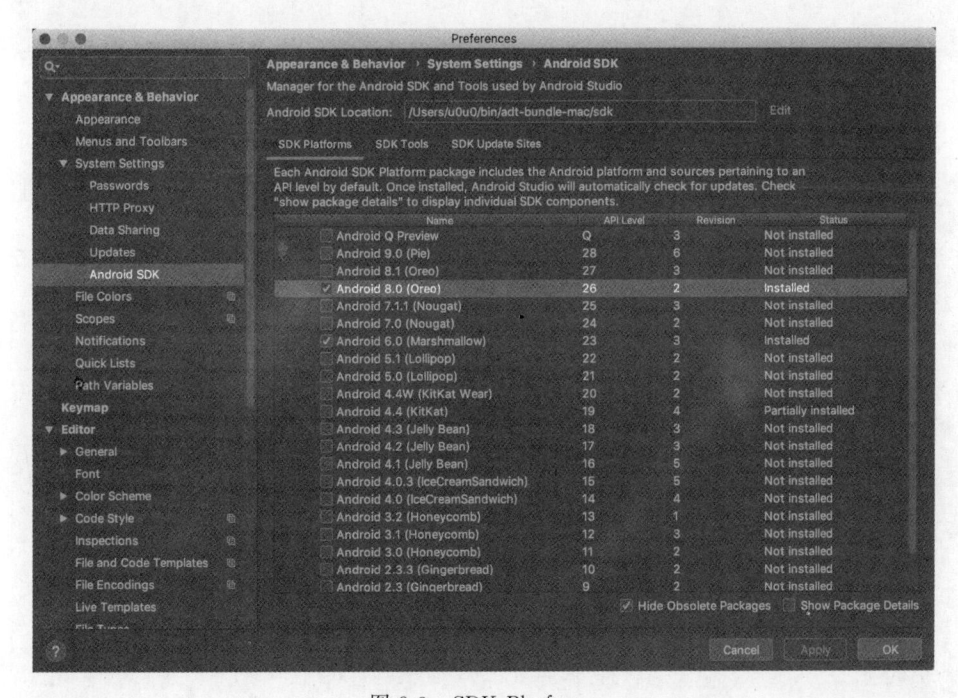

图 8-3　SDK Platforms

（2）SDK Tools：安装 Android SDK Build-Tools 最新版本，安装 Android SDK Platform-Tools，安装 Android SDK Tools 最新版本，如图 8-4 所示。其中，版本可以通过右下角的 Show Package Details 展开选项进行选择，如图 8-5 所示。

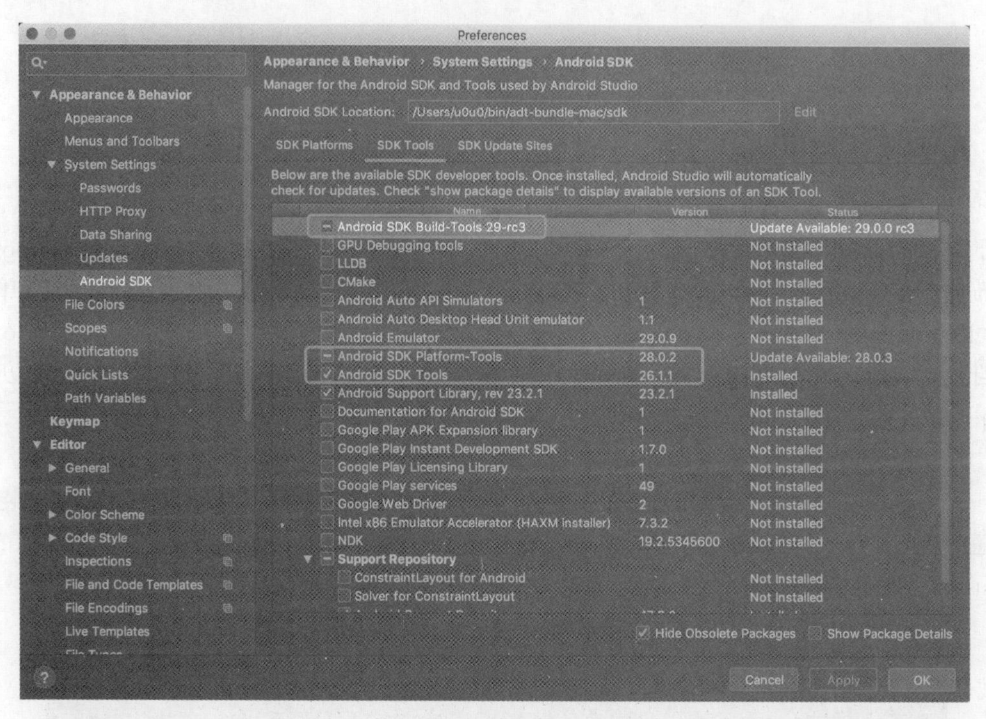

图 8-4 SDK Tools

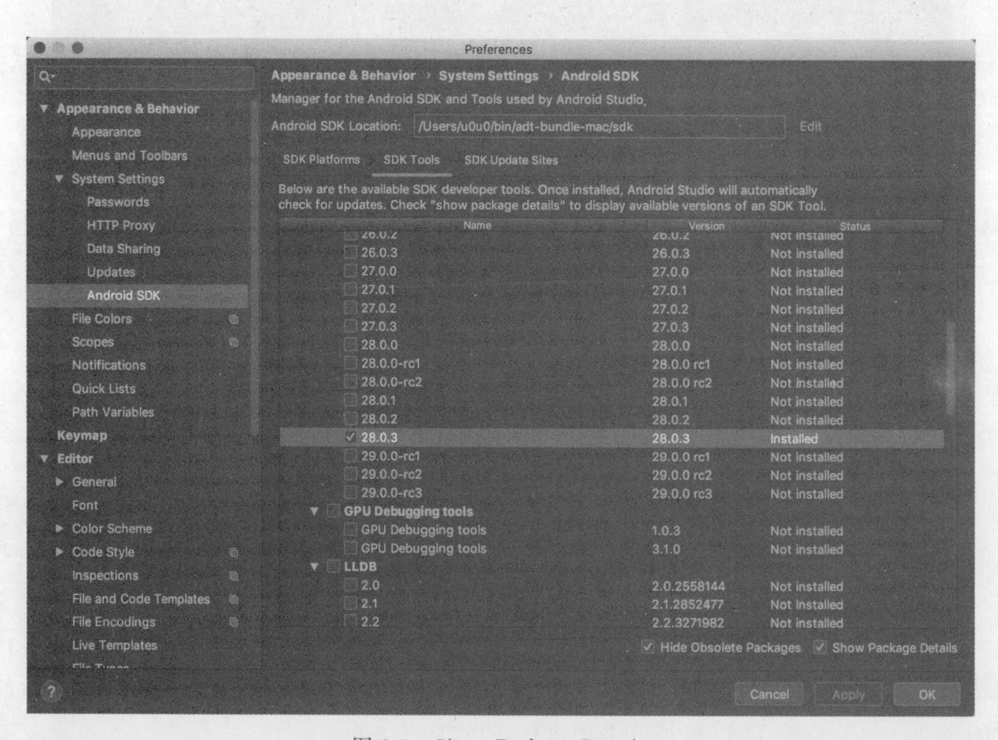

图 8-5 Show Package Details

Android SDK 设置完成后，会自动联网下载安装包。待所有安装包安装完毕，就可以进行 Quick-Cocos2dx-Community 的项目导入。

2. 项目导入与编译

运行 Android Studio，在启动界面选择 Open an existing Android Studio project，在弹出的文件夹选择器中选择 Cocos2d-Lua 项目目录下的 proj. android 文件夹，单击 OK 按钮开始导入项目。在导入项目过程中，可能需要联网下载 Gradle，请耐心等待项目导入完成。工程导入后，需手动修正 proj. android/app/build. gradle 和 proj. android/libcocos2dx/build. gradle 中的 buildToolsVersion 安装的 Android SDK Build-Tools 版本，如以下加粗部分代码所示：

```
apply plugin: 'com.android.library'
android {
    compileSdkVersion 26
    buildToolsVersion '28.0.3'
```

注：Android SDK Build-Tools 版本号查看方法可参考图 8-5。

一切准备就绪，编译 apk 就很简单了。选择 Build→Generate signed apk→Module 命令，单击"下一步"按钮；选择已准备的签名文件，填入签名的密钥，选择应用昵称，输入密钥，单击"下一步"按钮；选择导出目录，完成 apk 生成。

8.1.3 命令行打包

除了在 Android Studio 中进行打包，有时项目中还需要开发自动打包工具，这就需要能在命令行下进行打包。Android Studio 项目是能使用 gradle 在命令行进行编译打包的，但需要进行一些必要的设置。

1. JDK 设置

Android 编译是需要 JDK 的，而 Android Studio 中自带了匹配的 JDK 版本，所以开发者不需要单独下载安装 JDK。但是 gradle 编译并不能自动识别 Android Studio 安装路径中的 JDK，需要在 proj. android 目录下的 gradle. properties 文件中添加如下的设置进行指定：

```
org.gradle.java.home = /Applications/Android
Studio.app/Contents/jre/jdk/Contents/Home
```

org. gradle. java. home 的值根据自己的 Android Studio 的安装路径进行设置，如果没有 gradle. properties 文件，则可以手动新建。

2. 更新 gradle 依赖包

proj. android 下自带名叫 gradlew 的命令行编译脚本，Mac 下通过下面的命令给它添加执行权限：

```
$ chmod +x gradlew
```

初次运行脚本会自定加载运行依赖包，信息如下：

```
$ ./gradlew
Download https://dl.google.com/dl/android/maven2/com/android/tools/build/gradle/3.0.1/gradle-3.0.1.pom
Download https://dl.google.com/dl/android/maven2/com/android/tools/build/gradle-core/3.0.1/gradle-core-3.0.1.pom
Download https://dl.google.com/dl/android/maven2/com/android/tools/build/gradle-api/3.0.1/gradle-api-3.0.1.pom
...
```

请耐心等待下载完成，正确安装会看到如下信息：

```
Task :help

Welcome to Gradle 4.1.

To run a build, run gradlew <task> ...
To see a list of available tasks, run gradlew tasks
To see a list of command-line options, run gradlew --help
To see more detail about a task, run gradlew help --task <task>

BUILD SUCCESSFUL in 13m 30s
1 actionable task: 1 executed
```

3. 配置 release key

完成第2步可以进行 debug 包的编译了，发布 release 包还需要配置 Andro apk 签名用的密钥。密钥的生成使用 Android Studio 编译发布的过程中由图形界面指导生成，这里直接使用已生成好的 my.key 文件展示如何配置。

首先编辑 proj.android/app/build.gradle 文件，在 defaultConfig 配置块之后加入如下的配置块：

```
signingConfigs {
    config {
        storeFile file(getRootDir().getPath() + "/my.key")
        storePassword 'you store key'
        keyAlias 'alias_name'
        keyPassword 'you alias key'
    }
}
```

my.key 文件放在 proj.android 目录下，getRootDir().getPath()会自动获取当前目录，这样避免填写绝对路径。storePassword、keyAlias、keyPassword 均是在生成 key 时由开发者填写的信息，把这些信息设置在 build.gradle 中，方便脚本自动处理。之后还需修改 build.gradle 中 buildTypes 的 release 选项，添加 signingConfig signingConfigs.config，如下

所示：

```
buildTypes {
    release {
        signingConfig signingConfigs.config // 添加行
        minifyEnabled false
        proguardFiles getDefaultProguardFile('proguard-android.txt'), 'proguard-rules.pro'
    }
}
```

4. 常用命令

经过前面的配置之后，就可以随时进行命令行编译打包了。常用 apk 打包命令列举如下：

```
./gradlew assembleRelease      -- 编译 Release apk 包
./gradlew assembleDebug        -- 编译 Debug apk 包
./gradlew clean                -- 清理编译环境
```

注：gradlew 只负责 apk 的编译，引擎的 so 编译是独立的 build_native.py 脚本。

8.2 Mac 下编译 iOS 版本

本节将介绍如何把已经开发好的 Quick-Cocos2dx-Community 游戏打包为可在苹果 app store 发布的 ipa 包。

8.2.1 先决条件

Quick-Cocos2dx-Community 游戏打包为 ipa 过程与开发 iOS 原生应用打包过程无差别。这里假设开发者已具备以下条件：

(1) 拥有已加入 iOS Developer Program(以下简称 iDP)的 Apple ID。

(2) 掌握 iOS Dev Center 的各项配置与操作。

(3) 拥有一台比较新的 Mac 计算机，并安装好新版本的 Xcode。

注：本节图解以 Xcode 10 为例进行说明。

(4) 拥有至少一台 iOS 设备，包括 iPhone 或 iPad。

(5) 正确安装 Quick-Cocos2dx-Community，并使用 player3 新建了一个 test 项目位于/Users/u0u0/Documents/project/quick_project/test，后面的操作步骤将以这个路径为例。

注：如何加入 iDP，如何在 iOS Dev Center 新建项目 ID、加入测试设备以及设置调试和发布证书，这些内容超出了本书的讨论范围，这里只涉及与 Quick-Cocos2dx-Community 相关的部分。

8.2.2 Debug 真机调试

(1) 双击/Users/u0u0/Documents/project/quick_project/test/frameworks/runtime-

src/proj.ios_mac/test.xcodeproj 打开 test 项目的 Xcode 工程。

（2）为 Xcode 设置 Apple ID（如果已设置请跳过）。选择 Xcode→Preferences→Accounts 命令，单击“+”选择 Apple ID，输入已加入 iDP 的 Apple ID，如图 8-6 所示。

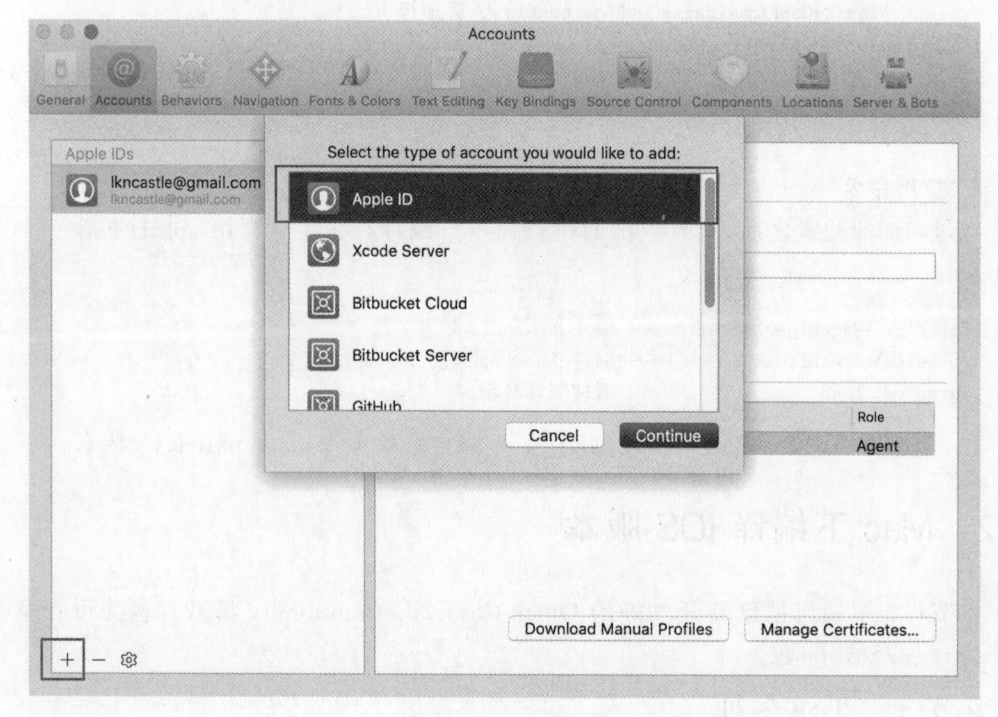

图 8-6　添加 Apple ID

成功登录 Apple ID，从 Accounts 界面左侧可看到成功登录的账号，选择账号。在右侧单击 Manage Certificates 按钮可以看到在 Apple Developer 网站上设置的证书信息，如图 8-7 所示。

新版 Xcode 会自动同步 Provisioning Profiles，如果信息未及时更新，可以单击图 8-7 中的 Download Manual Profiles 按钮进行同步。

（3）插入已加入 iOS Dev Center 测试设备表的 iOS 设备到 Mac 计算机。切换 test 项目的 scheme 为 test iOS，target 为 iOS 设备名。单击 TARGETS 下的 iOS Target，在 Signing 栏中选择已经登录的 Apple ID 账号，并勾选 Automatically manage signing 复选框。然后单击三角形的 Build and Run 按钮，Xcode 开始编译项目，编译成功后自动复制资源到所选 iOS 设备运行，如图 8-8 所示。

8.2.3　Release 打包

（1）打开项目，然后切换 scheme 为 test iOS，target 为 iOS 设备名（与 Debug 真机调试相同）。

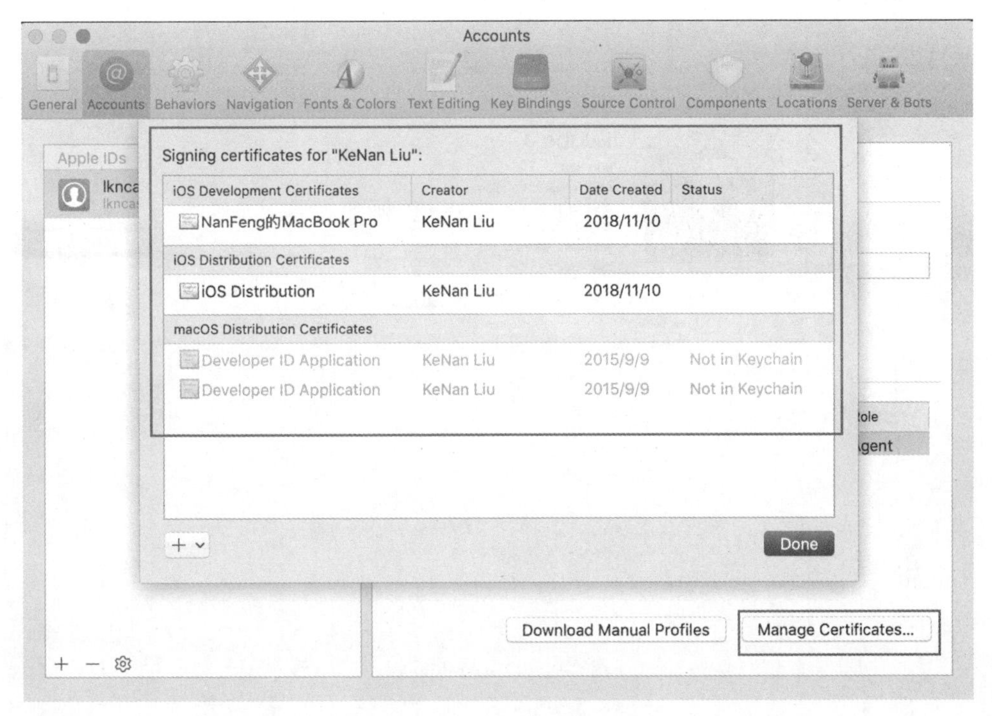

图 8-7　查看证书

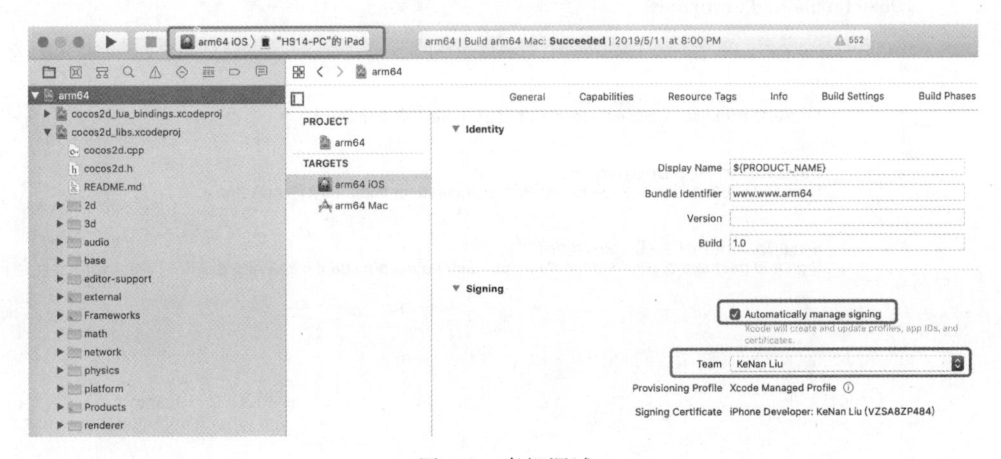

图 8-8　真机调试

（2）选择 Product→Archive 命令，等待编译结束。如果失败，请检查 App ID 对应的发布证书的设置是否正确。若成功，则弹出如图 8-9 所示的界面。

选择需要导出的 Archive，然后单击界面上的 Export 按钮，将弹出如图 8-10 所示界面。

选择 Save for iOS App Store Deployment 单选按钮，导出 ipa 包。

注：如果失败，请检查 App ID 对应的发布证书设置是否正确。

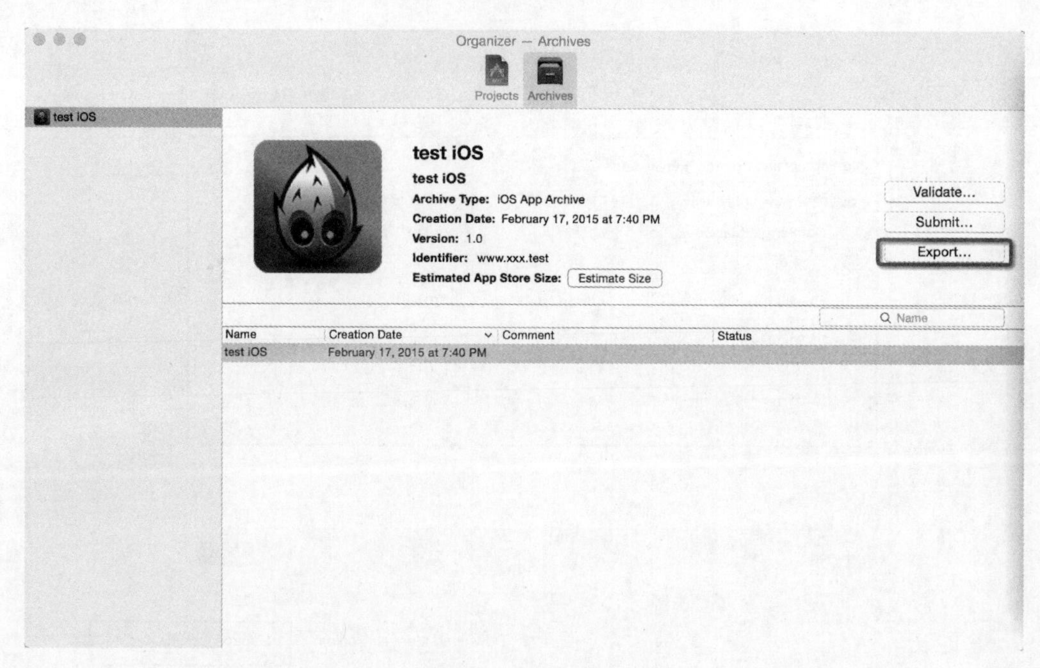

图 8-9 iOS Archives

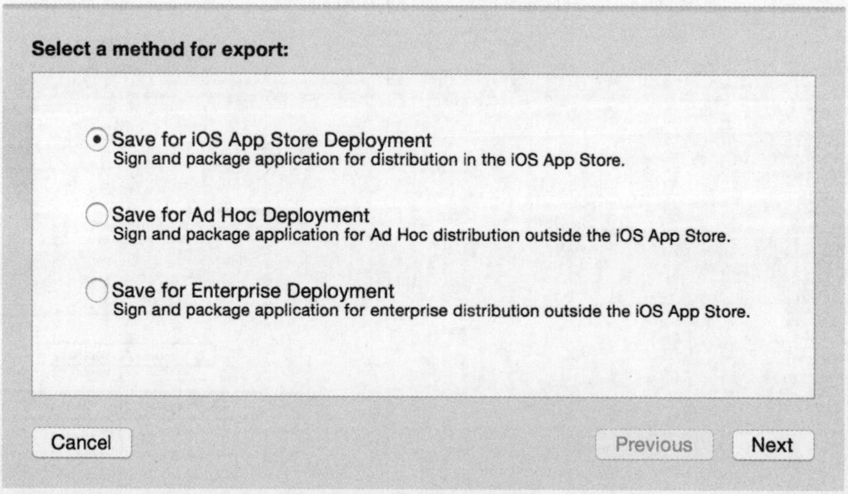

Select a method for export:

Save for iOS App Store Deployment
Sign and package application for distribution in the iOS App Store.

Save for Ad Hoc Deployment
Sign and package application for Ad Hoc distribution outside the iOS App Store.

Save for Enterprise Deployment
Sign and package application for enterprise distribution outside the iOS App Store.

Cancel Previous Next

图 8-10 导出 ipa 包

8.3 Lua 源文件的保护

Player 创建的新项目，默认是为方便开发调试而配置，直接打包发布 Lua 代码将以明文的方式存在于 apk 或 ipa 中。玩家用解压工具打开 apk 或 ipa，即可获取 Lua 源码。你一定不希望 Lua 源代码以明文的方式暴露在 apk 或 ipa 包中，否则你的辛苦劳动成果将被轻易剽窃。Quick-Cocos2dx-Community 3.7 中对代码和资源的加密保护做统一管理，本节将介绍如何把 Lua 代码打包为 zip，以资源的形式放到 res 目录中。

8.3.1　LuaJIT bytecode

LuaJIT 是 Lua 的另一个开源实现，它不用与官方的标准 Lua 解析器提供更快的执行速度，并提供安全性更高的字节码(bytecode)实现方案。Quick-Cocos2dx-Community 从第一个发布版本开始，就只使用 LuaJIT 作为 Lua 脚本的解析器。LuaJIT 提供有命令行工具，可以把明文的 Lua 文件编译为 bytecode。而 LuaJIT 的 bytecode 等 Lua 官方的字节码有所不同，在不加-g 调试参数的情况下，LuaJIT 字节码会对原 Lua 文件进行优化，这样生成出来的 bytecode 是不可逆的。在发布版本中使用 bytecode 可以有效保护 Lua 源文件被恶意查看或篡改。

以项目下的 MyApp.lua 文件为例，Lua 源码如下：

```
require("config")
require("cocos.init")
require("framework.init")

local AppBase = require("framework.AppBase")
local MyApp = class("MyApp", AppBase)

function MyApp:ctor()
    MyApp.super.ctor(self)
end

function MyApp:run()
    cc.FileUtils:getInstance():addSearchPath("res/")
    self:enterScene("MainScene")
end

return MyApp
```

使用 luaJIT 命令编译为 bytecode：

```
luajit -b MyApp.lua MyApp.luac
```

生成的 MyApp.luac 用二进制工具打开，可以看到如图 8-11 所示的数据。可以看出 bytecode 对 Lua 代码进行了二进制编码，是不能直接修改编辑的，除了一些字符串有所保留，代码逻辑是无法直接看出来的。

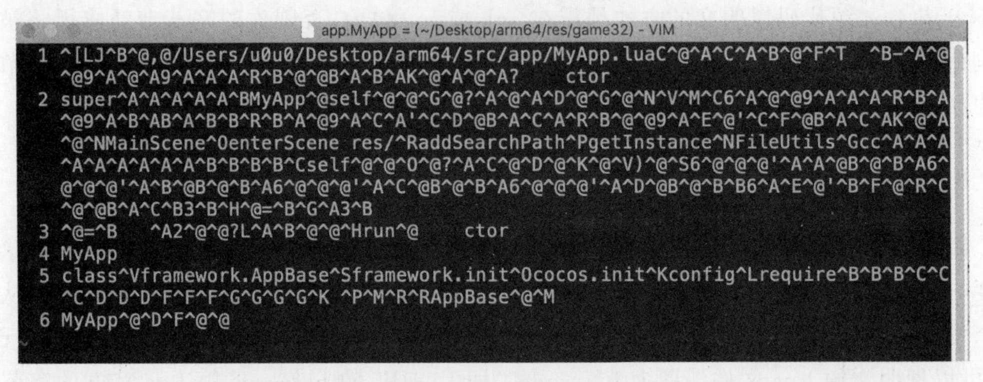

图 8-11 MyApp. luac

8. 3. 2 PackageScripts. py 脚本

PackageScripts. py 是 Quick-Cocos2dx-Community 3. 7 开始全新设计的 Lua 打包脚本，它去掉了原 compile_scripts 脚本冗余的功能，只进行 LuaJIT 的 bytecode 编译和 zip 打包。

PackageScripts. py 的帮助信息如下：

```
NAME
    PackageScripts --

SYNOPSIS
    PackageScripts [ - h]

    - h show help
    - p project root dir
    - o output file name, like "game", will auto composed to game32.zip
    - b 32 or 64, luajit bytecode mode
```

打包示例

```
$ /xxxx/Quick - Cocos2dx - Community/quick/bin/PackageScripts. py - p /Users/u0u0/Desktop/testProject - o game - b 32
```

参数说明：

(1) -p 指定打包的项目根路径，脚本会自动寻找 src 目录。

(2) -o 可选参数，指定输出的 zip 包名称，默认为 game。

(3) -b 可选参数，指定输出的 bytecode 位数，默认为 32 位。iOS 强制要求必须支持 64 位，最新的 Google Play 政策，Android 也需要支持 64 位。为了保持向下兼容，发布包需要同时包含 32 位和 64 位的 bytecode zip 包。

PackageScripts. py 会在输出名称中加入对应的 bytecode 位数标识，如 game32. zip。用解压软件查看 game32. zip 可以看到如图 8-12 所示的结构。

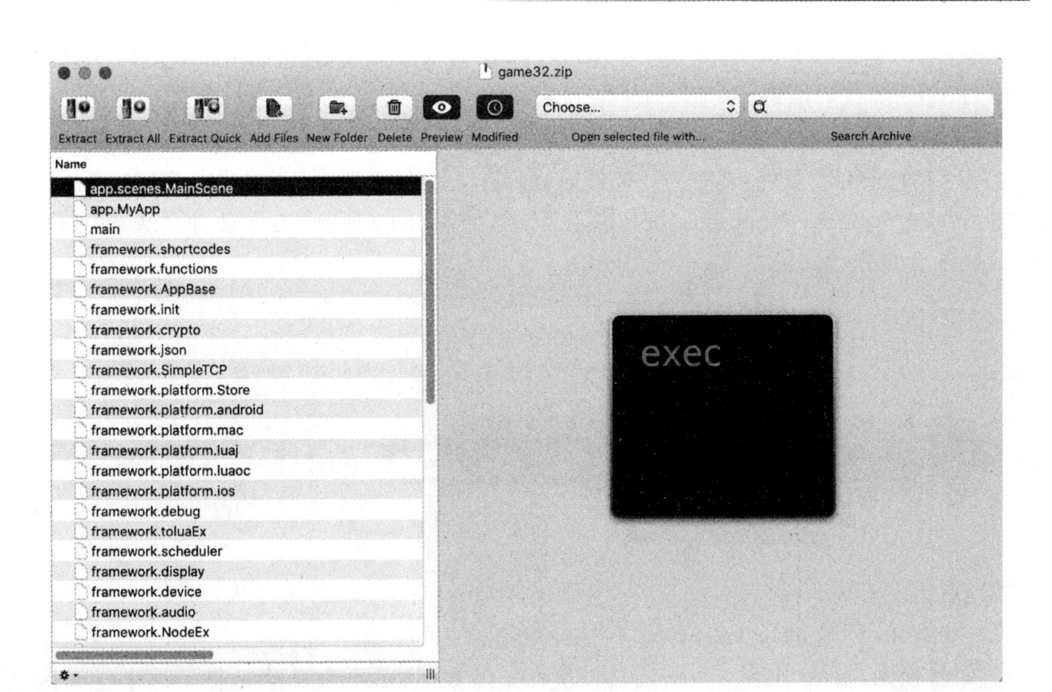

图 8-12 game32. zip

8.3.3 修改 Lua 启动入口

game32. zip 的加载，引擎封装了独立的接口，需要修改 Lua main 函数的加载入口。打开 project_name/frameworks/runtime-src/Classes/AppDelegate. cpp 文件，把 116 行的#if 0 修改为#if 1，如下所示：

```
#if1
    LuaStack * stack = engine->getLuaStack();
    // use luajit bytecode package
#if defined(__aarch64__) || defined(__arm64__)
    stack->loadChunksFromZIP("res/game64.zip");
#else
    stack->loadChunksFromZIP("res/game32.zip");
#endif
    stack->executeString("require 'main'");
#else // #if 0
    // use discrete files
    engine->executeScriptFile("src/main.lua");
#endif
```

注意 game32. zip 是放在 res 目录下的，loadChunksFromZIP 会读取 zip 文件，并加载所有 bytecode 模块。然后，executeString 执行已加载的模块中的 main 模块，开始执行 Lua 代码逻辑。

game32.zip 已经替代了 src 文件夹的工作，还需在发布工程中去掉 src，这样才算完整地保护了 Lua 源代码泄漏。

1. iOS 去 src 引用

打开项目的 iOS 工程，选中 src 文件夹，按键盘上的 Backspace 键进行删除，在弹出的提示框中单击 Remove Reference 按钮移除引用，如图 8-13 所示。src 文件夹去引用后，打包 ipa 就不会包含此文件夹了。

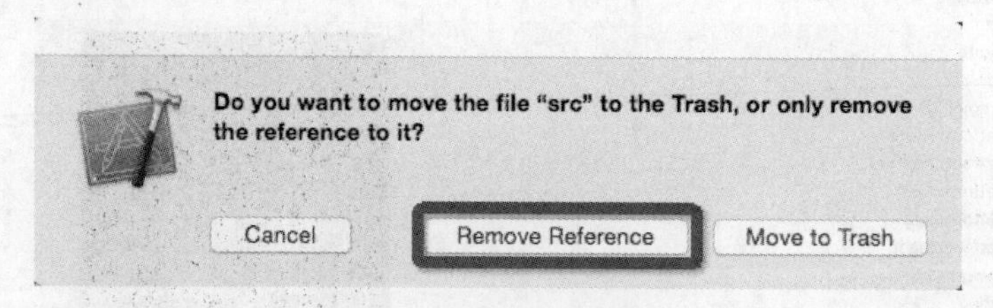

图 8-13　去除 src 引用

注：Remove Reference 仅从项目中移除，而 Move To Trash 同时从磁盘上删除文件。

2. Android 删除 assert 中的 src

前面已提到，新的 build_native.py 脚本在-r 参数下，已不会自动复制 src 到 asserts 文件夹，如果测试 debug 下的打包，需要手动前往 project_name/frameworks/runtime-src/proj.android/app/src/main/assets 目录，删除其中的 src 文件夹，然后再执行 apk 打包指令。

一切准备妥当，编译项目并运行测试，如果看到以下控制台 log 信息，说明 game32.zip 包已被正确加载。

```
lua_loadChunksFromZIP() - load zip file:
/private/var/mobile/Containers/Bundle/Application/A2985A39 - 3588 - 48AD - 8219 - 2476A12B956E/
test iOS.app/res/game.zip *
lua_loadChunksFromZIP() - loaded chunks count: 125
```

8.4 加密资源文件

前面把 Lua 源文件编译为 bytecode 并打包为 game32.zip，对源代码进行了一次保护，但是 zip 包并未加密。从 Quick-Cocos2dx-Community 3.7 开始，game32.zip 被视为资源文件，与其他资源一起加密。

8.4.1 EncodeRes.py 脚本

EncodeRes.py 脚本存放在引擎的 quick-community/quick/bin 目录。其帮助信息如下：

```
NAME
    EncodeRes --
```

```
SYNOPSIS
    EncodeRes [ - h]

     - h show help
     - p project root
     - s sign
     - k key file
```

加密示例：

```
$ /xxx/Quick - Cocos2dx - Community/quick/bin/EncodeRes. py - p /Users/u0u0/Desktop/
testProject - s ASig - k /Users/u0u0/Desktop/key.png
```

参数说明：

(1) -p 指定打包的项目根路径，脚本会自动寻找 res 目录。

(2) -s 签名标记，放入加密后的文件头部，标识被加密的文件。

(3) -k 加密密钥存放的文件。

Quick-Cocos2dx-Community 3.7 重新设计的 EncodeRes. py 加密脚本从文件读取 key，这样可以支持二进制的 key。加密算法采用 xxtea，而 xxtea 的 key 最大长度为 16 字节即 128bit，EncodeRes. py 脚本只取文件的前 16 字节作为 key 加密资源。

EncodeRes. py 脚本会先把原未加密的 res 目录备份为 res_bk 目录，然后扫描 res_bk 目录下可以加密的文件进行加密，不能进行加密的文件则直接复制一份，最终形成新的 res 目录。引擎在解密资源文件的过程中，不是每种资源类型都支持，所以 EncodeRes. py 在加密的时候会依次选择判断过程，具体支持加密的文件后缀列举如下：

(1) ". ogg" 音频文件。

(2) ". zip" 压缩文件。

(3) ". jpg"和". jpeg"图片文件。

(4) ". png"图片文件。

(5) ". pvr" 压缩纹理。

(6) ". ccz" texturepacker 压缩纹理。

(7) ". bmp"位图文件。

(8) ". tmx" tiled map 地图文件。

(9) ". plist" xml 描述文件。

8.4.2 解密设置

Quick-Cocos2dx-Community 3.7 重新设计了资源加密的设置接口，可以支持在项目中的 AppDelegate. cpp 中自定义解密实现方式。默认引擎提供 xxtea 解码的实现方案，项目可以自定义其他加密方案，配合自研的加密脚本进行工作。解码回调函数的设置接口如下：

```
FileUtils::getInstance() -> setFileDataDecoder(decoder);
```

setFileDataDecoder 是 FileUtils 提供的接口，如果设置了解码回调函数，引擎在读取文件的时候，会把文件数据传入此处设置的回调函数进行解码。默认的 xxtea 解码函数实现如下：

```
static void decoder(Data &data)
{
    unsigned char sign[] = "ASig";
    unsigned char key[16] = {
        0x89, 0x50, 0x4E, 0x47,
        0x0D, 0x0A, 0x1A, 0x0A,
        0x00, 0x00, 0x00, 0x0D,
        0x49, 0x48, 0x44, 0x52
    };

    // 解码 xxtea
    if (!data.isNull()) {
        bool isEncoder = false;
        unsigned char * buf = data.getBytes();
        ssize_t size = data.getSize();
        ssize_t len = strlen((char *)sign);
        if (size <= len) {
            return;
        }

        for (int i = 0; i < len; ++i) {
            isEncoder = buf[i] == sign[i];
            if (!isEncoder) {
                break;
            }
        }

        if (isEncoder) {
            xxtea_long newLen = 0;
            unsigned char* buffer = xxtea_decrypt(buf + len,
                (xxtea_long)(size - len),
                (unsigned char *)key,
                (xxtea_long)sizeof(key),
                &newLen);
            data.clear();
            data.fastSet(buffer, newLen);
        }
    }
}
```

去掉 AppDelegate.cpp 文件 115 行代码签名的注释，编译运行项目，观察加密的资源是否能正确解码。通常 xxtea 的 key 容易出错,这里需要一些二进制查看软件,辅助查看 key 文件的头 16 字节,然后正确填写 decoder 函数中的 key[16]数组。

8.5 SDK 接入

8.5.1 使用 luaj 接入 Android SDK

通常,Android 的各种 SDK 都是基于 Java 封装为应用服务的。在没有 luaj 之前,Cocos2d-Lua 中接入 Android SDK 需要先封装 C Wrapper 层,再封装 Lua Binding 层,这样导致 SDK 接入效率低下。为提高效率,Cocos2d-Lua 引入了 luaj(Lua Java Bridge),可直接在 Lua 端调用 Java 代码,并支持 Java 端回调 Lua 中的函数。

1. 实现机制

Android NDK 提供有 C++与 Java 之间互相调用的反射机制,在 C++中调用 Java 函数的过程大致如下:

```
jclass myclass = env->FindClass(className);
jmethodID myFunc = env->GetMethodID(myclass, functionName, argType);
env->CallStaticObjectMethod(myclass, myFunc, args);
```

从 NDK 提供的接口可以看出,只需要把以上几个函数做 Lua Binding,就能实现在 Lua 端调用 Java 函数,luaj 就是基于 NDK 提供的这套反射接口进行封装的。实际情况中,luaj 的实现远比这几个函数复杂得多,它需要考虑各种 Lua 变量类型与 Java 变量类型之间的交换,以及配套的 Java 反向调用 Lua 的支持模块。

2. luaj 特性

(1) 从 Lua 调用 Java Class 里的 Static Method。

(2) 支持 int、float、boolean、String、Lua function 5 种参数类型。

(3) Lua function 作为参数传递给 Java,可实现 Java 端反向调用 Lua 函数。

(4) 从 Java 调用 Lua 的全局函数或者指定函数。

luaj 的 API 接口参考:http://www.cocos2d-lua.org/api/luaj/index.md。

3. 微信 SDK 接入示例

代码分两部分,一部分是 Lua 端调用 luaj 执行 Java 的代码;另一部分是被执行的 Java 函数。微信 SDK 提供的功能模块很多,以最简单的分享为例,Lua 代码如下:

```
function MainScene:shareFriend()
    local function callback(result)
        print(result)
        if result == "0" then
            self.rtnLable:setString("Return:Success")
        elseif result == "1" then
            self.rtnLable:setString("Return:Cancel")
```

```
            elseif result == "2" then
                self.rtnLable:setString("Return:Denied")
            else
                self.rtnLable:setString("Return:Default error")
            end
        end

        local className = "org/cocos2dx/lua/AppActivity"
        local args = {
            "Share info",
            callback
        }
        luaj.callStaticMethod(className, "shareFriend", args)
    end
```

Java 端对应的 shareFriend 函数在文件 frameworks/runtime-src/proj.android/app/src/main/java/org/cocos2dx/lua/AppActivity.java 中，实现如下：

```
// share to 分享函数
public static void shareFriend(String text, final int luaFunctionId) {
    LuaId = luaFunctionId;
    WXTextObject textObj = new WXTextObject();
    textObj.text = text;

    WXMediaMessage msg = new WXMediaMessage();
    msg.mediaObject = textObj;
    msg.description = text;

    SendMessageToWX.Req req = new SendMessageToWX.Req();
    req.transaction = String.valueOf(System.currentTimeMillis());
    req.message = msg;
    api.sendReq(req);
}
```

注：本节关注于 Lua 与 Java 之间的互相调用，微信 SDK 的其他初始化代码以及项目配置不在讨论范围之内。

如果要判断手机是否安装了微信，调用过程如下。

Lua 代码：

```
function MainScene:hasWeChat()
    local className = "org/cocos2dx/lua/AppActivity"
    local sig = "()Z"
    local callRtn, javaRtn = luaj.callStaticMethod(className, "hasWeChat", nil, sig)
    return javaRtn
end
```

Java 代码：

```
public static boolean hasWeChat() {
    if (api.isWXAppInstalled()) {
        return true;
    } else {
        return false;
    }
}
```

在 Lua 的 hasWeChat 中，Java 端有返回值到 Lua 端，注意到在 Lua 端接收到的是两个返回值：

(1) 第一个返回值表明 luaj.callStaticMethod 是否执行成功。

(2) 第二个返回值才是 Java 端 hasWeChat 函数的返回值。

由于需要 Java 端的返回值，所以这里必须指定 local sig = "()Z" 作为 luaj.callStaticMethod 的第 4 个参数，以保证 luaj 正确找到 Java 对应的函数。

4. 方法签名

关于 NDK 调用 Java 的方法签名，详情可参考 Android 官方文档。这里列举一些常用的方法签名，如表 8-1 所示。

表 8-1 方法签名

签　名	说　明
()V	参数：无；返回值：无
(I)V	参数：整数；返回值：无
(Ljava/lang/String;)Z	参数：字符串；返回值：布尔值
(IF)Ljava/lang/String;	参数：整数、浮点数；返回值：字符串

签名中对应的变量类型如表 8-2 所示。

表 8-2 变量类型

类 型 名	类　型
I	整数
F	浮点数
Z	布尔值
Ljava/lang/String;	字符串
V	void 空

注：Lua function 以一个整数传递到 Java 端。

5. 线程

Cocos2d-Lua 的 OpenGL 和 Lua 都执行在一个主线程中，这意味着 Lua 调用 Java 的时候，对应的 activity 必须是同一个，否则 Android 的 NDK 会报错。org/cocos2dx/lua/

AppActivity 是执行 OpenGL 的 activity,在这里定义的函数可以安全地被 luaj 调用。

在 SDK 接入中,某些 SDK 会启动另一个 activity 做消息回调处理。根据 Android 的机制,不同的 activity 很可能不在同一个进程中运行,这就需要注意 activity 之间的数据交换方式,或者使用下面的方式强制让回调代码在 OpenGL 线程中执行:

```
context.runOnGLThread(new Runnable() {
    @Override
    public void run() {
        Cocos2dxLuaJavaBridge.callLuaFunctionWithString(luaFunctionId, "success");
        Cocos2dxLuaJavaBridge.releaseLuaFunction(luaFunctionId);
    }
});
```

6. Lua function 的引用计数

由于 Lua 虚拟机具有自动垃圾回收机制,传入 Java 端的 Lua function 的引用计数会被 luaj 自动增加 1,以保护函数不被垃圾回收。

对应地,在 Java 层的 Lua Java Bridge 提供了 releaseLuaFunction(luaFunctionId)函数用于减少 Lua function 的引用计数。

8.5.2 使用 luaoc 接入 iOS SDK

与 luaj 一样,luaoc 用于解决 Lua 与 Objective-C 之间的互相调用。

1. 实现机制

Objective-C 可以在运行时修改对象(如替换 class)和类(如增加、删除和替换 ivar 和方法),它具有动态语言的特性。

luaoc 可以从 Lua 端以字符串的方式,把 Objective-C 的类名、函数名传递过来,然后用 Objective-C 提供的函数实现动态调用 Objective-C 某个类的方法。过程如下:

```
Class targetClass = NSClassFromString(className);
SEL methodSel = NSSelectorFromString(methodName);
NSMethodSignature *methodSig = [targetClass methodSignatureForSelector:(SEL)methodSel];
NSInvocation *invocation = [NSInvocation invocationWithMethodSignature:methodSig];
[invocation setArgument:&dict atIndex:2];
[invocation invoke];
```

事实上,luaoc 的实现要复杂得多,内部需要考虑各种 Lua 变量类型与 Objective-C 变量类型之间的交换,以及配套的 Objective-C 反向调用 Lua 的支持模块。

2. luaoc 特性

(1) 从 Lua 调用 Objective-C Class Static Method。

(2) 支持 int、float、boolean、String、Lua function、Lua table 6 种参数类型。

(3) Lua function 作为参数传递给 Objective-C,可实现 Objective-C 端反向调用 Lua 函数。

（4）从 Objective-C 调用 Lua 的全局函数或者指定函数。

luaoc 的 API 接口参考：http://www.cocos2d-lua.org/api/luaoc/index.md。

3. Objective-C 测试类

OCTest 是 Objective-C 端的一个单例类，定义有一个 LuaOCTest 函数供 Lua 端调用。OCTest.h 与 OCTest.mm 的存放位置如图 8-14 所示。

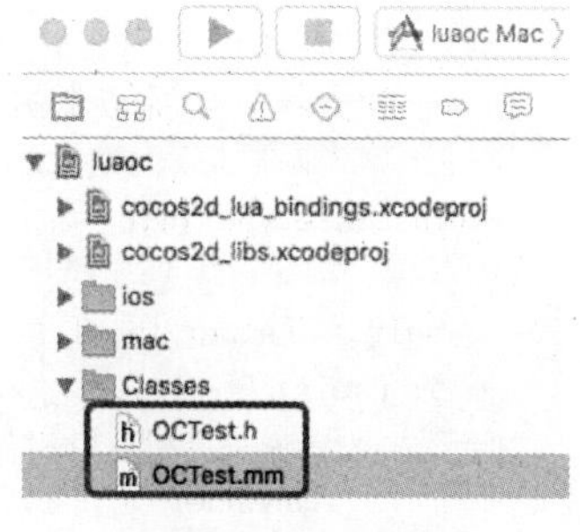

图 8-14 OCTest 类

OCTest.h 头文件实现如下：

```
#import <Foundation/Foundation.h>

@interface OCTest : NSObject
{
}

@property (assign) int luaHander;
@property (readonly) NSString * name;

- (void)delay;
+ (NSDictionary *)LuaOCTest:(NSDictionary *)dict;

@end
```

OCTest.mm 实现如下：

```
#import "OCTest.h"
#include "platform/ios/CCLuaObjcBridge.h"

@interface OCTest ()
@end

@implementation OCTest

/* ========== 开始定义单例 ==========    */
__strong static OCTest *_singleton = nil;

+ (id)allocWithZone:(NSZone *)zone
{
    return [self sharedInstance];
}

+ (OCTest *)sharedInstance
{
    static dispatch_once_t pred = 0;
    dispatch_once(&pred, ^{
        _singleton = [[super allocWithZone:NULL] init];
    });
    return _singleton;
```

```
}

- (id)copyWithZone:(NSZone *)zone
{
    return self;
}

/* ========== 完成单例定义 ==========   */

- (instancetype)init
{
    self = [super init];
    if (self) {
        _name = @"OCTest";
        _luaHander = -1;
    }
    return self;
}

- (void)delay
{
    // 1. lua 函数压栈
    cocos2d::LuaObjcBridge::pushLuaFunctionById(self.luaHander);
    // 2. 构建参数,压栈
    cocos2d::LuaValueDict item;
    item["str"] = cocos2d::LuaValue::stringValue("hello");
    item["int"] = cocos2d::LuaValue::intValue(1000);
    item["bool"] = cocos2d::LuaValue::booleanValue(TRUE);
    cocos2d::LuaObjcBridge::getStack()->pushLuaValueDict(item);
    // 3. 调用函数
    cocos2d::LuaObjcBridge::getStack()->executeFunction(1);
    // 4. 释放 func 引用计数
    cocos2d::LuaObjcBridge::releaseLuaFunctionById(self.luaHander);
}

+ (NSDictionary *)LuaOCTest:(NSDictionary *)dict
{
    if ([dict objectForKey:@"num"]) {
        // 测试 lua 传递过来的 数字
        NSLog(@" == get lua num: %d", [[dict objectForKey:@"num"] intValue]);
    }
    if ([dict objectForKey:@"str"]) {
        // 测试 lua 传递过来的 字符串
        NSLog(@" == get lua num: %@", [dict objectForKey:@"str"]);
    }
    if ([dict objectForKey:@"cb"]) {
        // 保存 handler,handler 在传递过来的时候,已经被引用计数 +1 保护
```

```
        [OCTest sharedInstance].luaHander = [[dict objectForKey:@"cb"] intValue];
    }

    // 测试延迟调用
    [[OCTest sharedInstance] performSelector:@selector(delay) withObject:nil afterDelay:2];
    // 返回 lua 的返回值
    return [NSDictionary dictionaryWithObjectsAndKeys:
        [OCTest sharedInstance].name, @"name",
        [NSNumber numberWithInt:[OCTest sharedInstance].luaHander], @"luaHander",
        nil];
}

@end
```

OCTest 的实现有以下几个注意事项：

(1) OCTest.mm 以 mm 后缀结尾，目的是让它能调用引擎提供的 C++接口。

(2) OCTest 实现了一个 Objective-C 单例类。

(3) delay 函数用来延迟调用 Lua 函数。

(4) LuaOCTest 是静态函数，提供给 Lua 端调用。

(5) Lua 与 Objective-C 之间的参数传递都是通过 NSDictionary 进行，这是由于 Objective-C 无法获取函数的个数和类型，统一以 NSDictionary 进行参数的传递与返回值处理。

4. Lua 端代码

```
local args = {
    num = 20,
    str = "hello",
    cb = function (event)
        print(" == cb")
        dump(event)
    end
}

local ok, rtn = luaoc.callStaticMethod("OCTest", "LuaOCTest", args)
if ok then
    print(" == rtn")
    dump(rtn)
end
```

这里测试了 Lua 参数传递、返回值处理以及回调函数。

运行结果：

```
2016-11-22 15:20:04.813928 luaoc Mac[1653:148212] == get lua num:20
2016-11-22 15:20:04.813953 luaoc Mac[1653:148212] == get lua num:hello
[LUA-print] == rtn
```

```
[LUA-print] dump from: [string "src/app/scenes/MainScene.lua"]:22: in function 'ctor'
[LUA-print] - "<var>" = {
[LUA-print] -     "luaHander" = 1
[LUA-print] -     "name"      = "OCTest"
[LUA-print] - }
[LUA-print] == cb
[LUA-print] dump from: [string "src/app/scenes/MainScene.lua"]:16: in function <[string
"src/app/scenes/MainScene.lua"]:14>
[LUA-print] - "<var>" = {
[LUA-print] -     "bool" = true
[LUA-print] -     "int"  = 1000
[LUA-print] -     "str"  = "hello"
[LUA-print] - }
CCLuaBridge::releaseLuaFunctionById() - function id 1 released
```

5. Lua function 的引用计数

由于 Lua 虚拟机具有自动垃圾回收机制，传入 Objective-C 端的 Lua function 的引用计数会在 C++层的 LuaObjcBridge 中自动增加 1，以保护函数不被垃圾垃圾回收。

对应地，引擎 C++层的 LuaObjcBridge 提供了 cocos2d::LuaObjcBridge::releaseLuaFunctionById(self.luaHander)函数用于减少 Lua function 的引用计数。

图书资源支持

感谢您一直以来对清华大学出版社图书的支持和爱护。为了配合本书的使用，本书提供配套的资源，有需求的读者请扫描下方的“书圈”微信公众号二维码，在图书专区下载，也可以拨打电话或发送电子邮件咨询。

如果您在使用本书的过程中遇到了什么问题，或者有相关图书出版计划，也请您发邮件告诉我们，以便我们更好地为您服务。

我们的联系方式：

地　　址：北京市海淀区双清路学研大厦 A 座 701

邮　　编：100084

电　　话：010-83470236　010-83470237

资源下载：http://www.tup.com.cn

客服邮箱：tupjsj@vip.163.com

QQ：2301891038（请写明您的单位和姓名）

科技传播·新书资讯

电子电气科技荟

资料下载·样书申请

书圈

用微信扫一扫右边的二维码，即可关注清华大学出版社公众号。

图书资源支持

感谢您一直以来对清华版图书的支持和爱护。为了配合本书的使用，本书提供配套的资源，有需求的读者请扫描下方的"书圈"微信公众号二维码，在图书专区下载，也可以拨打电话或发送电子邮件咨询。

如果您在使用本书的过程中遇到了什么问题，或者有相关图书出版计划，也请您发邮件告诉我们，以便我们更好地为您服务。

我们的联系方式：

地　　址：北京市海淀区双清路学研大厦A座714

邮　　编：100084

电　　话：010-83470236　010-83470237

资源下载：http://www.tup.com.cn

客服邮箱：2301891038@qq.com

QQ：2301891038（请写明您的单位和姓名）

用微信扫一扫右边的二维码，即可关注清华大学出版社公众号"书圈"。